高等职业教育"互联网+"新形态一体化系列教材

第1版入选广东省"十四五"职业教育规划教材

机械设计基础
项目化教程（第2版）

主　编 ◎ 耿海珍　陈开源　成　玲

副主编 ◎ 陈　思　郑淑玲　贾林玲　王鹏飞

主　审 ◎ 翟来涛　王永海

华中科技大学出版社
http://press.hust.edu.cn
中国 · 武汉

内 容 简 介

全书共6个模块,分为11个项目、35个任务。其中:模块1为机器的组成,模块2为常用机构,模块3为常用机械传动,模块4为轴系零部件,模块5为常用机械连接,模块6为机械创新设计。各项目后附有练习与实训。

本书可作为高职高专院校机械类、机电类、近机械类各专业的教学教材,也可供有关工程技术人员参考。

图书在版编目(CIP)数据

机械设计基础项目化教程 / 耿海珍,陈开源,成玲主编. -- 2版. -- 武汉:华中科技大学出版社,2024.10. -- ISBN 978-7-5772-1294-4

Ⅰ. TH122

中国国家版本馆 CIP 数据核字第 2024S3G428 号

机械设计基础项目化教程(第2版)　　　　　　　　　　　耿海珍　陈开源　成　玲　主编
Jixie Sheji Jichu Xiangmuhua Jiaocheng(Di 2 Ban)

策划编辑:张　毅
责任编辑:杜筱娜
封面设计:孢　子
责任监印:朱　玢
出版发行:华中科技大学出版社(中国·武汉)　　　电话:(027)81321913
　　　　　武汉市东湖新技术开发区华工科技园　　　邮编:430223
录　　排:武汉市洪山区佳年华文印部
印　　刷:武汉科源印刷设计有限公司
开　　本:787mm×1092mm　1/16
印　　张:17
字　　数:403千字
版　　次:2024年10月第2版第1次印刷
定　　价:58.00元

习近平总书记在党的二十大报告中指出,教育、科技、人才是全面建设社会主义现代化国家的基础性、战略性支撑。必须坚持科技是第一生产力、人才是第一资源、创新是第一动力,深入实施科教兴国战略、人才强国战略、创新驱动发展战略。教育是国之大计、党之大计。职业教育是我国教育体系的重要组成部分,肩负着"为党育人、为国育才"的神圣使命。

教材是学科知识的精华,是教学的根本和重要支撑之一,是开展教学工作的中心载体和关键,是提高教学质量和教学改革效果、实现人才培养目标的重要保障。教材建设是直接关系到"培养什么人""怎样培养人""为谁培养人"的铸魂工程。

本书是根据科技创新强国的国家战略、教育部全面推进的《高等学校课程思政建设指导纲要》和高职高专机械设计基础课程教学基本要求及"十四五"职业教育国家规划教材建设要求编写而成的。本书本着"强化能力、重在应用"及"发挥好课程的育人作用"的思想,以培养爱党爱国、敬业奉献、开拓创新,具有大国工匠精神的"高素质技术技能人才"为目标,坚持"学生的全面发展和可持续发展相结合"的教育理念,以"符合人才培养需求,体现教学改革成果,确保教材质量,形式新颖创新"为指导思想,以工程中常见设计问题为切入点,构建以工程实际典型案例为载体的项目导向、任务驱动的课程知识体系,将众多零散的知识点整合为有机整体,以工程实际案例作为主干线,由浅入深、循序渐进地展开教学,并将理论教学与实践环节巧妙地串联融合,创新课程的知识体系。

本书将工程实际中应用广泛的带式输送机传动装置作为教学项目融入理论教学,并按照其传动路线和设计顺序采取逐级递进的方式组织教学内容,让学生在教中学、在学中做,使学生在设计中领会基础知识,在理论教学中掌握基本设计方法,培养学生的设计能力。本书不涉及高深的设计理论及计算公式的演绎和推导,突出高等职业教育的特点,强调应用性,加强素质及创新设计技能的培养,提高人才培养质量。

本次修订保持了第1版教材的特色和体系。此外,在本次修订过程中,校企深度融合,共同开发课程知识体系,企业工程技术人员结合生产实际优化教学项目,并直接参与教材的编审,使教材内容更加贴近生产实际。具体的修订工作主要有以下几个方面:

第一,将第1版项目1~项目3选取的目前生产实际中已较少使用的牛头刨床主执行机构和横向进给机构优化为汽车刮水器机构和机械式驻车制动机构。

第二,以每个项目中的某个知识点为切入点,在每个项目的知识延伸部分巧妙融入课程思政元素,在传授理论知识的同时培养学生的职业素养,积极引导学生树立正确的世界观、人生观和价值观,坚定中国特色社会主义道路自信,弘扬中华优秀传统文化,增强学生的文化自信和民族自豪感,把家国情怀、社会责任感、工匠精神、创新意识和创新能力等渗透到课程的知识体系中,达到"润物细无声"的教育效果。

第三，书中所有的静态机构图和机械传动图都有配套的三维动画。扫描二维码即可观看机构的运动状态和动态模拟，实现机构"由静变动"，使枯燥的机构内容变为具有形象的立体感的动感内容，使抽象问题具体化、复杂问题简单化、动态问题可视化，增加学生的感性认识，使学生的学习过程更为生动和深刻，增强教学的感染力，有效地激发学生的学习兴趣，调动学生的学习积极性。

第四，采用已颁布的最新国家标准，对相关标准和设计数据进行了订正。

参与本书修订工作的有：江门职业技术学院耿海珍（项目5～项目10），佛山职业技术学院陈开源（项目1），江门职业技术学院成玲（项目11），长春汽车职业技术大学陈思（项目2），江门职业技术学院郑淑玲（项目4），江门职业技术学院贾林玲、山东工业职业学院王鹏飞（项目3）。全书由耿海珍编制修订提纲并统稿，课程思政案例由耿海珍和陈开源收集、整理。

本书由中国第一汽车集团有限公司研发总院翟来涛、鹤山市厚积工程机械有限公司王永海担任主审。主审认真细致地审阅了本书，从本书的结构、项目的选取及优化等多方面提出了很多宝贵的意见和建议，编者对此谨致诚挚的谢意。

由于编者水平有限，书中难免有不妥之处，恳请各位读者批评指正，使之不断完善。编者邮箱792097781@qq.com。

编　者

目录 MULU

模块 1　机器的组成

项目 1　认识机器及本课程 ··· 2
　任务 1　分析汽车的功能和组成 ·· 2
　任务 2　认识本课程 ·· 6
　任务 3　认识机械设计的基本要求、主要步骤和方法 ·································· 8

模块 2　常用机构

项目 2　汽车刮水器机构的分析及设计 ·· 18
　任务 1　绘制汽车刮水器的机构运动简图 ·· 18
　任务 2　分析汽车刮水器机构运动的确定性 ·· 23
　任务 3　判别汽车刮水器机构的类型 ·· 29
　任务 4　分析汽车刮水器机构运动和动力特性 ·· 37
　任务 5　设计汽车刮水器机构 ·· 41

项目 3　汽车机械式驻车制动装置分析 ·· 50
　任务　分析汽车机械式驻车制动装置 ·· 50

项目 4　内燃机配气凸轮机构的分析及设计 ·· 61
　任务 1　分析内燃机配气凸轮机构运动情况 ·· 61
　任务 2　设计内燃机配气机构凸轮轮廓曲线 ·· 68

模块 3　常用机械传动

项目 5　带式输送机传动装置的总体分析及设计 ···································· 80
　任务 1　分析和拟订带式输送机的传动方案 ·· 80
　任务 2　选择带式输送机的电动机型号 ·· 84
　任务 3　计算并分配带式输送机传动装置的总传动比 ·································· 88
　任务 4　计算带式输送机传动装置的运动和动力参数 ·································· 89

项目 6　带式输送机减速器外传动零件的分析及设计 ································ 94
　任务 1　选择带式输送机中带传动的类型 ·· 94

任务 2　分析带传动的工作情况及失效形式 ················· 99
任务 3　设计计算带式输送机的普通 V 带传动 ················· 103

项目 7　带式输送机减速器内传动零件的分析及设计 ················· 117
任务 1　计算渐开线标准直齿圆柱齿轮的几何尺寸 ················· 117
任务 2　分析渐开线直齿圆柱齿轮的传动特性 ················· 123
任务 3　分析渐开线齿轮的切齿原理及根切现象 ················· 126
任务 4　设计减速器标准直齿圆柱齿轮传动 ················· 130
任务 5　设计计算齿轮的结构尺寸 ················· 145
任务 6　设计减速器标准斜齿圆柱齿轮传动 ················· 148

项目 8　汽车变速和差速机构的分析及计算 ················· 162
任务 1　分析汽车变速机构 ················· 162
任务 2　分析汽车差速机构 ················· 168

模块 4　轴系零部件

项目 9　减速器轴系零部件的分析及设计 ················· 182
任务 1　选择减速器输入轴与输出轴滚动轴承的类型 ················· 182
任务 2　选择减速器输出轴端联轴器的型号 ················· 189
任务 3　设计减速器输入轴与输出轴的结构和尺寸 ················· 194
任务 4　校核减速器输入轴与输出轴的强度 ················· 210
任务 5　校核减速器输入轴与输出轴滚动轴承的寿命 ················· 215

模块 5　常用机械连接

项目 10　减速器常用连接的分析及设计 ················· 232
任务 1　选择减速器输入轴与输出轴键的类型和尺寸 ················· 232
任务 2　选择减速器螺纹连接类型和尺寸 ················· 239
任务 3　选择减速器箱盖与箱座定位销的类型和尺寸 ················· 248

模块 6　机械创新设计

项目 11　机械创新设计 ················· 256
任务　机械部件的创新设计 ················· 256

参考文献 ················· 263

机器的组成

知识目标

(1) 掌握机器与机构的特征。

(2) 掌握机器、机构、构件、零件等基本概念。

(3) 熟悉机器的结构组成和功能组成。

(4) 了解本课程的性质、研究内容及学习方法。

能力目标

(1) 能标识机器、机构、构件和零件。

(2) 会分析机器的类别及其各功能部分。

素质目标

(1) 以中国知名民族汽车品牌为例进行延伸学习,提高学生对民族品牌的认知水平,增强学生的民族自豪感,培养学生科技报国的家国情怀。

(2) 了解中国第一汽车集团有限公司从无到有、从弱到强的发展历程,培养学生的爱国主义情怀、使命担当和工匠精神,使学生坚定文化自信。

项目 1

认识机器及本课程

本项目结合汽车等常见机器,介绍机器的基本组成及机构、构件、零件等概念,了解机器设计的基本要求、主要步骤和方法,为本课程的学习奠定基础。

◀ 任务 1　分析汽车的功能和组成 ▶

【任务引入】

图 1-1 所示为一汽车外观图,试分析该汽车的机器类别和组成。

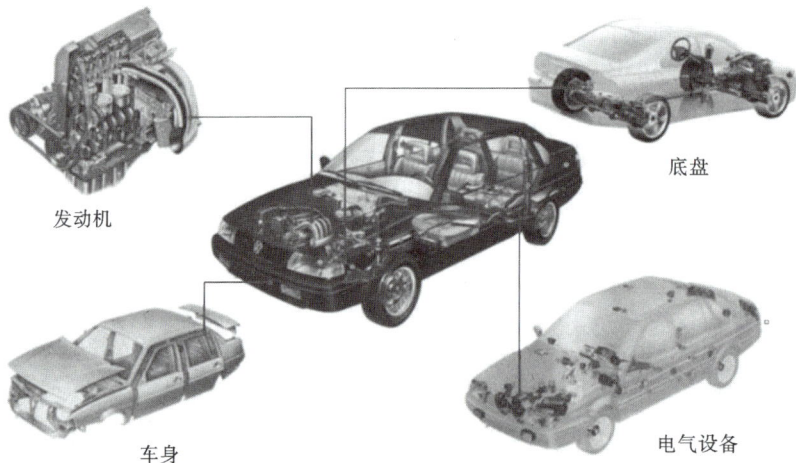

发动机

底盘

车身

电气设备

图 1-1　汽车外观图

【任务分析】

制造业是立国之本、强国之基。作为现代工业技术的集大成者,汽车制造业是国民经济的重要支柱产业,是国家制造实力的重要标志。汽车是一种交通工具,其结构复杂,零部件众多。要分析汽车的机器类别和组成,首先要明确机器的概念和类型,然后学习一般机器的结构组成和功能组成。

【相关知识】

一、机器的特征和分类

1. 机器的特征

人类为了满足生活和生产的需要,设计和制造了各种各样的机器,生活中常见的有汽车、洗衣机、缝纫机、电风扇等,生产中常见的有拖拉机、电动机、各种机床等。虽然机器种类有很多,结构和用途各不相同,但是它们有着共同的特征。

图1-2所示为单缸四冲程内燃机,它由缸体1、活塞2、连杆3、曲轴4、齿轮5和6、凸轮7和10、进气阀顶杆8、排气阀顶杆9等组成。燃气推动活塞做往复运动,经连杆转换为曲轴的连续转动。曲轴在输出运动的同时,又通过齿轮5、6的啮合带动凸轮7、10转动,凸轮迫使顶杆8、9往复移动,从而控制进、排气阀的启闭。这样,活塞往复四个冲程,曲轴转两周,进、排气阀各启闭一次,如此循环,就把燃料燃烧产生的热能转换为曲轴转动的机械能。

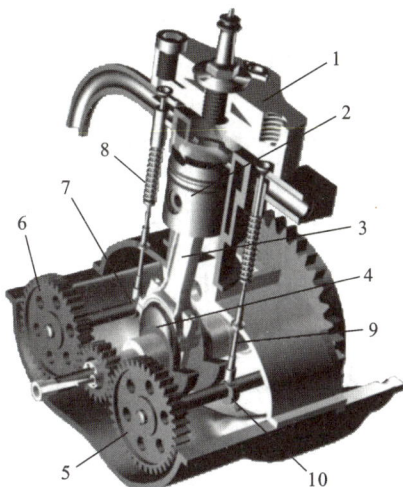

内燃机

图1-2 单缸四冲程内燃机
1—缸体;2—活塞;3—连杆;
4—曲轴;5、6—齿轮;7、10—凸轮;
8—进气阀顶杆;9—排气阀顶杆

由以上可以看出,机器具有下列特征:

(1)结构特征,机器是人为实物的组合体。

(2)运动特征,各实物间具有确定的相对运动。

(3)功能特征,可传递或变换能量、物料和信息,以代替或减轻人的劳动。

可见,机器是根据某种使用要求而设计的一种执行机械运动的装置,可用来传递或变换能量、物料和信息。

2.机器的分类

根据用途的不同,机器可分为以下四类。

(1)动力机器:如电动机、内燃机、发电机、空气压缩机等,用来实现机械能与其他形式能量的转换。

(2)加工机器:如金属加工机床、纺织机、轧钢机、包装机等,主要用来改变物料的形状、尺寸、性能和状态。

(3)运输机器:如汽车、火车、轮船、飞机等,主要用来运输人和物料。

(4)信息机器:如摄像机、复印机、印刷机、打印机、绘图机等,主要用来获取或处理信息。

二、机器的结构组成

一台现代化的机器,常包含机械、电气、液压、气动等多个系统,但是机器的主体仍然是它的机械系统。机械系统总是由一些机构组成,每个机构又由若干构件和零件组成。机器的结构组成如图1-3所示。

图1-3 机器的结构组成

1.机构

具有确定相对运动的实物组合体称为机构。图1-4所示为单缸四冲程内燃机包含的机构,其中缸体1、活塞2、连杆3和曲轴4组成的连杆机构实现了移动与转动的转换;齿轮5、6组成的齿轮机构实现了减速和换向;凸轮7和顶杆8组成的凸轮机构实现了转动

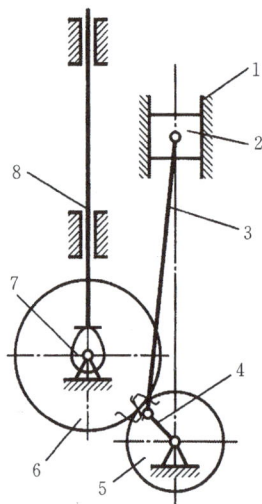

图1-4 内燃机包含的机构
1—缸体；2—活塞；3—连杆；4—曲轴
5、6—齿轮；7—凸轮；8—顶杆

内燃机
连杆

与移动的转换。

可见，机构具有机器的前两个特征，其主要功用是传递或转换运动。故仅从结构和运动的观点来看，机器与机构并无区别，机器是一个比较复杂的机构而已。通常，我们把机器和机构统称为机械。在各种机械中广泛使用的一些机构称为常用机构，如连杆机构、齿轮机构、凸轮机构等。

2. 构件

机构中每一个独立运动的实物称为构件。图1-4所示的内燃机连杆机构中，缸体1、活塞2、连杆3和曲轴4都是构件。从运动的角度看，构件是运动的最小单元。因此，机构是具有确定相对运动的构件组合体。

3. 零件

若将构件进行拆分，拆到不能再拆的最小单元，就得到了零件。图1-5(a)所示为内燃机的连杆构件，图1-5(b)是连杆的分解图。连杆包含连杆体、轴瓦、连杆盖、螺栓、销、轴套等多个零件，这些零件之间为静连接，不能产生相对运动。从制造的角度看，零件是制造的最小单元。因此，构件是零件的刚性组合体，它至少包含一个零件。

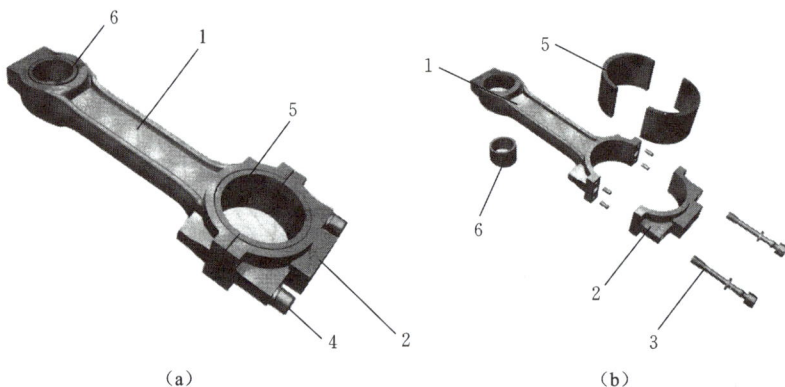

（a）　　　　（b）

图1-5 内燃机连杆包含的零件
1—连杆体；2—连杆盖；3—螺栓；4—销；5—轴瓦；6—轴套

在各种机械中广泛使用的零件称为通用零件，如螺栓、齿轮、轴等。只在特定类型机械中使用的零件称为专用零件，如内燃机中的活塞、曲轴等。另外，把一组由协同工作的零件所组成的独立制造或独立装配的组合体称为部件，如滚动轴承、离合器、减速器等。

三、机器的功能组成

机器的种类有很多，形式各异，但就其功能而言，任何一个完整的机器都主要由五个部分组成，如图1-6所示。

（1）原动机部分：机器的动力来源，常用的有电动机和内燃机两大类，此外还有燃气轮机、液压马达、气动马达等。

（2）执行部分：直接完成机器预定功能的部分，如车床的卡盘和刀架、汽车的车轮等。

（3）传动部分：介于原动机部分和执行部分之间，作用是把原动机的运动和动力变换成执行部分的运动和动力。机器中的传动部分有机械传动、液压传动、气压传动和电力传动，应用最多的是机械传动。

图 1-6　机器的功能组成

（4）控制部分：作用是控制机器各部分的运动，使操作者能随时实现或终止机器的各种预定功能。现代机器的控制系统一般既包含机械控制系统，又包含电子控制系统，其作用包括监测、调节、控制等。

（5）支承和辅助部分：用于实现支承和辅助功能的部分，如机床的床身、机箱、润滑系统、照明系统等。

【任务实施】

对应机器的类别可以知道，汽车属于运输机器。图 1-7 所示为汽车的组成示意图，由此可以看出其结构组成和功能组成。

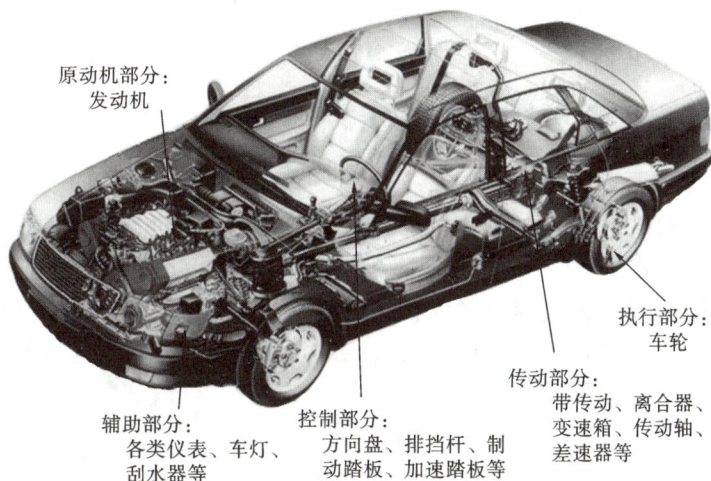

图 1-7　汽车的组成示意图

（1）结构组成：汽车的总体结构基本上由发动机、底盘、车身和电气设备组成。发动机是汽车的动力装置，由曲柄滑块机构、配气机构、凸轮机构、燃料供给系统、冷却系统、润滑系统、点火系统、启动系统构成。底盘的作用是支承汽车发动机及其各部件，形成汽车的整体造型，并接收发动机动力，使汽车产生运动，保证汽车正常行驶。车身安装在底盘的框架上，供驾驶员、乘客乘坐或装载货物。电气设备由电源和用电设备两大部分构成：电源包括蓄电池和发电机；用电设备包括发动机的启动系统、汽油机的点火系统等。

（2）功能组成：汽车中，发动机是原动机；带传动、离合器、变速箱、传动轴、差速器等组成传动部分；车轮是执行部分；部分机械设备（如方向盘、排挡杆、制动踏板、加速踏板等）和电气设备等组成控制部分；各类仪表、车灯、刮水器等组成辅助部分。发动机的运动和动力经各机构的变换和传递，驱动汽车前进、转弯或后退等。

◀ 任务 2　认识本课程 ▶

【任务引入】

请简要说明本课程的研究对象和研究内容，以及本课程在专业学习中的作用和地位。

【任务分析】

在认识机器及其组成的基础上，思考本课程与机械的关系，进一步了解本课程的内容和任务及其在专业学习中的作用和地位，为正式学习本课程奠定基础。

【相关知识】

随着机械化生产规模的日益扩大，制造、动力、冶金、石化、轻纺、食品等许多行业的工程技术人员经常接触到各种类型的机械。要想解决实际工作中遇到的问题，就要掌握一定的机械基础知识。因此，机械设计基础如同其他应用技术一样，是机械类专业一门重要的技术基础课。

一、本课程的研究内容和任务

1. 本课程的主要研究内容

机械是机器和机构的总称，所以本课程的研究对象就是机器和机构。本课程以汽车刮水器、内燃机、带式输送机、汽车变速箱和减速器等机械设备为载体，使学生熟悉常用机构、常用机械传动和通用零部件的结构组成、应用特点和工作原理，掌握机械设计的基本理论和基本方法。常用机构包括平面连杆机构、凸轮机构、棘轮机构等，如图1-8所示；

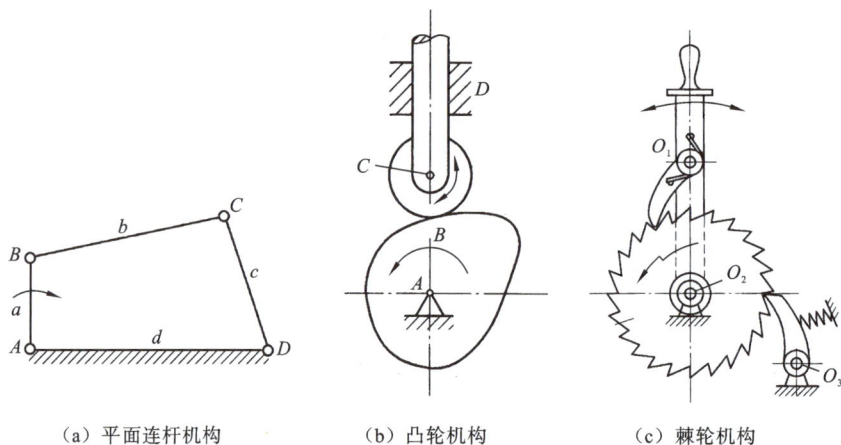

（a）平面连杆机构　　（b）凸轮机构　　（c）棘轮机构

图1-8　常用机构

常用机械传动包括带传动、齿轮传动、蜗杆传动等,如图 1-9 所示;通用零部件包括齿轮、轴承、弹簧、螺栓等,如图 1-10 所示。

（a）带传动　　　　　　　（b）齿轮传动　　　　　　　（c）蜗杆传动

图 1-9　常用机械传动

（a）齿轮　　　　　　　（b）轴承　　　　　　　（c）阶梯轴

（d）弹簧　　　　　（e）螺栓、螺母　　　　　（f）键

图 1-10　通用零部件

2. 本课程的任务

通过本课程的学习,学生应达到下列基本要求:

（1）熟悉常用机构、常用机械传动及通用零部件的结构组成、应用特点和工作原理。

（2）掌握机械设计的基本理论和基本方法,初步具备设计简单机械传动装置的能力。

（3）具有与本课程有关的计算、绘图、执行国家标准和使用有关技术资料的能力。

（4）具有一定的装拆、测绘、调整、检测一般机械装置的技能。

（5）具有一定的使用、维护机械传动装置的能力。

（6）具有一定的机械创新设计能力。

（7）掌握科学的工作方法和思想,具有严谨的工作作风、刻苦钻研精神和创新精神。

（8）具有一定的沟通表达能力,具有团结协作精神和工匠精神。

二、本课程的特点及学习方法

本课程是机械类专业一门重要的专业基础课,是从理论性、系统性都很强的基础课向实践性较强的专业课过渡的一个转折点,具有一定的综合性和实践性,是学生学习后续专业课必须掌握的一门课程。学好这门课程,既要掌握基础理论,也应具备一定的工程实践能力,对学生能力和科学素质的培养有良好的促进作用。因此,学生在学习本课程时必须在学习方法上有所转变,具体应注意如下几点。

（1）注意理论联系实际，活学活用。本课程的研究对象与生活、生产实际联系密切，在学习本课程理论知识的同时，要经常深入生产现场、五金商场、产品展销会，有意识地去观察机械产品，了解机械装置的使用情况，并用所学到的知识多分析、多思考，这样就可使原本枯燥、抽象的理论知识学习变得生动、具体。

（2）注意本课程内容的内在联系，抓住基本知识和设计两条主线。本课程主要介绍各种常用机构、通用零部件及常用机械传动的基本知识（结构、原理等）和设计方法这两方面的内容。在学习本课程内容时，要注意各章节的共性，互相联系、互相比较，抓住两条主线来学习，才能保证本课程的学习效果。

（3）要适应本课程实践性和工程性的特点。本课程的实践性较强，一方面要重视习题讨论、实验实训、设计作业等实践环节；另一方面，实践中的问题往往很复杂，难以用纯理论的方法来分析解决，而常常采用经验参数、经验公式、条件性计算等方法，容易使学生产生"逻辑性差"，甚至"不讲道理"的错觉，这就是实践性、工程性较强的课程的特点，在学习时要了解这一特点并逐步适应。

（4）本课程的一些计算结果不具有唯一性。也就是说，计算结果没有对错之分，只有优劣不同，这也是实践性、工程性较强的课程的特点。在学习时也要逐步适应这种特点并树立努力获得最佳结果的思想。

（5）重视结构设计。对机械工程问题来说，理论计算固然很重要，但不是唯一的，结构设计有时是解决问题的关键。初学者往往只注重计算而忽视结构设计，在学习本课程时，应逐步培养将理论计算与结构设计、工艺考虑等结合起来解决设计问题的思维方式。

【任务实施】

本课程是机械类和近机械类各专业一门重要的技术基础课，通过学习本课程，学生基本具有分析、运用和维护机械传动装置和机械零部件的能力，初步具备设计简单机械的能力，为从事机械设计、制造及设备操作、维修、管理等工作奠定基础，也为学习相关专业课程奠定基础。本课程比以往的先修课程更接近工程实际，但也有别于专业课程，它主要研究各类机械的共性问题，在机械类专业课程体系中具有非常重要的地位。

任务3 认识机械设计的基本要求、主要步骤和方法

【任务引入】

以汽车为例，认识机械设计的基本要求、主要步骤和方法。

【任务分析】

一台机器的质量基本上取决于前期设计的质量，制造过程对机器质量所起的作用本质上取决于实现设计时所规定的质量。因此，机器设计阶段是决定机器性能的关键阶段。汽车是一台复杂的运输机器，零部件众多。要设计好一台机器，首先要了解机械设计的基本要求、主要步骤和方法等基本知识，为机械设计奠定基础。

【相关知识】

一、机械设计的基本要求

机械设计一般应满足如下基本要求。

（1）使用功能要求。所设计的机械应保证能够实现预定的功能，达到规定的性能。这是最基本的要求。

（2）经济性要求。所设计的机械在设计、制造和使用的全过程中都应该追求低的成本。例如：采用恰当的设计方法，缩短设计周期等，以降低设计成本；选用适当的材料，减小设备的尺寸、质量，优化零件的制造工艺等，以降低制造成本；提高设备的生产率，降低运行中的消耗和管理费用，以降低使用成本。

（3）社会性要求。所设计的机械不应对人、环境和社会造成消极影响，如要考虑操作者的方便性、安全性和舒适性，要造型美观、色彩宜人，要符合国家有关的环境保护法规。

（4）可靠性要求。在规定的寿命期限内和预期的环境条件下，正常工作的概率要高，故障率要低。

二、机械设计的主要步骤

1. 机械设计的一般过程

新产品从设计到投放市场，一般要经历以下几个阶段：计划阶段、方案设计阶段、技术设计阶段、试制试验阶段和投产以后，相关内容详见表 1-1。

表 1-1　机械设计的一般过程

序号	设计阶段	设计工作内容	应完成的报告或图样
1	计划阶段	（1）根据市场需求或受用户委托，或由上级下达，提出设计任务； （2）进行可行性研究，重大问题应召开有关方面专家参加的论证会； （3）编制设计任务书	（1）提出可行性论证报告； （2）提出设计任务书，任务书应尽可能详细、具体，它是以后设计、评审、验收的依据； （3）签订技术经济合同
2	方案设计阶段	（1）根据设计任务书，通过调查研究和必要的试验分析，提出若干个可行的方案； （2）经过分析、对比、评价、决策，确定最佳方案	提出最佳方案的原理图和机构运动简图
3	技术设计阶段	（1）从运动学、动力学、工作能力方面进行分析与设计； （2）绘制总装配图、部件装配图和零件图； （3）编制各种技术文件	（1）提出全套完整的设计图样，包括外购件明细表； （2）提出设计计算说明书； （3）提出使用维护说明书
4	试制试验阶段	通过试制、试验发现问题，加以改进	（1）提出试制、试验报告； （2）提出改进措施
5	投产以后	（1）收集用户反馈意见，研究使用中发现的问题，进行改进； （2）收集市场信息	（1）对原机型提出改进措施； （2）提出设计新型号的建议

2. 机械零件设计的一般步骤

机械零件设计是从机器的工作原理、承载能力、构造和维护等方面研究通用机械零件的设计问题,包括如何合理确定零件的形状和尺寸、如何合理选择零件的材料及如何使零件具有良好的工艺性等。机械零件设计的一般步骤如下:

(1)选择零件的类型和结构。要根据零件的使用要求,在熟悉各种零件的类型、特点及应用范围的基础上进行。

(2)分析和计算载荷。根据机器的工作情况,确定作用在零件上的载荷。

(3)选择合适的材料。根据零件的使用要求、工艺要求和经济性要求选择合适的材料。

(4)确定零件的主要尺寸和参数。根据对零件的失效分析和所确定的计算准则进行计算,确定零件的主要尺寸和参数。

(5)零件的结构设计。应根据功能要求、工艺要求、标准化要求,确定零件合理的形状和结构尺寸。

(6)校核计算。只对重要的零件且有必要时才进行校核计算,以确定零件工作时的安全程度。

(7)绘制零件的工作图。

(8)编写设计计算说明书。

三、机械设计的主要方法

机械设计的主要方法有以下几种:

(1)理论设计。根据长期研究与实践总结出来的设计理论和实验数据所进行的设计,称为理论设计。理论设计的计算过程分为设计计算和校核计算两部分。设计计算是根据零件的工作情况,选定计算准则,按其所规定的要求计算出零件的主要几何尺寸和参数。校核计算是先按其他方法初步拟定零件的主要尺寸和参数,然后根据计算准则所规定的要求校核零件是否安全。因为校核计算时已知零件的有关尺寸,所以能计入影响强度的结构因素和尺寸因素,计算结果比较精确。

(2)经验设计。根据对某些零部件已有的设计和由使用实践归纳出的经验关系式,或根据设计者本人的工作经验用类比的方法所进行的设计称为经验设计。对一些次要的零部件,或者对于一些理论上不够成熟或虽有理论但没有必要用繁复、高级的理论进行设计的零部件,大多采用这种设计方法。对那些使用要求没有大变动而结构形状已典型化的零件,经验设计是很有效的设计方法,例如,箱体、机架、传动零件的各结构要素的设计等。

(3)模型实验设计。把初步设计的零部件或机器做成小模型或小尺寸样机,通过实验对其各方面特性进行检验,根据实验结果对设计逐步进行修改,从而使其完善,这样的设计过程称为模型实验设计。这种设计方法是为了提高设计的可靠性,主要是针对一些尺寸巨大、结构复杂的重要零件。模型实验设计是在设计理论还不成熟,已有的经验又不足以解决设计问题时,为积累新经验、发展新理论和获得好结果而采用的一种设计方法。但是模型实验设计方法费时、成本高,一般只用于特别重要的设计中。

(4)现代机械设计。为了满足机械产品性能的高要求,在机器设计中大量采用计算机技术进行辅助设计和系统分析,这就是通用的现代机械设计方法。常见的设计方法包括优化设计、有限元设计、可靠性设计、仿真设计、专家系统设计、计算机辅助设计等现代机械设计方法。

【任务实施】

汽车设计的基本要求、主要步骤和方法如下:

1. 汽车设计的基本要求

(1) 良好的造型设计,具有良好的外观。

(2) 汽车的各项性能、成本等,要求达到企业在商品计划中所能确定的指标。

(3) 严格遵守和贯彻相关法规、标准中的规定,注意不要侵犯专利。

(4) 良好的工艺性。尽最大可能地去贯彻"三化",即标准化、通用化和系列化。

(5) 良好的空气动力特性。进行有关运动学方面的校核,保证汽车有正确的运动和避免运动干涉。

(6) 良好的适应性,拆装与维修方便。

2. 汽车设计的主要步骤

汽车设计的主要步骤包括方案策划、概念设计、技术设计、样车试验、批量试制、投产启动等阶段。

(1) 方案策划阶段:通过充分的市场调研,收集、整理、记录和分析得到的信息,了解汽车行业的发展趋势、消费趋势、消费偏好、消费要求等信息,确定好新产品的产品等级和市场定位。

(2) 概念设计阶段:主要包括总体设计、造型设计等。总体设计包含整车性能设定、整车总体布置,造型设计包含造型创意设计、数字模型、油泥模型、3D打印模型、造型可行性分析等。

(3) 技术设计阶段:在汽车内外饰件造型定型的前提下,对汽车进行详细的结构设计,满足运动学、动力学、工作能力等各方面的要求。

(4) 样车试验阶段:主要包括零部件制造、样车试制和样车试验。

(5) 批量试制阶段:主要包括各主要零部件功能验证、生产线及物流体系调配、产品稳定性完善等。

(6) 投产启动阶段:主要包括通过国家认证、产品合格率满足要求和物流体系调配完毕等。

3. 汽车设计的主要方法

汽车设计的主要方法包括但不限于产品生命周期设计、创新设计、机械动态设计、有限元设计、稳健设计、优化设计和可靠性设计等。

素质培养

如果有这样一辆轿车,能够成为整个民族的骄傲,能够承载整个民族的情感,能够引起整个民族的关注,那么她只能是红旗。

刻在"红旗车"骨子里的"中式浪漫"

汽车,现代工业文明的重要标志,是一个国家制造实力的象征、国民经济发展的有力引擎。

作为新中国汽车工业的"摇篮",中国第一汽车集团有限公司(简称中国一汽)伴随中国汽车工业从无到有、从弱到强。从不辱使命造高级轿车到改革创新焕发新生,从栉风沐雨、筚路蓝缕到理想飞扬、梦想成真,中国一汽和红旗品牌始终怀揣"汽车强国"的初心与使命,不断刷新着中国汽车品牌发展的新高度。

百业待兴之时,全国支援之下,1953 年 7 月 15 日,来自全国的万名建设者会聚长春西南郊,于茫茫荒野上夯下了第一根基桩。图 1-11 所示为第一汽车制造厂在吉林省长春市奠基。中国一汽创业之路由此铺就,新中国汽车工业从此展开。

图 1-11　第一汽车制造厂在吉林省长春市奠基

1956 年 7 月 13 日,第一辆国产解放牌卡车总装下线,为中国不能造汽车的历史画上了句号。为了通过中国轿车彰显新中国的发展成就和中国人的自强精神,中国一汽在无技术、无资金、无图纸的情况下,开始自力更生,攻克一个又一个技术难关。1958 年 8 月 1 日,中国一汽成功研制出新中国第一辆高级轿车——红旗牌轿车,创造了 33 天造出红旗轿车的奇迹。图 1-12 所示为第一辆红旗牌高级轿车试制成功。红旗牌高级轿车的问世,结束了新中国不能自主研发高级轿车的历史,在中国汽车工业发展史上书写了浓墨重彩的一笔。

1959 年 10 月 1 日,10 辆崭新的红旗牌轿车在首都的国庆庆典上登台亮相(见图 1-13),国内外媒体竞相报道了"中国第一车"的消息。

红旗牌高级轿车将"天圆地方""中国扇形格栅""宫廷式尾灯"等中华传统文化元素融入其中,搭载了自主设计的 V8 发动机,最大功率为 200 马力(1 马力＝0.735 kW),最高速度为 185 km/h。至此,红旗牌轿车驶向神州大地,和我国民族汽车工业的发展始终相随,成为中国人自己的高端民族汽车品牌,也创造了第一个"上下一心、众志成城",名为"团结"的"中式浪漫"。

国家需要,红旗所向。一路走来,"产业报国,工业强国,强大中国汽车产业"的初心和使命时时镌刻在中国一汽和红旗的骨子里、基因里。

图 1-12　第一辆红旗牌高级轿车试制成功

图 1-13　红旗牌轿车亮相国庆庆典

2023 年,红旗品牌零售销量突破 37 万辆,同比增长 29.5%,实现连续 6 年正增长,市场份额位列 15 万元以上燃油车市场中国品牌第一。2023 年全年新能源车累计销量突破 85000 辆,同比增长 135%,新能源车渗透率为 23%,位列传统豪华品牌第一。红旗正不断夯实国内汽车市场高端品牌领先位置。

改革向新,践行"初心"的"中式浪漫"彰显了红旗品牌的底蕴,2023 年红旗品牌价值更是突破 1155 亿元,位居中国乘用车品牌首位,行业影响力、美誉度再度提升。图 1-14 所示为红旗 E-HS9。

红旗的振兴发展,源于家国情怀、初心所向、使命担当。红旗始终秉持开放心态,坚持以"逢山开路,遇水架桥"的闯劲,把企业的追求与党和国家事业紧密联系起来,从研制出"新中国第一辆高级轿车"到致力成为"中国第一、世界著名"的新高尚品牌,全力推动民族汽车工业实现蓬勃发展。

从黑土地上战天斗地的号角声中走来,中国一汽见证了新中国汽车工业近乎全部的发展历程。

几十载岁月峥嵘,有白手起家的一往无前,有困难面前的千锤百炼,一代代汽车人薪火相传的奋斗精神,凝结成中国汽车工业不断前行的动力源泉。图 1-15 所示为中国一汽红旗创新大厦。

图 1-14 红旗 E-HS9

图 1-15 中国一汽红旗创新大厦

不忘来时筚路蓝缕,不畏风雨砥砺前行。在由汽车大国走向汽车强国的征程上,坚定不移推进高质量发展,中国汽车工业一路向前!(来源:人民网)

练习与实训

一、判断题

1. 机器是由一个或多个机构组成的。(　　)

2. 机构是具有确定相对运动的构件组合体。(　　)

3. 构件可以是一个单独的零件,也可以是几个零件可动连接后形成的组合体。(　　)

4. 齿轮属于专用零件。(　　)

二、单项选择题

1. 在下列机器结构组成中,不能继续拆分的最小制造单元为(　　)。

A. 机构　　　　　　　B. 构件　　　　　　　C. 零件　　　　　　　D. 部件

2. 以下不属于机器工作部分的是(　　)。

A. 数控机床的刀架　　　　　　　　　B. 工业机器人的手臂

C. 汽车的轮子　　　　　　　　　　　D. 空气压缩机

3. 摄像机属于下列机器种类中的哪一种？（　　　）

A. 动力机器　　　　B. 加工机器　　　　C. 运输机器　　　　D. 信息机器

4. 在机器的组成中，通常处于整个传动路线的终端、直接完成机器功能的部分是（　　　）。

A. 原动机部分　　　B. 传动部分　　　　C. 执行部分　　　　D. 控制部分

三、应用与训练

1. 通过参观校内汽车拆装实训室或查找相关资料（通过图书馆或网络），了解汽车的主要结构，阐述汽车的主要功能组成及作用。

2. 到校内实训车间参观机加工设备，如车床、铣床、万能工具磨床等，通过观察和询问，了解各机床的用途、组成及工作原理，画框图说明机床各功能组成及主要机构和零部件。

模块 2

常用机构

汽车刮水器机构的分析及设计

本项目以汽车刮水器为载体,通过分析其运动特性,掌握机构运动简图的绘制方法,学会判断机构运动的确定性;熟悉平面四杆机构的类型、特点及运动和动力特性,并在此基础上学习平面四杆机构的设计方法,初步具备设计平面四杆机构的能力。

◀ 任务 1　绘制汽车刮水器的机构运动简图 ▶

【任务引入】

汽车刮水器作为一种重要的安全装置,可以清除附着在前挡风玻璃上的泥土、灰尘以及雨雪,对于驾驶员在恶劣天气条件下的行车安全具有重要作用。图 2-1 所示为汽车刮水器的主体结构图,试绘制其机构运动简图。

汽车刮水器

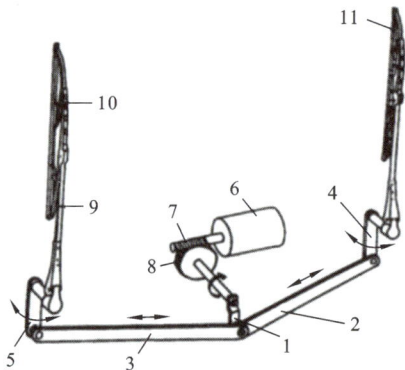

图 2-1　汽车刮水器

1—摇臂;2、3—拉杆;4、5—摆杆;6—直流电动机;7—蜗杆;
8—蜗轮;9—刮水臂;10—刮水片架;11—刮水片

【任务分析】

图 2-1 中,汽车刮水器主要由直流电动机、蜗轮蜗杆减速机构、摇臂、拉杆、摆杆以及刮水臂、刮水片架、刮水片等组成,通常将电动机和蜗轮蜗杆箱做成一体组成刮水器电机总成。要分析或设计机构,必须首先画出该机构的运动简图,以便确定机构运动的确定性和设计的合理性。

通过本任务的实施,学生可以明确平面机构的组成,理解并掌握常见机构运动简图的绘制方法。

【相关知识】

一、平面机构的组成

在机构中,若所有构件均在同一平面或互相平行的平面中运动,则称该机构为平面机构,否则称为空间机构。工程中常用的机构大多数属于平面机构。任何机构都是由若干构件用运动副相互连接组成的。下面就分别介绍构件和运动副的概念及类型。

1. 构件及其类型

如前所述,构件是机构中彼此相对运动的单元体。构件按其在机构中的地位和功能分为机架、原动件和从动件等。如图 2-2 所示,内燃机中的气缸体 4 是机构中的固定构件,称为机架,用来支承各运动构件;活塞 1 由外界给定运动规律,称为原动件,又称为主动件;除原动件以外的全部活动构件称为从动件,又称为被动件,它跟随原动件运动,如内燃机中的连杆 2、曲轴 3。

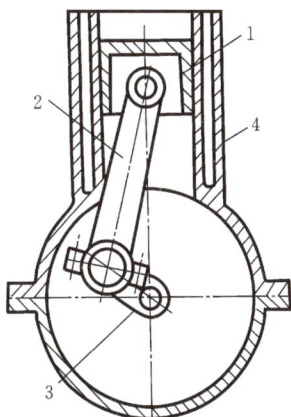

图 2-2 内燃机曲柄连杆机构
1—活塞;2—连杆;3—曲轴;4—气缸体

2. 运动副及其类型

机构中的每个构件都以一定的方式与其他构件相互连接,但是这种连接不是固定连接,而是能产生一定相对运动的活动连接。这种由两个构件组成的活动连接称为运动副。

根据组成运动副的两构件之间相对运动的不同,运动副可分为平面运动副和空间运动副。根据两构件接触情况的不同,平面运动副可分为低副和高副。

1) 平面低副

两构件通过面接触组成的运动副称为低副。低副受载时,单位面积上的压力较小。根据两构件之间相对运动形式的不同,低副又可分为转动副和移动副两种。

(1) 转动副:两构件间只能产生相对转动的运动副称为转动副,又称为回转副或铰链,如图 2-3(a)所示。

(2) 移动副:两构件间只能产生相对移动的运动副称为移动副,如图 2-3(b)所示。

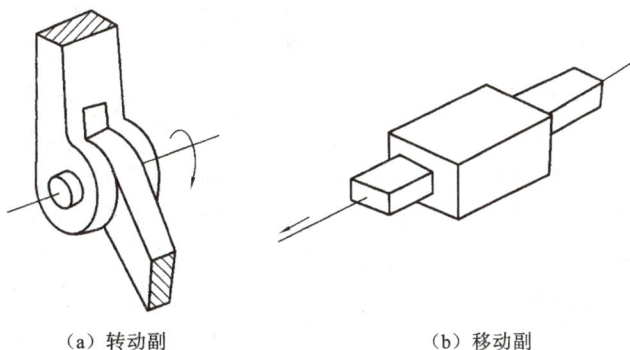

(a) 转动副   (b) 移动副

图 2-3 平面低副

转动副

移动副

2）平面高副

两构件通过点接触或线接触组成的运动副称为高副。在图 2-4 中，轮轨副、凸轮副、齿轮副分别在接触点 A 处组成高副。

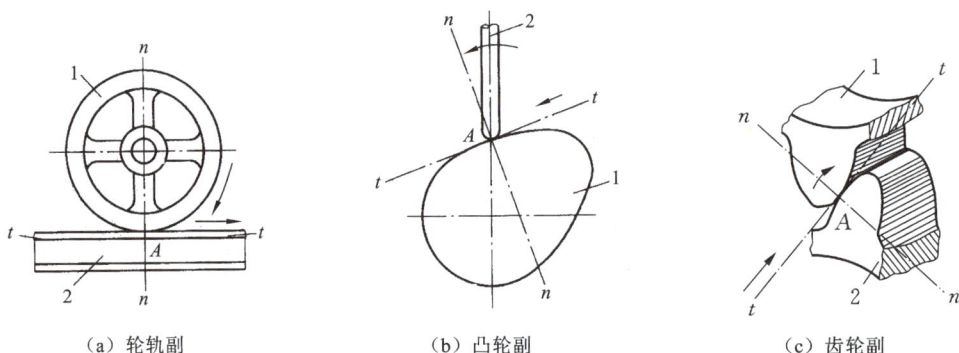

（a）轮轨副　　　　　　　（b）凸轮副　　　　　　　（c）齿轮副

图 2-4　平面高副

除上述平面运动副之外，机械中还有空间运动副，如球面副、螺旋副等，如图 2-5 所示。空间运动副两构件之间的相对运动为空间运动。

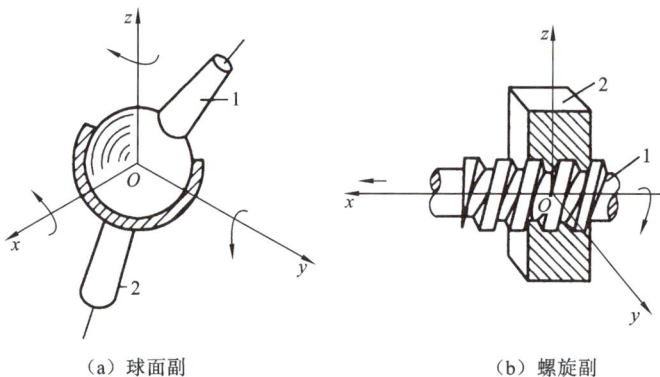

（a）球面副　　　　　　　　　　　（b）螺旋副

图 2-5　空间运动副

二、平面机构运动简图

1. 机构运动简图及作用

表示机构组成和各构件间真实运动关系的简单图形称为机构运动简图。借助机构运动简图，可以方便地分析现有机械和设计新机械。

把一个实际机构抽象为运动简图，其总的原则是保证机构的运动特性不变。由机构的组成可知，一个机构的运动情况主要与六个要素有关，即原动件的运动规律、构件的数目、运动副的数目、运动副的类型、运动尺寸（即各运动副之间的相对位置尺寸）和机架，而与构件的外形、尺寸、运动副的具体构造等无关。为此，在绘制机构运动简图时，只需表示出该六个要素即可，而其余要素均可忽略。

2. 机构运动简图的符号

1）构件的表示方法

对于轴、杆，常用一根直线表示，两端画出运动副的符号，圆圈表示转动副，如图 2-6

(a)所示；若构件固连在一起，则涂以焊缝记号，如图 2-6（b）所示；机架的表示方法如图 2-6（c）所示，其中左图为机架基本符号，右图表示机架为转动副的一部分。

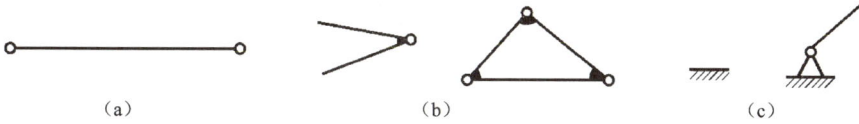

图 2-6　构件的表示方法

2）运动副的表示方法

（1）转动副。构件组成转动副时用圆圈表示，如图 2-7 所示。图面垂直于回转轴线时用图 2-7（a）表示；图面不垂直于回转轴线时用图 2-7（b）表示；一个构件具有多个转动副时，则应在两条直线交叉处涂黑，或在其内画上斜线，如图 2-7（c）所示。

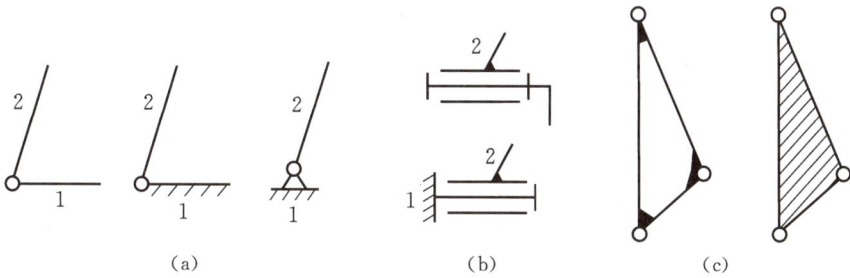

图 2-7　转动副的表示方法

（2）移动副。两构件组成移动副，其导路必须与相对移动方向一致，如图 2-8 所示。

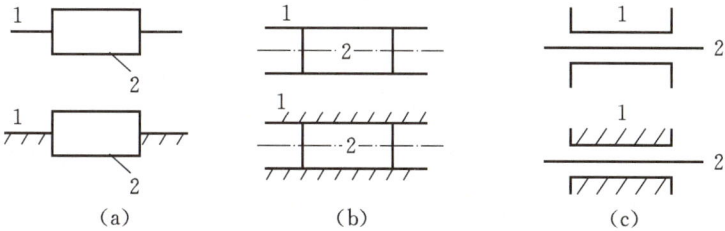

图 2-8　移动副的表示方法

（3）高副。两构件组成平面高副时，其运动简图中应画出两构件接触处的曲线轮廓。对于凸轮、滚子，习惯画出其全部轮廓，如图 2-9（a）所示；对于齿轮，常用点画线画出其节

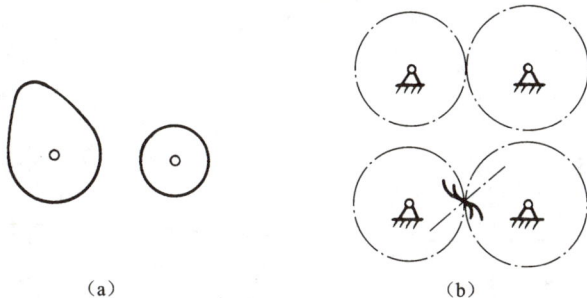

图 2-9　高副的表示方法

圆，如图 2-9（b）所示。

机构运动简图规定符号参见表 2-1。

表 2-1　机构运动简图规定符号

名称	符号	名称	符号
固定构件		外啮合圆柱齿轮机构	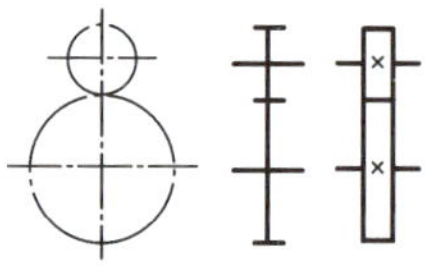
两副元素构件	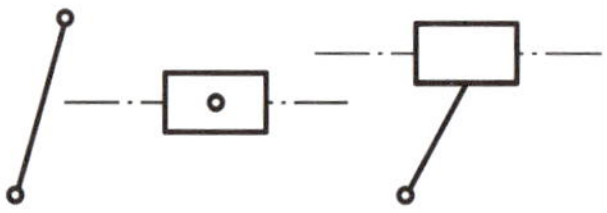	内啮合圆柱齿轮机构	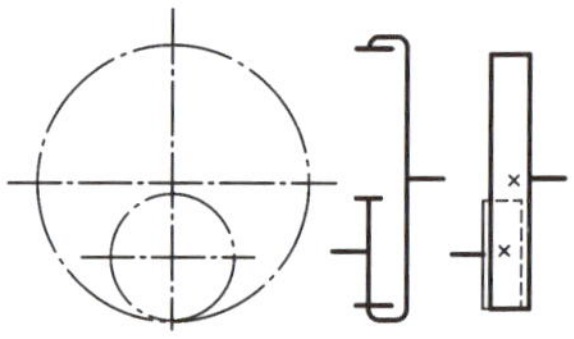
三副元素构件			
转动副		齿轮齿条机构	
移动副		锥齿轮机构	
平面高副		蜗轮蜗杆机构	
凸轮机构	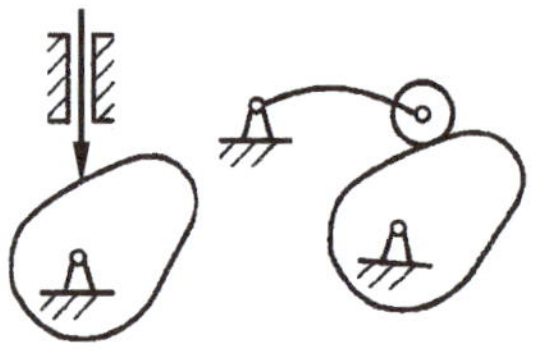	带传动	
棘轮机构	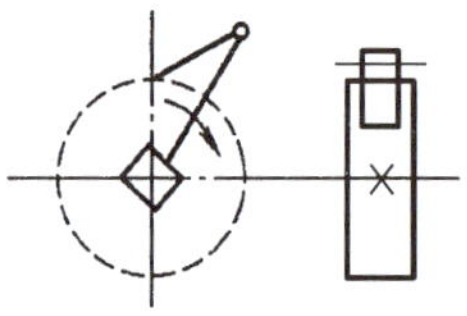	链传动	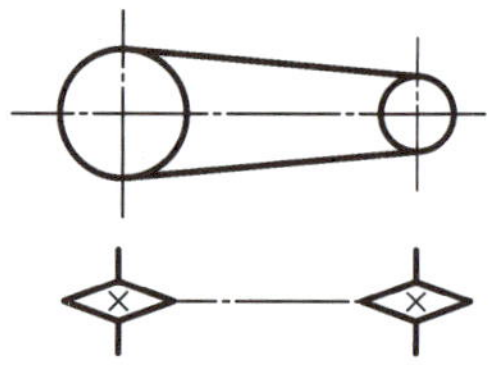

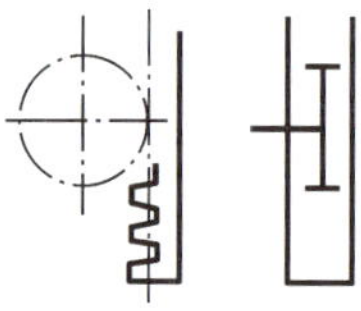

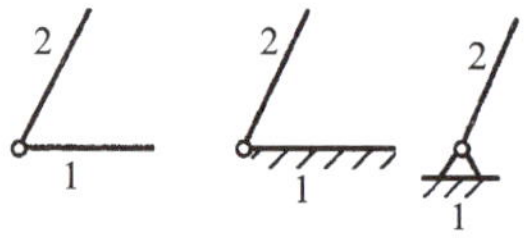

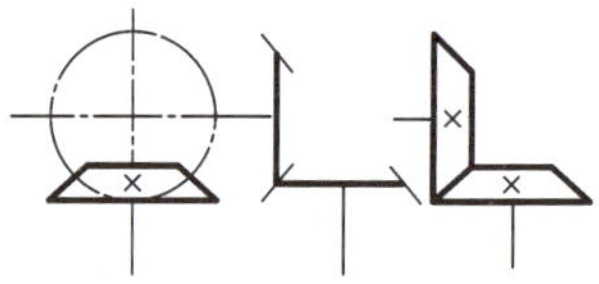

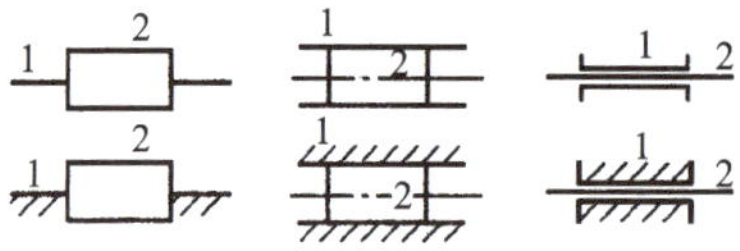

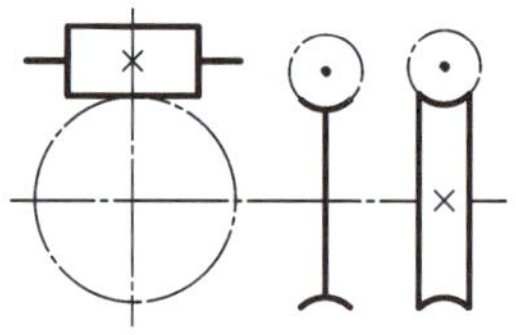

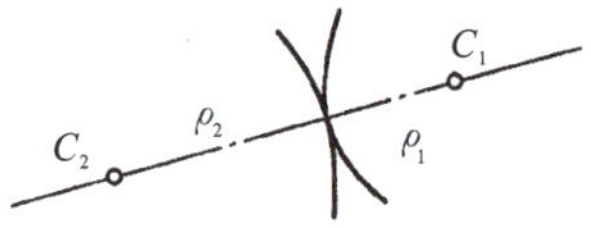

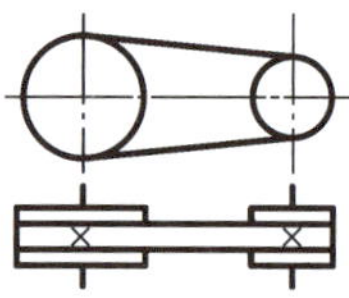

3. 机构运动简图的绘制

绘制给定机构的运动简图,一般遵循以下三个步骤。

(1) 分析机构组成:首先找出机架、原动件、执行件,然后从原动件开始,沿着运动传递路线,依次分析各构件间的连接方式和相对运动形式,从而确定构件的数目、运动副的数目及类型。

(2) 测量运动尺寸:逐一测量各构件上运动副之间的距离。

(3) 绘制运动简图:选择适当的投影面(一般为运动平面)和原动件的位置,按一定的比例,用规定的符号和线条,将各运动副连接起来,即得到机构运动简图。图中各运动副用大写英文字母编号,构件用阿拉伯数字编号,并将原动件的运动方向用箭头标明。

【任务实施】

图 2-1 所示为汽车刮水器主体结构图,绘制其机构运动简图。

(1) 分析机构组成:如图 2-1 所示,汽车刮水器机构是由安装在车身上的直流电动机 6 驱动的,通过蜗杆 7 带动蜗轮 8 旋转,蜗轮 8 具有减速和增加扭矩的作用,其输出轴带动摇臂 1 连续旋转,通过拉杆 2 和 3 带动摆杆 4 和 5 左右往复摆动,机架是车身,原动件是直流电动机 6,执行件是摆杆 4 和 5。从运动传递顺序可以看出,汽车刮水器主体结构除直流电动机和蜗轮蜗杆减速机构之外,主要由摇臂 1、拉杆 2 和 3、摆杆 4 和 5 以及机架共六个构件组成。摇臂和机架组成转动副,摇臂和两个拉杆组成转动副(复合铰链),两个拉杆分别与两个摆杆组成转动副,摆杆和机架组成转动副,故本机构共有七个转动副。

(2) 测量运动尺寸:逐一测量各构件上运动副之间的位置尺寸。

(3) 绘制机构运动简图:选择机构的运动平面为投影平面,按比例作出机构运动简图,如图 2-10 所示。

机械设计中,未严格按比例绘制、仅用于定性分析的机构运动简图,称为机构示意图。

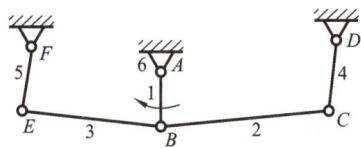

图 2-10 汽车刮水器机构运动简图
1—摇臂;2、3—拉杆;4、5—摆杆

◀ 任务 2 分析汽车刮水器机构运动的确定性 ▶

【任务引入】

图 2-10 所示的运动简图为汽车刮水器的设计方案,设计者的设计意图是运动由摇臂 1 输入,摇臂绕轴 A 连续转动,通过拉杆 2 和 3 带动摆杆 4 和 5 做左右往复摆动,从而实现对前挡风玻璃的清洗动作,试分析能否实现设计意图。

【任务分析】

计算机构的自由度,从而可以分析机构运动的确定性,进而判断机构设计的合理性。本任务的学习要求是,明确机构自由度的概念,掌握各种机构自由度的计算方法,明确机构自由度与运动的关系。

【相关知识】

一、平面机构自由度及计算

1. 构件的自由度

如图 2-11 所示，设有任意两个构件，构件 2 固定于平面坐标系 xOy 上，当两构件尚

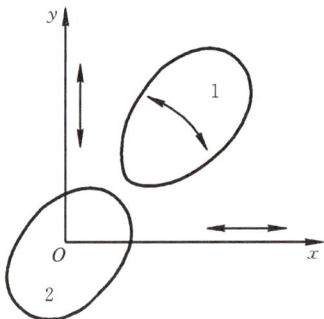

未通过运动副连接时，构件 1 相对于构件 2 能产生 3 个独立的运动，即沿 x 轴和 y 轴的移动以及绕任一垂直于 xOy 平面的轴线的转动。这种两构件间可能产生的独立的相对运动数目称为构件的自由度。显然，一个做平面运动的自由构件具有 3 个自由度。

2. 运动副的约束

当两构件通过运动副连接之后，它们之间的某些相对运动会受到限制。运动副的这种对相对运动的限制作用称为约束。至于运动副限制了哪些相对运动，则取决于运动副的类型。

图 2-11 构件的自由度

如图 2-3(a)所示，当两构件组成转动副时，限制了 2 个相对移动，保留了 1 个相对转动；如图 2-3(b)所示，当两构件组成移动副时，限制了 1 个相对移动和 1 个相对转动，保留了 1 个相对移动。由此可见，一个平面低副引入了 2 个约束，保留了 1 个自由度。

如图 2-4 所示，当两构件组成平面高副时，限制了沿接触点 A 处公法线 n—n 方向上的相对移动，保留了沿公切线 t—t 方向上的相对移动和绕 A 点的相对转动。由此可见，一个平面高副只引入 1 个约束，保留了 2 个自由度。

3. 机构的自由度

机构中的所有活动构件相对于机架所能发生的独立运动的总数目，称为机构的自由度。

设一个平面机构共有 n 个活动构件(不包括机架)、P_L 个低副和 P_H 个高副。如上所述，一个平面自由构件具有 3 个自由度，那

么，n 个活动构件尚未通过运动副连接时，共有 $3n$ 个自由度。由于一个低副引入 2 个约束，一个高副引入 1 个约束，那么它们共引入 $2P_L+P_H$ 个约束。于是，该机构的自由度为

$$F=3n-2P_L-P_H \qquad (2-1)$$

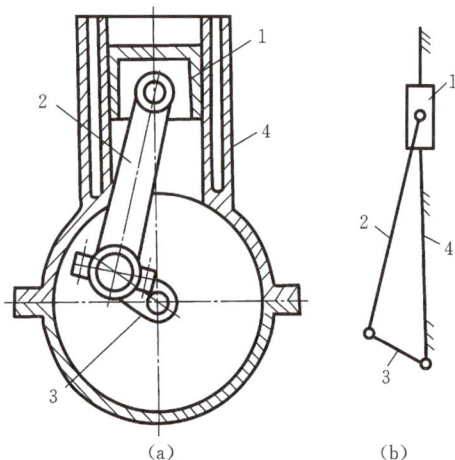

【例 2-1】 试计算图 2-12(a)所示内燃机曲柄连杆机构的自由度。

解 (1) 绘制机构示意图，如图 2-12 (b)所示。

(2) 计算机构的自由度。

该机构的活动构件数 $n=3$，低副 $P_L=4$，高副 $P_H=0$，则机构的自由度为

图 2-12 内燃机曲柄连杆机构的自由度

$$F=3n-2P_L-P_H=3\times3-2\times4-0=1$$

二、机构的自由度与运动的关系

机构是具有确定运动的构件系统。所谓机构具有确定运动,是指该机构中所有构件在任一瞬时的运动都是确定的。通过机构的自由度来判断机构是否具有确定的运动,即机构的运动情况与其自由度存在一定的内在联系。

1. 机构的自由度小于或等于零的情况

机构的自由度小于或等于零,表示机构无独立的相对运动,即不能动。图 2-13 所示铰链三杆机构的自由度 $F=3n-2P_L-P_H=3\times2-2\times3-0=0$;图 2-14 所示铰链四杆机构的自由度 $F=3n-2P_L-P_H=3\times3-2\times5-0=-1$。显然,两机构中各构件之间均不能发生相对运动。此时,它们不再称为机构,而分别称为稳定桁架和超稳定桁架。

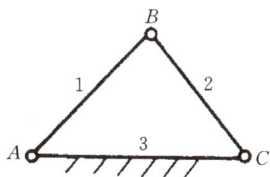

图 2-13 稳定桁架

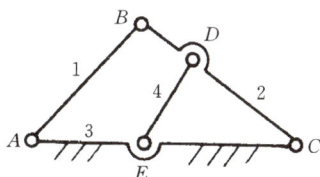

图 2-14 超稳定桁架

2. 机构自由度大于零的情况

图 2-15 所示铰链四杆机构的自由度 $F=3n-2P_L-P_H=3\times3-2\times4-0=1$。若构件 1 作为原动件(见图 2-15(a)),其转角按某一给定的规律变化时,不难看出,此时其余构件的运动规律都是确定的。但若构件 1、3 同时为原动件(见图 2-15(b)),当其转角分别按各自给定的规律运动时,机构将从薄弱处破坏。

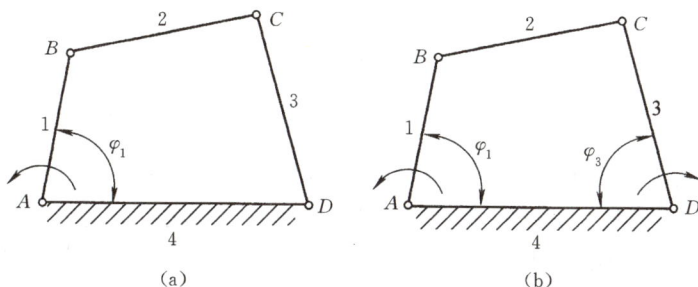

(a)

(b)

图 2-15 铰链四杆机构

铰链四杆机构

图 2-16 所示铰链五杆机构的自由度 $F=3n-2P_L-P_H=3\times4-2\times5-0=2$。若构件 1 作为原动件(见图 2-16(a)),当其转角按某一给定的规律变化时,构件 2、3、4 的运动规律并不确定。例如,当构件 1 处于图示 AB 位置时,构件 2、3、4 可以处于 $BCDE$ 位置,也可以处于 $BC'D'E$ 位置,或其他位置。但是,如果让构件 1、4 同时为原动件(见图 2-16(b)),当其转角分别按各自给定的规律变化时,其余构件的运动规律就是确定的。

3. 机构具有确定运动的条件

综上所述,机构具有确定运动的条件是:机构的自由度大于零,且等于原动件的个数。

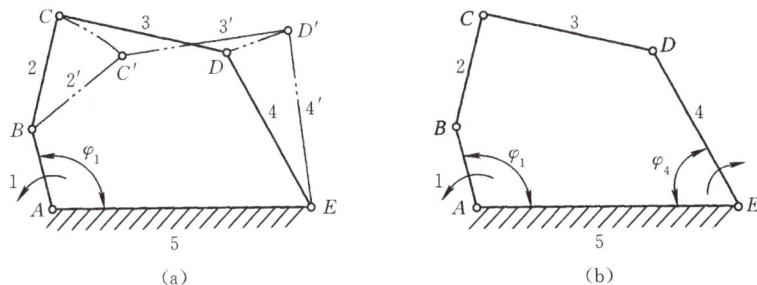

图 2-16　铰链五杆机构

三、计算平面机构自由度的注意事项

在计算平面机构自由度时，应注意以下几种特殊情况。

1. 复合铰链

两个以上的构件在同一轴线上用转动副连接就构成复合铰链。图 2-17(a)所示为三个构件构成的复合铰链，直观看只有一个转动副（见图 2-17(b)），但从其俯视图（见图 2-17(c)）看，这三个构件实际上组成了轴线重合的两个转动副。以此类推，m 个构件在某处构成复合铰链时，其转动副的数目应等于 $m-1$ 个。

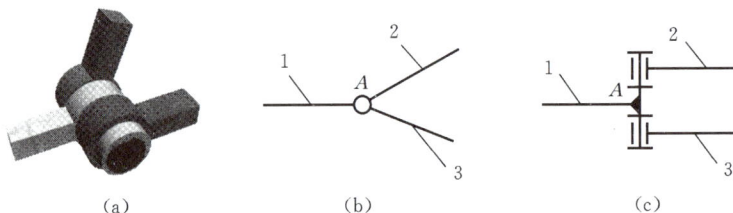

图 2-17　复合铰链

在图 2-18 所示摇筛机构中，C 处是由三个构件组成的复合铰链，具有两个转动副，因此，该机构 $n=5$，低副 $P_{\mathrm{L}}=7$，$P_{\mathrm{H}}=0$，其自由度 $F=3\times5-2\times7-0=1$。

2. 局部自由度

在有些机构中，某些构件所产生的局部运动并不影响其他构件的相对运动，这种局部运动的自由度称为局部自由度。在计算整个机构的自由度时，应将局部自由度除去。

例如，在图 2-19(a)所示的凸轮机构中，滚子 3 绕其轴线 C 转动与否或转动快慢，并不影响从动件 2 的运动规律，故属局部自由度。在计算该机构的自由度时，可假想将滚子 3 与从动件 2 固结为一体，如图 2-19(b)所示，这样，该机构 $n=2$，低副 $P_{\mathrm{L}}=2$，高副 $P_{\mathrm{H}}=1$，其自由度 $F=3\times2-2\times2-1=1$。

机构中的滚子局部自由度虽然不影响机构的运动关系，但可以将高副接触处的滑动摩擦转变为滚动摩擦，起到了减少摩擦和磨损的作用。

3. 虚约束

在一些特定的几何条件或结构条件下，机构中的某些运动副所引入的约束对机构运动的限制作用是重复的。这种不起独立限制作用的约束称为虚约束，在计算机构的自由度时应将虚约束除去。虚约束常出现在下列场合。

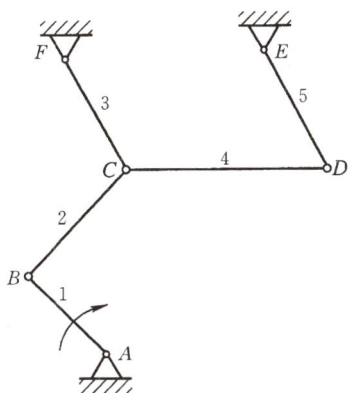

图 2-18　摇筛机构

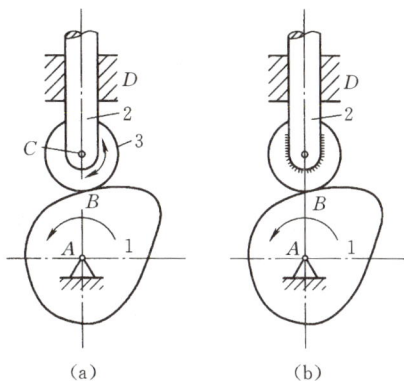

图 2-19　凸轮机构

摇筛机构

凸轮机构

（1）两构件间构成多个具有相同作用的运动副。此时，只有一个运动副起约束作用，而其余运动副所引入的约束均为虚约束，具体又分为以下三种情况。

① 两构件间构成多个轴线重合的转动副。例如，在图 2-20 所示的齿轮机构中，转动副 A 和 A'、B 和 B' 只能各算一个，因此，该机构的自由度 $F=3\times2-2\times2-1=1$。

② 两构件间构成多个导路重合或平行的移动副。例如，在图 2-21 所示的凸轮机构中，移动副 C 和 C' 只能算一个。

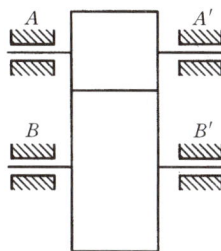

图 2-20　齿轮机构中的虚约束

③ 两构件间构成多处接触点公法线重合的高副。例如，在图 2-21 所示的凸轮机构中，高副 B 和 B' 只能算一个。该机构的自由度 $F=3\times2-2\times2-1=1$。

（2）机构中存在的某些重复部分所引入的约束均为虚约束。

例如，在图 2-22 所示的定轴轮系中，采用了完全相同的三个中间轮 2、2′ 和 2″ 来共同传递载荷，而实际上只需使用一个中间轮就能满足运动要求，另外两个中间轮则引入了虚

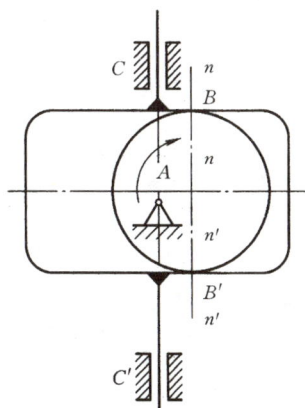

图 2-21　凸轮机构中的虚约束

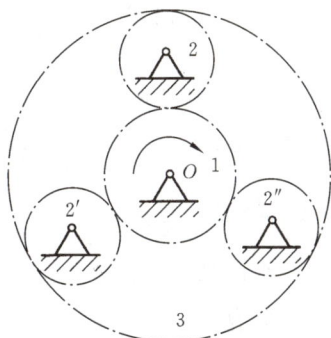

图 2-22　定轴轮系

凸轮机构中的虚约束

定轴轮系

约束,因此,在计算机构的自由度时应先将重复部分去掉。则该机构的自由度 $F=3\times3-2\times3-2=1$。

(3) 机构在运动过程中,如两构件上某两点之间的距离始终保持不变,那么若用一构件将该两点用转动副连接起来,则因此而带来的约束必为虚约束。

例如,在图 2-23(a)所示的平行四边形机构中,连杆 2 做平动,其上各点轨迹均为圆心在机架 AD 上、半径相同的圆弧,机架上 F 点即为连杆上 E 点运动轨迹的圆心($EF/\!/AB$,且 $EF=AB$)。显然,在机构运动过程中,E、F 两点间的距离始终保持不变。若用一构件 5 将 E、F 两点用转动副连接起来(见图 2-23(b)),显然,构件 5 对该机构的运动并不产生任何影响,构件 5 引入的约束即为虚约束。因此,在计算图 2-23(b)所示机构的自由度时,应将构件 5 及其两个转动副去掉,即 $F=3\times3-2\times4-0=1$。

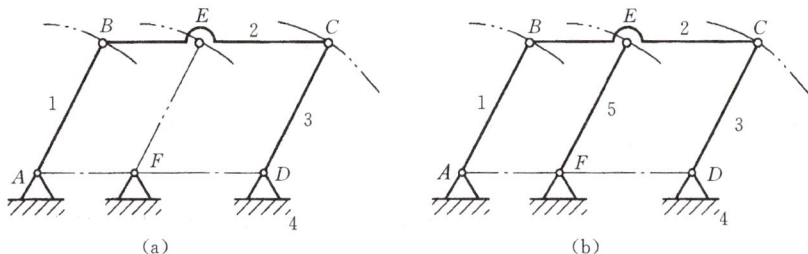

图 2-23 平行四边形机构 1

虚约束虽对机构运动不起独立限制作用,但是它可以改善构件的受力情况,提高构件的刚度和强度,增强机构工作的可靠性和稳定性,故其在机构中被广泛采用。应当指出,虚约束是在特定的几何条件下形成的,当不能满足特定的几何条件时,虚约束就会成为实际有效的约束而影响机构运动。为此,对于存在虚约束的机构,在制造时应规定较高的精度要求。因此,从简化结构、便于加工和装配,以及保证机构运转灵活的角度出发,若无特殊要求,应尽量减少机构中的虚约束。

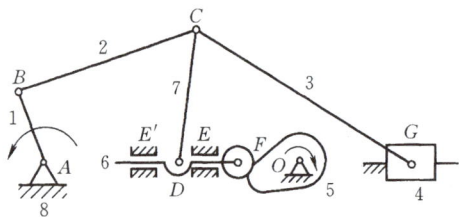

图 2-24 大筛机构

【例 2-2】 计算图 2-24 所示大筛机构的自由度,并判断其运动的确定性。

解 该机构中,C 处为三个构件组成的复合铰链,E 或 E' 处为虚约束,F 处为滚子局部自由度。注意到这些事项后,该机构 $n=7$,低副 $P_L=9$,高副 $P_H=1$,其自由度 $F=3\times7-2\times9-1=2$。因其原动件数也是 2,与机构的自由度相等,故该机构具有确定的相对运动。

【任务实施】

计算汽车刮水器机构的自由度。该机构的活动构件数 $n=5$,低副 $P_L=7$,高副 $P_H=0$,则机构的自由度为

$$F=3n-2P_L-P_H=3\times5-2\times7-0=1$$

原动件数等于机构的自由度数,机构有确定的工作状态,能实现设计意图。

◀ 任务 3　判别汽车刮水器机构的类型 ▶

【任务引入】

图 2-10 所示为汽车刮水器机构运动简图。工作时,原动件摇臂 1 做匀速转动,摆杆 4、5 做往复摆动。试分析该汽车刮水器机构的类型和特点。

【任务分析】

如前所述,机器的机械系统总是由一些机构组成的,汽车刮水器也一样,实现汽车刮水器运动的机构多为平面连杆机构。要解决本任务的问题,首先要明确平面四杆机构的类型及应用,掌握平面四杆机构类型的判断方法。

【相关知识】

一、平面连杆机构

平面连杆机构有三个特征:运动副全为平面低副;包含连杆构件;构件多呈杆状。有的构件虽不呈杆状,但在绘制机构运动简图时仍可抽象为杆状,故均简称为杆。图 2-10 所示的汽车刮水器运动机构是典型的平面连杆机构。

平面连杆机构的优点:运动副接触面为平面或圆柱面,承载能力大,制造容易;运动形式多样,能实现多种运动规律和轨迹。缺点:构件数较多,低副中存在间隙,运动累积误差大;惯性力不易平衡;设计较难,不易精确实现复杂的运动规律。平面连杆机构广泛应用于各种机械和仪器中。

最简单的平面连杆机构由四个构件组成,称为平面四杆机构,其应用非常广泛,而且是组成多杆机构的基础。

二、铰链四杆机构的基本形式

在平面四杆机构中,若各运动副都是转动副,则称其为铰链四杆机构,如图 2-25 所示。其中,杆 4 固定不动,称为机架;杆 1 和杆 3 与机架相连,称为连架杆;杆 2 不与机架相连,称为连杆。在连架杆中,能做整周回转的构件称为曲柄,只能在某一角度范围内摆动的构件称为摇杆。

根据连架杆运动形式的不同,铰链四杆机构可分为曲柄摇杆机械、双曲柄机构、双摇杆机构三种基本形式。

1. 曲柄摇杆机构

在铰链四杆机构中,若两个连架杆中,一个为曲柄,另一个为摇杆,则称其为曲柄摇杆机构,如图 2-25 所示。在此机构中,连架杆 1 为曲柄,可绕固定铰链中心 A 做整周回转,故活动铰链中心 B 的轨迹为圆;连架杆 3 为摇杆,只能绕固定铰链中心 D 来回摆动,故活动铰链中心 C 的轨迹为一段圆弧。

曲柄摇杆机构中通常曲柄等速转动,摇杆做变速往复摆动,其传动特点是可实现曲柄转动与摇杆摆动的相互转换。图 2-26 所示为雷达天线俯仰角调整机构,主动曲柄 1 转动后通过连杆 2 使摇杆 3(即天线)绕 D 点摆动,从而调整天线的俯仰角以对准通信卫星。图 2-27 所示为缝纫机踏板机构,主动摇杆 3(即踏板)上下摆动后,通过连杆 2 使曲柄 1(大带轮)连续转动,从而驱动缝纫机工作。

曲柄摇杆
机构

雷达天线
俯仰角调
整机构

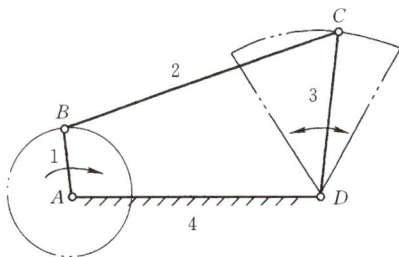

图 2-25 曲柄摇杆机构

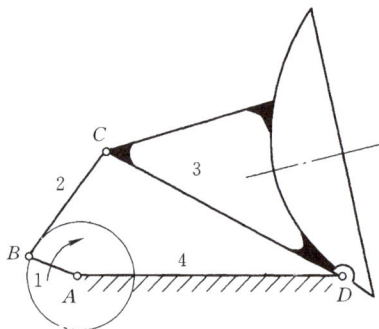

图 2-26 雷达天线俯仰角调整机构

图 2-28 所示为牛头刨床横向进给机构。床身 1 为机架,齿轮 3 为曲柄(主动件),与连杆 4 和摇杆 5(从动件)组成曲柄摇杆机构。

牛头刨床
横向进给
机构

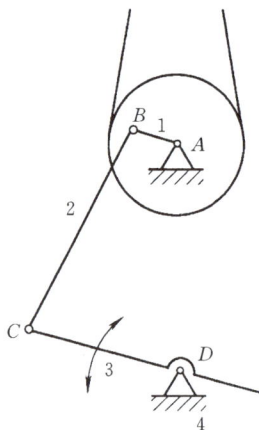

图 2-27 缝纫机踏板机构

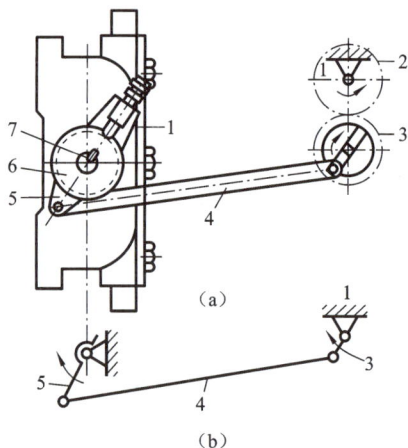

图 2-28 牛头刨床横向进给机构

2. 双曲柄机构

在铰链四杆机构中,若两个连架杆均为曲柄,则称为双曲柄机构,如图 2-29 所示。

双曲柄机构的传动特点是当主动曲柄匀速转动时,从动曲柄一般做变速转动。图 2-30所示为惯性筛机构,它利用双曲柄机构 ABCD 中从动曲柄 3 的变速转动,通过连杆 4 带动筛子 5 做变速往复移动,从而达到利用惯性筛分物料的目的。

在双曲柄机构中,若相对的两杆平行且长度相等,则称为平行四边形机构,如图 2-31 所示。该机构的传动特点是两曲柄以相同的角速度同向转动,连杆做平动。图 2-32 所示为平行四边形机构在机车车轮联动机构中的应用。

在双曲柄机构中,若两相对杆的长度分别相等,但不平行,则称为反平行四边形机构,

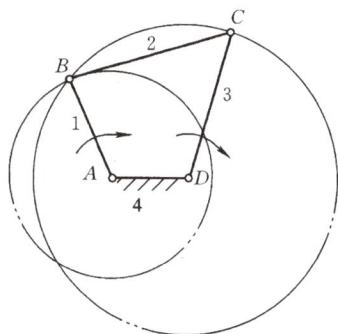

图 2-29　双曲柄机构

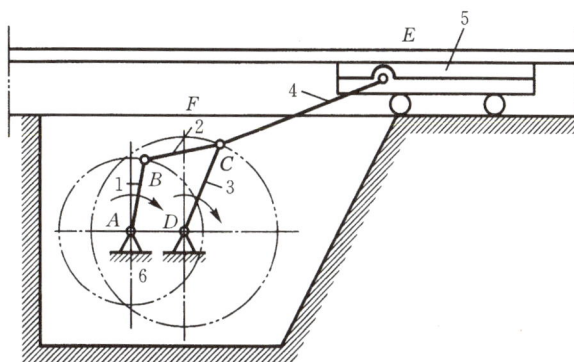

图 2-30　惯性筛机构

双曲柄机构

惯性筛机构

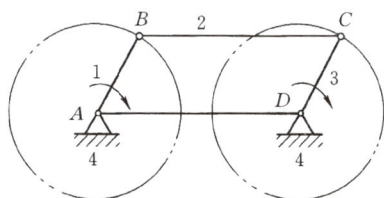

图 2-31　平行四边形机构 2

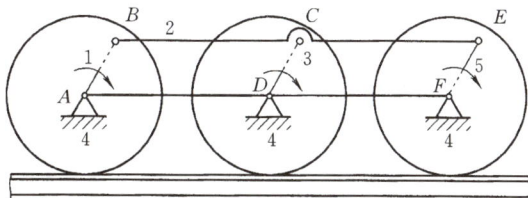

图 2-32　机车车轮联动机构

平行四边形机构 2

机车车轮联动机构

如图 2-33 所示。当以该机构的长边为机架时,两曲柄的转动方向相反,图 2-34 所示车门启闭机构就利用了这个特性,它可使两扇门同时开启或关闭;当以其短边为机架时,两曲柄的转向相同,其性能与一般的双曲柄机构相似。

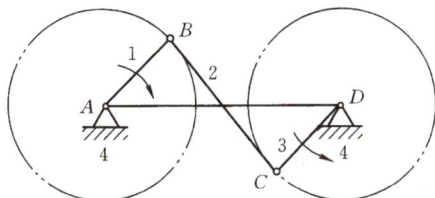

图 2-33　反平行四边形机构

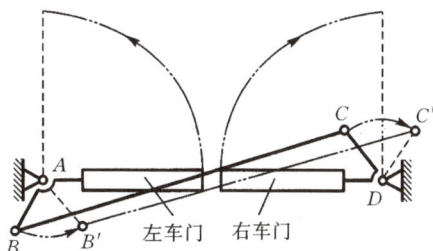

图 2-34　车门启闭机构

反平行四边形机构

车门启闭机构

3. 双摇杆机构

在铰链四杆机构中,若两个连架杆均为摇杆,则称为双摇杆机构,如图 2-35 所示。

双摇杆机构的传动特点是将一种摆动转换成另一种摆动,两杆的摆角一般不同,图 2-36 所示的风扇摇头机构 $ABCD$ 即为一双摇杆机构,它利用装在电动机轴上的蜗杆驱动蜗轮(即连杆 BC)回转,以达到使风扇随摇杆 AB 的摆动而摇头的目的。

在图 2-37 所示的汽车转向机构中,$ABCD$ 为一双摇杆机构,其两摇杆 AB 和 CD 分别与左、右前轮固连,且长度相等,该机构也称为等腰梯形机构。在该机构的作用下,汽车转弯时,两前轮的摆角不同,其轴线与后轮轴线近似汇交于一点 O,以保证各轮相对于路面近似为纯滚动,以减小轮胎的磨损。

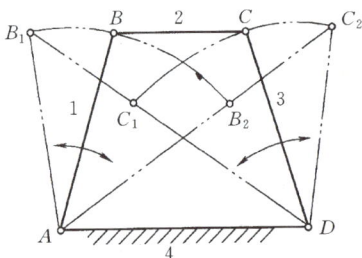

图 2-35　双摇杆机构

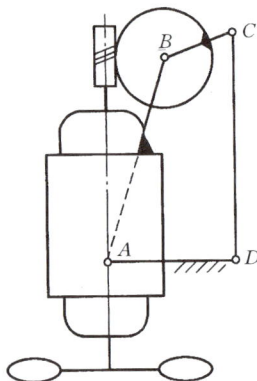

图 2-36　风扇摇头机构

在图 2-38 所示的飞机起落架机构中，ABCD 为一双摇杆机构，图中实线为起落架放下的位置，双点画线为收起的位置，此时整个起落架机构藏于机身中。

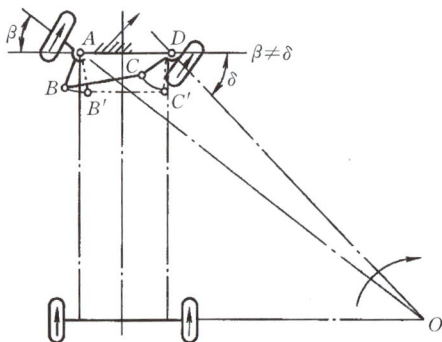

图 2-37　汽车转向机构

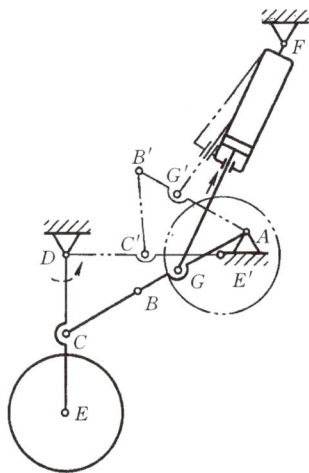

图 2-38　飞机起落架机构

三、铰链四杆机构曲柄存在的条件

如前所述，铰链四杆机构的类型与其是否存在曲柄及存在几个曲柄有关，而铰链四杆机构曲柄存在的条件，又与各构件长度间的关系及机架有关。

1. 周转副和摆转副

铰链四杆机构中，若两构件能相对整周转动，则称它们组成的转动副为周转副，否则为摆转副。通过判别周转副是否存在，可以判断是否存在曲柄。铰链四杆机构是否存在周转副，取决于各构件长度间的关系。

如果最短杆与最长杆长度之和小于或等于其他两杆长度之和，则最短杆两端的转动副同为周转副，其他转动副为摆转副；如果最短杆与最长杆长度之和大于其他两杆长度之和，则该机构不存在周转副，全部为摆转副。

【例 2-3】 在图 2-39 所示的铰链四杆机构中,各杆长度已标出,试判别其周转副和摆转副,以及四个杆分别为机架时机构的基本类型。若将杆 1 的长度由 70 mm 增大到 100 mm,而其余三杆长度不变,结果会怎样?

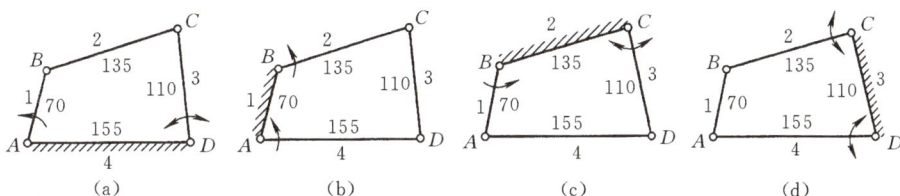

图 2-39 铰链四杆机构基本类型的判别

解 (1)判别周转副和摆转副。因为最短杆与最长杆的长度之和小于其余两杆长度之和,所以最短杆 1 两端的转动副 A 和 B 是周转副,而转动副 C 和 D 是摆转副。

(2)判别机构的基本类型。

当杆 4 为机架时,因为 A 是周转副,D 是摆转副,所以该机构为曲柄摇杆机构;

当杆 1 为机架时,因为 A 和 B 都是周转副,所以该机构为双曲柄机构;

当杆 2 为机架时,因为 B 是周转副,C 是摆转副,所以该机构为曲柄摇杆机构;

当杆 3 为机架时,因为 C 和 D 都是摆转副,所以该机构为双摇杆机构。

(3)杆 1 长度为 100 mm 时的判别。因为此时最短杆与最长杆的长度之和大于其余两杆长度之和,不存在周转副,转动副 A、B、C、D 全为摆转副,故不论哪个杆作机架均为双摇杆机构。

2. 铰链四杆机构曲柄存在的条件

综上分析,铰链四杆机构曲柄存在的条件如下。

(1)杆长条件:最短杆长度+最长杆长度≤其余两杆长度之和。

(2)机架条件:最短杆或其邻杆为机架。

3. 铰链四杆机构基本类型判别

根据铰链四杆机构曲柄存在的条件,可用以下方法判别铰链四杆机构的基本类型。

(1)机构若不满足杆长条件,则只能成为双摇杆机构。

(2)机构若满足杆长条件,则:

① 以最短杆为机架时,为双曲柄机构;

② 以最短杆的邻杆为机架时,为曲柄摇杆机构;

③ 以最短杆的对边为机架时,为双摇杆机构。

四、铰链四杆机构的演化形式

在实际机器中,其他各种形式的四杆机构也得到了广泛应用。这些四杆机构可以认为是由铰链四杆机构通过不同的方法演化而来的。

1. 曲柄滑块机构

在图 2-40(a)所示的曲柄摇杆机构中,当摇杆 DC 长度无限增加时,C 点的运动轨迹便由弧线变成了直线,于是,摇杆 DC 演化成做往复直线运动的滑块,转动副 D 演化成移

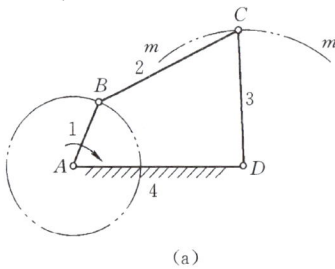

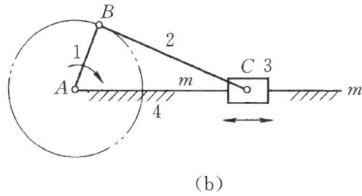

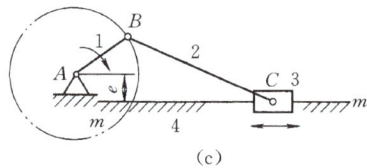

图 2-40　曲柄滑块机构

动副,曲柄摇杆机构便演化成了曲柄滑块机构。其中,当铰链 C 的运动轨迹 m—m 通过曲柄的转动中心 A 时,称为对心曲柄滑块机构,如图 2-40(b)所示;当 m—m 不通过曲柄的转动中心时,称为偏置曲柄滑块机构,偏置的距离 e 称为偏距,如图 2-40(c)所示。

曲柄滑块机构的传动特点是可以实现曲柄连续转动和滑块往复移动之间的相互转换,其在内燃机、冲床、空压机等机械中得到广泛的应用,如图 2-41 所示。

2. 导杆机构

导杆机构可看成由曲柄滑块机构中的机架演化而来。演化后在滑块中与滑块做相对移动的构件称为导杆。

1)转动导杆机构

在图 2-40(b)所示的对心曲柄滑块机构中,若选曲柄 1 为机架,则得到图 2-42 所示的曲柄转动导杆机构,简称转动导杆机构。在此机构中,两连架杆 2、4 均做整周转动,其中,构件 2 称为曲柄,构件 4 为滑块 3 提供导轨作用,称为导杆。

转动导杆机构的传动特点是当曲柄匀速转动时,导杆做变速转动。图 2-43 所示为插床插刀运动机构,利用转动导杆机构 ABC 中导杆 4 的变速运动,使插刀 6 在插削行程运动中慢,在空回行程运动中快(称为急回特性),以缩短非工作时间,提高生产效率。

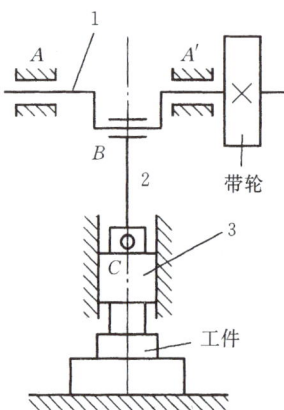

图 2-41　曲柄压力机

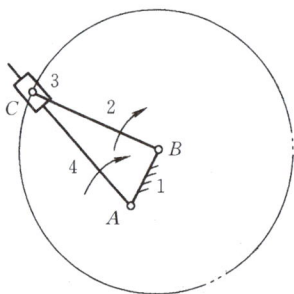

图 2-42　转动导杆机构

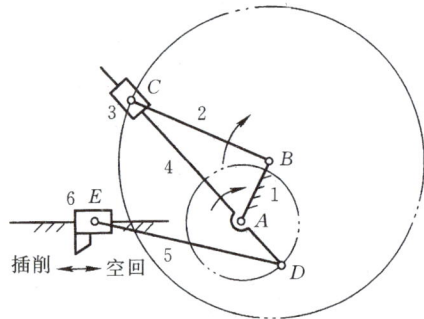

图 2-43　插床插刀运动机构

2) 摆动导杆机构

在图 2-42 所示的转动导杆机构中,若使机架长度大于曲柄长度,即 $l_{AB} > l_{BC}$,则得到图2-44所示的摆动导杆机构。在此机构中,构件 2 可整周转动,而导杆 4 只能往复摆动。摆动导杆机构的传动特点是当曲柄匀速转动时,导杆做变速摆动,且传力性能好。图 2-45 所示为摆动导杆机构 ABC 在牛头刨床刨削运动机构中的应用,该机构也具有急回特性。

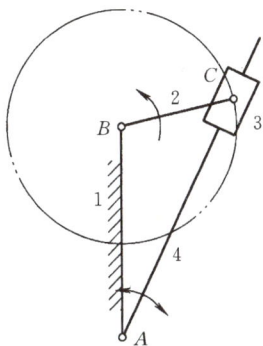

图 2-44 摆动导杆机构

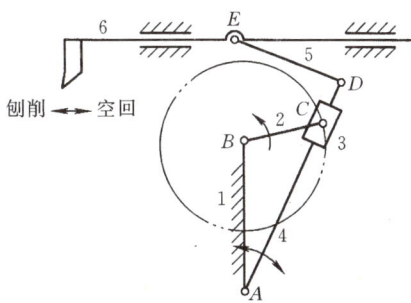

图 2-45 牛头刨床刨削运动机构

摆动导杆机构

牛头刨床刨削运动机构

3. 摇块机构

在图 2-40(b)所示的对心曲柄滑块机构中,若选连杆 2 为机架,则得到图 2-46 所示的摇块机构。在此机构中,构件 1 做整周转动,滑块 3 做往复摆动。

摇块机构的传动特点是它可将导杆的相对移动转化为曲柄的转动,其在液压与气动传动系统中应用广泛。图 2-47 所示为摇块机构在自卸卡车翻斗机构中的应用,其中液压缸为摇块,利用压力油推动活塞使车厢翻转卸料。

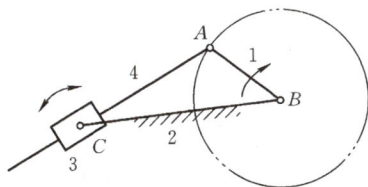

图 2-46 摇块机构

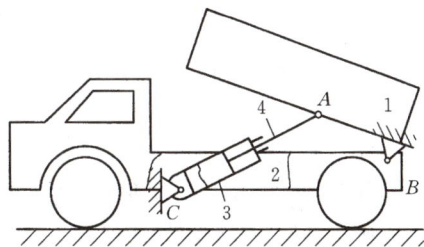

图 2-47 自卸卡车翻斗机构

摇块机构

自卸卡车翻斗机构

4. 定块机构

在图 2-40(b)所示的对心曲柄滑块机构中,若选滑块 3 为机架,则得到图 2-48 所示的定块机构。在此机构中,导杆 4 做往复移动,构件 2 做往复摆动。图 2-49 所示的手压抽水机为该机构的应用实例。

5. 含有两个移动副的四杆机构

将铰链四杆机构中的两个转动副同时转化为移动副,然后取不同的构件为机架,即可得到不同形式、含有两个移动副的四杆机构。下面介绍其中两种机构及其应用。

图 2-50 所示为正弦机构,其移动导杆 3 的位移 $s = a\sin\varphi$。图 2-51 所示为正弦机构

在缝纫机跳针机构中的应用。图 2-52 所示为双滑块机构,图 2-53 所示为正弦机构在椭圆仪机构中的应用,连杆 1 上各点可描绘出不同的椭圆。

定块机构

手压抽水机

正弦机构

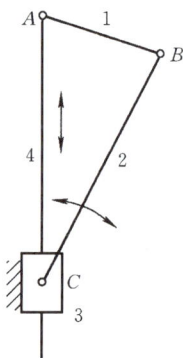

图 2-48　定块机构

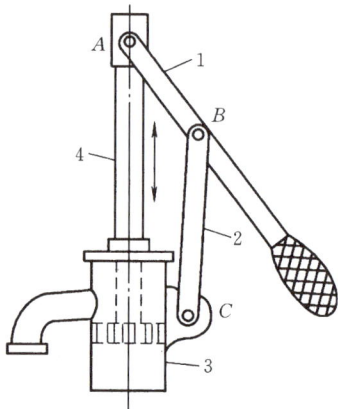

图 2-49　手压抽水机

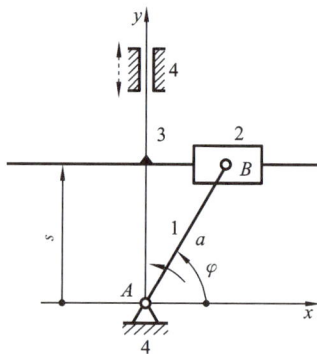

图 2-50　正弦机构

缝纫机跳
针机构

双滑块机构

椭圆仪机构

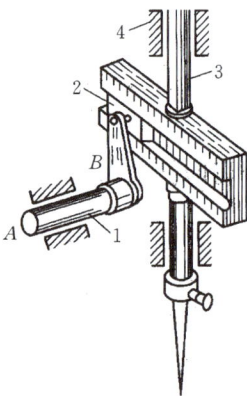

图 2-51　缝纫机跳针机构

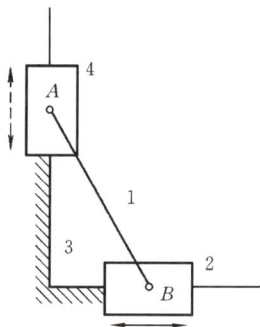

图 2-52　双滑块机构

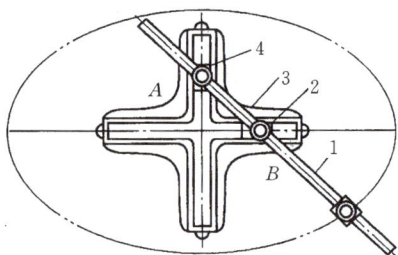

图 2-53　椭圆仪机构

6. 偏心轮机构

在图 2-54(a)所示的曲柄摇杆机构中,如将转动副 B 的半径逐渐扩大(见图 2-54(b))直到超过曲柄的长度,就得到了图 2-54(c)所示的偏心轮机构。同理,也可将图2-40(b)所示的曲柄滑块机构演化为图 2-54(d)所示的机构,此时偏心轮 1 即为曲柄,偏心轮的几何中心即为转动副 B 的中心,而偏心距 e(轮的几何中心 B 点至回转中心 A 点的距离)等于曲柄长度。该机构的运动特性与原机构完全相同,但其机械结构的承载能力大大提高。它常用于冲床、剪床、颚式破碎机等设备中。

偏心轮机构

(a)　　　(b)　　　(c)　　　(d)

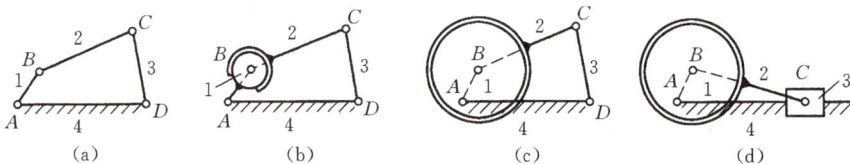

图 2-54　偏心轮机构

由以上分析可见,铰链四杆机构可以通过改变构件的形状和长度、选取不同的构件作为机架、扩大转动副半径等途径,演变成为其他形式的四杆机构,以满足不同的工作要求。

【任务实施】

对比铰链四杆机构的三种类型及其各种演化形式,不难看出,该汽车刮水器运动机构是由曲柄(摇臂)1,连杆(拉杆)2、3,连架杆(摆杆)4、5,以及机架共六个构件组成的两个曲柄摇杆机构。

◀ 任务4 分析汽车刮水器机构运动和动力特性 ▶

【任务引入】

试分析图2-10所示汽车刮水器机构的运动和动力特性。

【任务分析】

前面已经确定了汽车刮水器为曲柄摇杆机构,要知道曲柄摇杆机构有哪些运动和动力特性,首先要学习平面四杆机构的运动和动力特性。

【相关知识】

一、急回特性

机构工作件空回行程中的平均速度大于工作行程平均速度的特性,称为急回特性。在工程实际中,插床、刨床此类往复式工作机器利用机构的急回特性,在慢速行程工作,在快速行程空回,可以缩短非工作时间,提高生产效率。并非所有平面四杆机构都具有急回特性,只有满足一定几何条件的才具有急回特性。

1. 极位夹角

在图2-55所示的曲柄摇杆机构中,曲柄AB为原动件,它以等角速度ω逆时针转动。当曲柄与连杆在AB_1C_1位置共线时,摇杆处于右极限位置C_1D;当曲柄与连杆在AB_2C_2位置共线时,摇杆处于左极限位置C_2D。机构所处的AB_1C_1D和AB_2C_2D这两个位置称为极位,摇杆两个极位C_1D、C_2D之间的夹角ψ称为摆角,与此对应,曲柄两个位置AB_1、AB_2之间所夹的锐角θ称为极位夹角。

2. 行程速比系数

由图2-55可知,当机构从极位AB_1C_1D

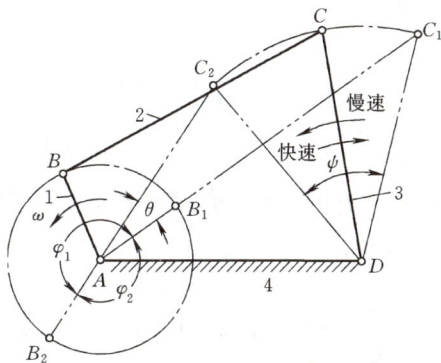

图2-55 曲柄摇杆机构的急回特性

运动到另一极位 AB_2C_2D 时,曲柄转过的角度 $\varphi_1 = 180° + \theta$,摇杆转过的角度为 ψ,所用的时间 $t_1 = \varphi_1/\omega$,摇杆的平均角速度 $\omega_{1m} = \psi/t_1$;当机构从极位 AB_2C_2D 运动回极位 AB_1C_1D 时,曲柄转过的角度 $\varphi_2 = 180° - \theta$,摇杆转过的角度仍为 ψ,所用的时间 $t_2 = \varphi_2/\omega$,摇杆的平均角速度 $\omega_{2m} = \psi/t_2$。

因为 $\varphi_2 < \varphi_1$,所以 $t_2 < t_1$,$\omega_{2m} > \omega_{1m}$,即摇杆往复摆动的平均角速度不同,一快一慢,这一运动特性称为急回特性。

机构急回运动的程度可用行程速比系数 K 来衡量,即

$$K = \frac{\omega_{2m}}{\omega_{1m}} = \frac{\psi/t_2}{\psi/t_1} = \frac{t_1}{t_2} = \frac{\varphi_1/\omega}{\varphi_2/\omega} = \frac{\varphi_1}{\varphi_2} = \frac{180° + \theta}{180° - \theta} \tag{2-2}$$

上式表明,当 $\theta = 0°$ 时,$K = 1$,机构无急回特性;当 $\theta \neq 0°$ 时,$K > 1$,机构具有急回特性。θ 越大,K 值越大,急回特性越显著,但机构传动的平稳性将越差,通常取 $K = 1.2 \sim 2$。θ 的大小与各构件的长度有关,设计时,通常要预选 K 值,求出 θ,因此,由式(2-2)可求得

$$\theta = 180° \times \frac{K-1}{K+1} \tag{2-3}$$

在平面四杆机构中,除曲柄摇杆机构外,偏置曲柄滑块机构(见图 2-56)、摆动导杆机构(见图 2-57)等机构的极位夹角 $\theta \neq 0°$,故也具有急回特性。

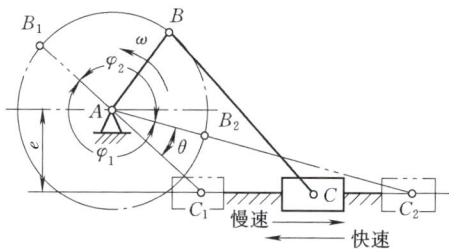

图 2-56 偏置曲柄滑块机构的急回特性

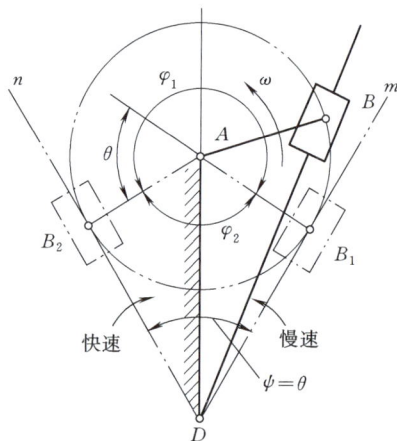

图 2-57 摆动导杆机构的急回特性

二、压力角和传动角

生产实际中不仅要求连杆机构能够实现预期的运动规律,而且希望其运转灵活、效率高。一般用压力角或传动角来衡量连杆机构的传力性能。

1. 压力角

在图 2-58 所示的曲柄摇杆机构中,曲柄 AB 为原动件,如果不计质量和摩擦力,则连杆 BC 是二力构件。曲柄通过连杆作用于摇杆上点 C 的力 F 沿着 BC 的方向,此力 F 与点 C 速度 v_C 方向之间所夹的锐角 α 称为机构在此位置的压力角。将力 F 沿速度 v_C 方向进行正交分解,得分力为

$$F_t = F\cos\alpha$$

$$F_n = F\sin\alpha$$

其中,分力 F_t 对 D 点有力矩作用,是使摇杆转动的有用分力;而分力 F_n 对 D 点无力矩作用,且使运动副压紧,增加了摩擦,是有害分力。可见,压力角越大,有害分力越大,对机构的传力越不利。

2. 传动角

在图 2-58 中,力 F 与 v_C 垂直方向之间的锐角 γ 称为机构在此位置的传动角,显然,传动角和压力角互为余角,即 $\gamma = 90° - \alpha$。在曲柄摇杆机构中,连杆与摇杆所夹的锐角 γ 即为传动角。实际应用中,为了度量方便,常用传动角衡量机构的传力性能。显而易见,传动角 γ 越大,压力角 α 越小,机构的传力性能越好。

一般机构在运转时,其传动角的大小是变化的。为了保证机构具有良好的传力性能,应限制其最小传动角 γ_{min} 不得小于某一许用传动角 $[\gamma]$,即 $\gamma_{min} \geq [\gamma]$,一般取 $[\gamma] = 40° \sim 50°$。机构的最小传动角位置可通过运动分析确定。对于曲柄摇杆机构,当曲柄 AB 转到与机架 AD 内共线 AB' 位置和外共线 AB'' 位置时,对应的传动角 γ'_{min} 和 γ''_{min} 中较小者为机构的最小传动角 γ_{min}。在图 2-59 所示的摆动导杆机构中,传动角恒等于 $90°$,该机构具有良好的传力性能。

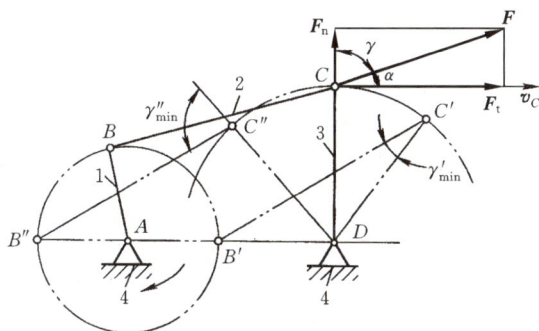

图 2-58 曲柄摇杆机构的压力角和传动角

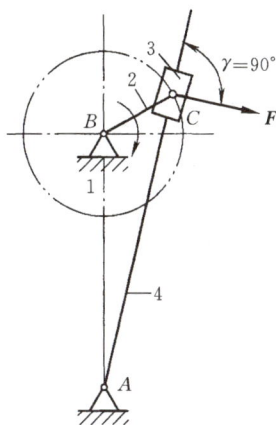

图 2-59 摆动导杆机构的传动角

三、死点位置及其克服与利用

1. 死点位置

在图 2-60 所示的曲柄摇杆机构中,若以摇杆 CD 为主动件,而曲柄 AB 为从动件,则当连杆与曲柄两次共线(即 AB_1C_1D 和 AB_2C_2D 位置)时,机构的压力角 $\alpha = 90°$,传动角 $\gamma = 0°$,这时摇杆通过连杆作用于从动曲柄上的力恰好通过回转中心 A,此力对 A 点不产生力矩,曲柄转动出现了"顶死"现象或转向不确定的现象。机构的这种位置称为死点位置。

由此可见,四杆机构是否存在死点位置,取决于从动件是否与连杆共线,或机构的传动角 γ 是否为零。如图 2-56 所示的偏置曲柄滑块机构、图 2-57 所示的摆动导杆机

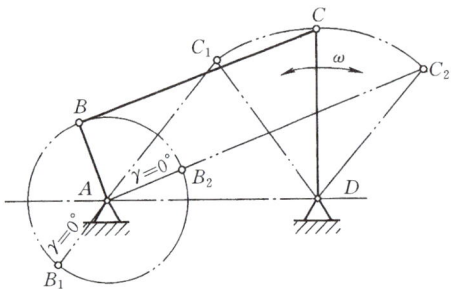

图 2-60　曲柄摇杆机构的死点位置

构，当分别以滑块或导杆为原动件时，两机构的极限位置即为死点位置。

2. 死点位置的克服与利用

对于传动机构来说，机构有死点位置是不利的，必须采取适当的措施，使机构能顺利通过死点位置而正常工作。可以在曲柄上安装飞轮，如缝纫机踏板机构就是借助安装在主轴上的带轮（相当于飞轮）的惯性作用使机构冲过死点位置（见图 2-61）；也可采用将两组以上的相同机构并联使用，而使各组机构的死点位置相互错开排列的方法，如多缸内燃机活塞连杆机构等。

工程上也有利用死点位置的性质来工作的。如图 2-62 所示的钻床夹具，当工件被夹紧后，若反力 F_N 反推工件，因 BCD 成一条直线，机构处于死点位置，去掉外力 F 后仍可夹紧而不自动松脱。只有向上扳动手柄 2 方可松开夹具。如图 2-38 所示的飞机起落架机构，着陆时机轮放下，连杆 CB 与从动件 BA 共线，机构处于死点位置，故机轮着地时产生的巨大冲击不会使从动件反转，从而保持支撑状态。

缝纫机踏板机构

钻床夹具

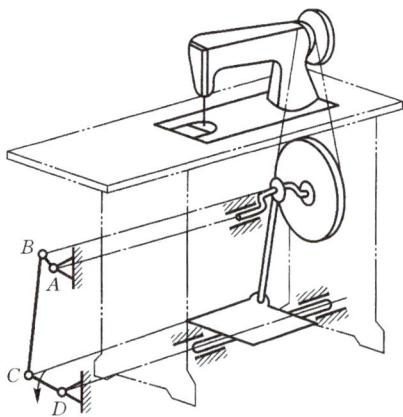

图 2-61　缝纫机踏板机构

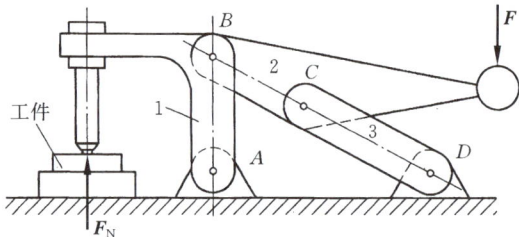

图 2-62　钻床夹具

〔任务实施〕

汽车刮水器机构为两个曲柄摇杆机构，如图 2-10 所示，以单个刮水器为例，根据前面的学习，我们对它的运动和动力特性逐一进行分析。

（1）急回特性。如图 2-63 所示，在曲柄摇杆机构中，根据极位夹角的定义，当曲柄为主动件时，$\theta \neq 0°$，则行程速比系数 $K > 1$，因此该刮水器机构具有急回特性。

（2）压力角和传动角。如图 2-63 所示，汽车刮水器机构运动到某一位置时，压力角为 α，传动角为 γ，在机构运转过程中，传动角 γ 的大小是变化的。

（3）死点位置。如图 2-63 所示，因汽车刮水器曲柄摇杆机构中的曲柄由电动机通过蜗轮蜗杆机构直接驱动，是主动件，机构的最小传动角 γ_{min} 不等于零，所以不存在死点位置。

（a）

（b）

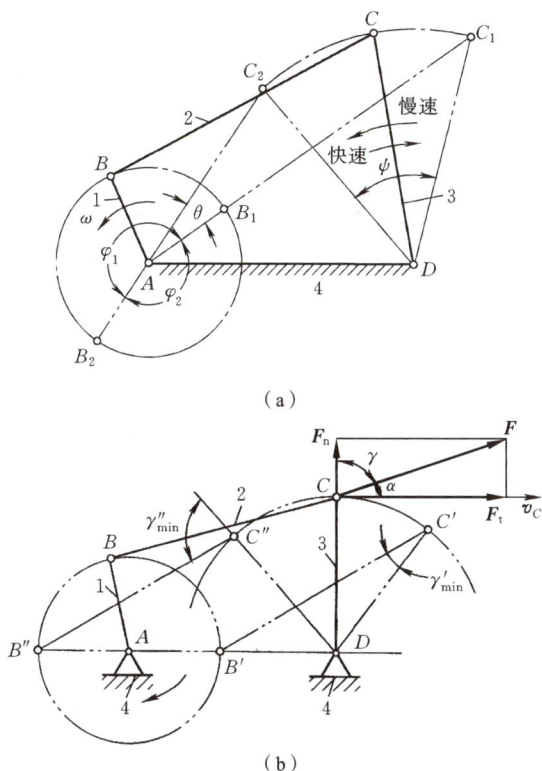

图 2-63　汽车刮水器机构特性分析

◀ 任务 5　设计汽车刮水器机构 ▶

【任务引入】

图 2-10 所示为某品牌汽车刮水器机构运动简图，以单个刮水器为例，设计其机构。已知曲柄长度 $l_{AB}=45$ mm，摇杆长度 $l_{CD}=65$ mm，摆角 $\psi=90°$，连杆长度 $l_{BC}=265$ mm，试确定机架长度 l_{AD}。

【任务分析】

该汽车刮水器机构为曲柄摇杆机构，属于平面四杆机构，因此首先介绍平面四杆机构的设计。

【相关知识】

平面四杆机构设计的主要思路是，根据给定从动件的运动要求（预期的运动规律或轨迹），分析机构的运动和动力特性，确定机构运动的尺寸参数。平面四杆机构设计的方法有图解法、实验法和解析法。图解法，简明易懂，但精度低，常用于解决一些简单的设计问题；实验法，也称试凑法，形象、实用，但烦琐、效率低，常用于解决一些复杂的设计问题，或者用于机构的初步设计；解析法，精度高，但计算繁杂，自从以计算机为工具后，这种方法变得高效便捷，成为目前主要的设计方法。下面主要介绍用图解法设计平面四杆机构。

一、按给定从动件的位置设计四杆机构

1. 按给定连杆的位置设计铰链四杆机构

如图 2-64(a)所示，已知一铰链四杆机构中连杆 BC 的长度及其两个位置 B_1C_1、B_2C_2，要求确定其余三杆的长度。

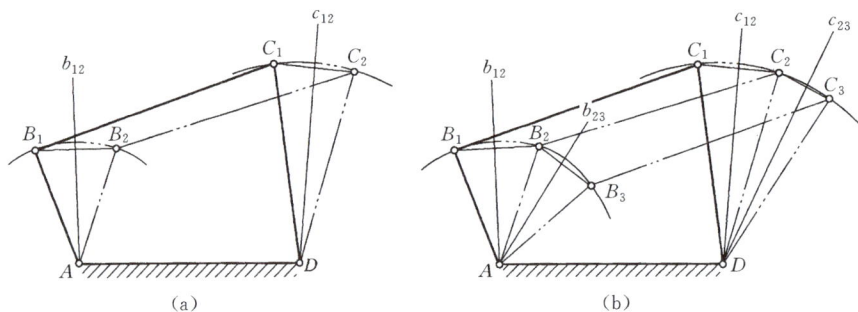

（a）　　　　　　　　　　　　（b）

图 2-64　按给定连杆位置设计铰链四杆机构

该设计的关键问题是确定固定铰链 A 和 D 的位置，当 A、D 位置确定后，各杆长度即完全确定。因为 B 点的轨迹是以 A 为圆心、AB 为半径的圆弧，所以 A 点必在 B_1B_2 的垂直平分线上。同理，D 点必在 C_1C_2 的垂直平分线上。显然，只给定连杆两个位置，将有无穷多解。实际设计时，可根据结构条件或其他辅助条件（如固定铰链安装范围、曲柄存在与否、许用传动角大小等）获得固定解。如图 2-64(b)所示，若给定连杆的 3 个位置，则只有一个答案。

2. 按给定滑块的位置设计曲柄滑块机构

如图 2-65 所示，已知一对心曲柄滑块机构中滑块的两个极限位置 C_1、C_2，行程为 h，要求确定曲柄和连杆的长度。

设该机构中曲柄长度为 l_1，连杆长度为 l_2。由于 C_1、C_2 应分别是在曲柄和连杆两次共线（AB_1、AB_2 位置）时滑块的位置，h 是滑块两个极限位置 C_1 与 C_2 间的距离。由图 2-65 可知，$l_{AC_2}=l_1+l_2$，$l_{AC_1}=l_2-l_1$，$h=l_{AC_2}-l_{AC_1}=(l_1+l_2)-(l_2-l_1)=2l_1$，故 $l_1=h/2$。这表明曲柄长度为 $h/2$ 的对心曲柄滑块机构均能实现这一运动要求，可有无穷多个解。这时应考虑其他辅助条件，设 $n=l_2/l_1$，则 $l_2=nl_1$，显然 n 必须大于 1，一般取 $n=3\sim5$，要求结构尺寸紧凑时取小值，要求受力情况好（即传动角大）时取大值。

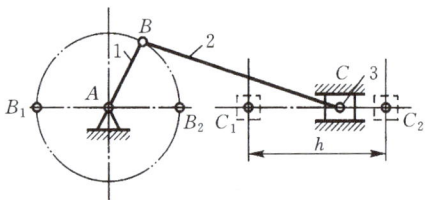

图 2-65　曲柄滑块机构的设计

二、按给定的行程速比系数 K 设计四杆机构

设计具有急回特性的四杆机构时，一般先根据运动要求选定行程速比系数，然后计算极位夹角，根据机构极位的几何特点，结合其他辅助条件来确定构件的长度。

1. 设计摆动导杆机构

如图 2-66 所示,设已知摆动导杆机构机架长度为 l_{AD},行程速比系数为 K,要求确定曲柄和导杆的长度。

由图 2-57 所示摆动导杆机构极位图可知,导杆的摆角 ψ 等于极位夹角 θ,由此可以得到如下设计步骤:

(1) 求出极位夹角,$\theta = 180° \times \dfrac{K-1}{K+1}$。

(2) 选定比例尺 μ_L,根据机架长度 l_{AD} 按比例定出 A 点和 D 点。

(3) 由 $\psi = \theta$,作出导杆的两个极限位置,即 $\angle ADm = \angle ADn = \theta/2$。

(4) 作 $AB_1 \perp Dm$ 或 $AB_2 \perp Dn$,则 AB 就是曲柄,其实长 $l_{AB} = \mu_L AB$。求出 $l_{BD} = \mu_L BD$,这是导杆的最短长度。该设计有唯一解。

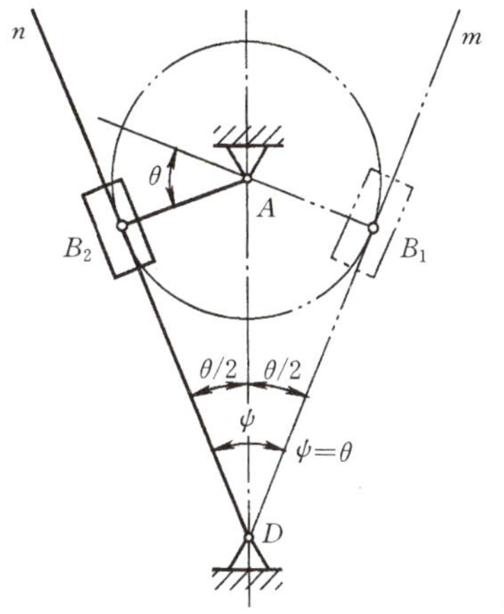

图 2-66 摆动导杆机构的设计

2. 设计曲柄摇杆机构

假设在曲柄摇杆机构中,已知摇杆长度 l_{CD}、摆角 ψ 和行程速比系数 K,要求确定其余三杆的长度。

根据已知条件,参考图 2-67(a) 所示曲柄摇杆机构的极位图,可知本设计的关键是确定曲柄转动中心 A 的位置,使机构的极位夹角 $\angle C_1 AC_2 = \theta = 180° \times \dfrac{K-1}{K+1}$;$A$ 点确定后,根据极位图的几何关系即可确定其余三杆的长度。如图 2-67(b) 所示,设计步骤如下:

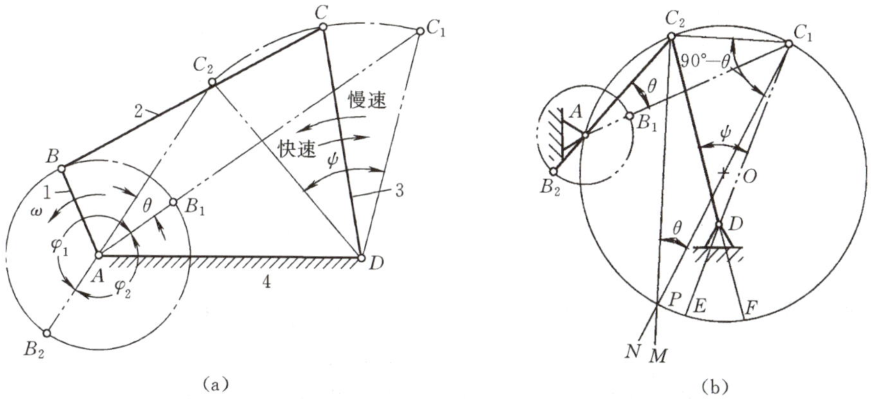

(a)　　　　　　　　　　(b)

图 2-67 按行程速比系数设计曲柄摇杆机构

(1) 求出极位夹角,$\theta = 180° \times \dfrac{K-1}{K+1}$。

(2) 选定比例尺 μ_L,任选一点作为摇杆的摆动中心 D,根据摇杆长度 l_{CD} 和摆角 ψ 按比例作出摇杆的两个极位 $C_1 D$ 和 $C_2 D$。

(3) 连接 $C_1 C_2$,并作 $C_2 M \perp C_1 C_2$,再作 $\angle C_2 C_1 N = 90° - \theta$,得 $C_1 N$ 与 $C_2 M$ 相交于 P 点,则 $\angle C_1 P C_2 = \theta$。作出 $\triangle PC_1 C_2$ 的外接圆(圆心 O 在斜边 PC_1 的中点),因为同圆弧上的圆周角相等,此圆周上(弧 $C_1 C_2$ 除外)的任意一点 A 满足 $\angle C_1 AC_2 = \theta$,称此圆为极位

夹角圆或 θ 圆。

(4) 在 θ 圆上（弧 C_1C_2 和弧 EF 除外）选择一点作为曲柄的固定铰链 A 的位置。

(5) 连接 AC_1、AC_2，并分别量取它们的图长 l_1、l_2。若设曲柄 AB 和连杆 BC 的图长分别为 AB、BC，则由图 2-67(a)可知，机构在极位时有 $l_1 = BC + AB$，$l_2 = BC - AB$，联立两式可求得 $AB = (l_1 - l_2)/2$，$BC = (l_1 + l_2)/2$。若再量得机架的图长为 AD，则三杆的实长分别为 $l_{AB} = \mu_L AB$，$l_{BC} = \mu_L BC$，$l_{AD} = \mu_L AD$。

【任务实施】

根据已知条件和设计要求，如图 2-68 所示，用图解法设计单个刮水器机构的步骤如下：

(1) 作出摇杆的两个极限位置 C_1D 和 C_2D。选定比例尺 μ_L，任选一点作为摇杆的摆动中心 D，根据摇杆长度 l_{CD} 和摆角 ψ 按比例作出摇杆的两个极限位置 C_1D 和 C_2D。

(2) 确定机架上 A 点的位置。因机构在极限位置时 $AC_1 = AB + BC$，$AC_2 = BC - AB$，以点 C_1 为圆心，$l_{AB} + l_{BC} = 310$ mm 长为半径画圆弧，再以点 C_2 为圆心，$l_{BC} - l_{AB} = 220$ mm 长为半径画圆弧，两圆弧的交点即为 A 点。

(3) 确定机架 AD 的长度。连接 A、D 两点，测量 AD 的长度，并根据比例尺即可得到机架的长度 $l_{AD} = 260$ mm。

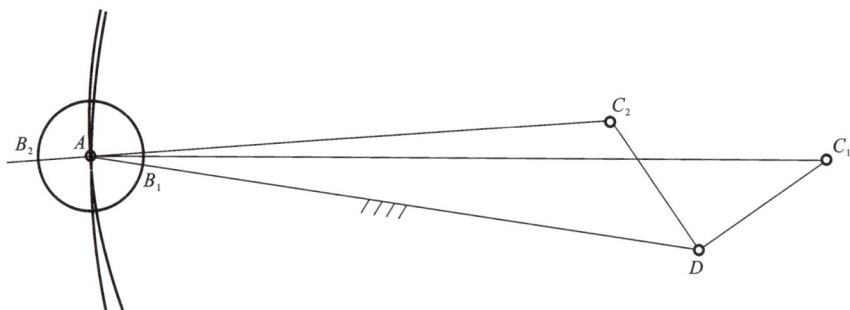

图 2-68　按已知条件设计汽车刮水器机构

素质培养

中国空间站核心舱 7 自由度机械臂：一臂之力 25 t

2021 年 4 月，习近平总书记指出："建造空间站、建成国家太空实验室，是实现我国载人航天工程'三步走'战略的重要目标，是建设科技强国、航天强国的重要引领性工程。"探索浩瀚宇宙，发展航天事业，建设航天强国，承载着中华民族的航天梦，展现了中国人"敢上九天揽月"的豪情壮志。

空间站核心舱上的机械臂是中国空间站系统的四大核心装备之一，是截至 2021 年 6 月我国智能程度最高、规模与技术难度最大、系统最复杂、控制精度最高的空间智能制造系统，承担着悬停飞行器捕获、舱段转位、辅助航天员舱外活动、舱外货物搬运、舱外状态检查等八大类在轨重要任务,需要机械臂具备高精准控制和强大的自由运动能力。为此,空间站机械臂(见图 2-69)拥有 3 个肩部关节、1 个肘部关节和 3 个腕部关节共 7 个关节,每个关节对应一个自由度,具有 7 个自由度,同时肩部与腕部各安装一个末端执行器,作为机械臂的触手。空间站机械臂工作时,可以承载重达 25 t 的大型航天器舱段,展开长度可达 10.2 m。航天员执行出舱任务时,首先通过脚限位器将自己固定在机械臂末端。机械臂可以帮助舱外航天员快速进行大范围转移,将航天员送到任务点位,为航天员执行出舱任务提供强有力的保障。中国空间站机械臂系统已经达到了国际先进水平。

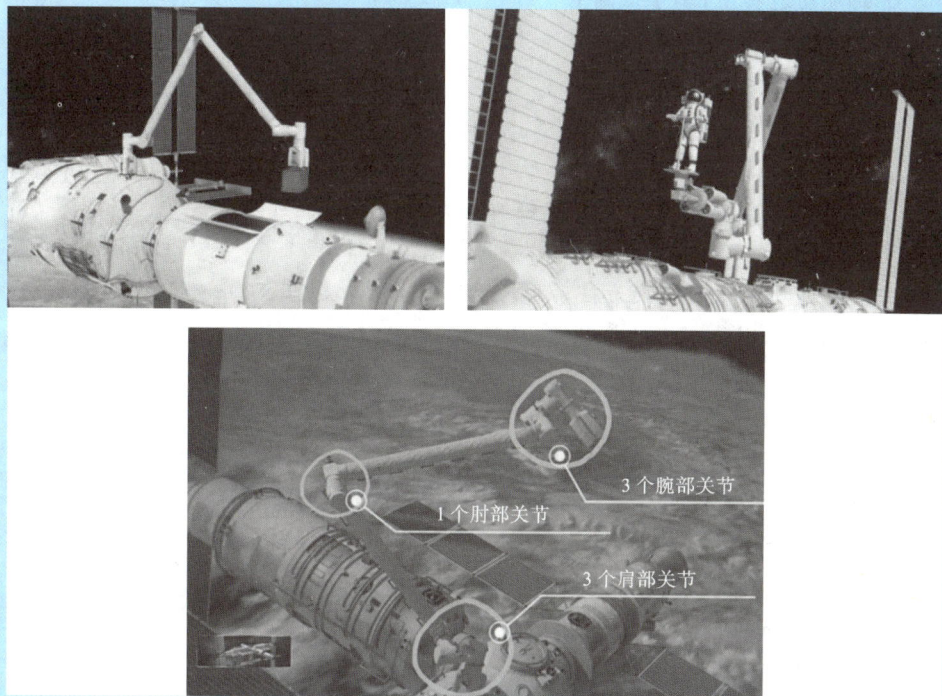

图 2-69 空间站机械臂

　　空间站机械臂是中国航天事业发展的新领域之一,中国成为世界上第三个掌握大型空间站机械臂核心技术并应用这一技术的国家,全部核心部件实现国产化,并形成了多项国家空间机器人行业标准,引领空间智能装备的中国制造之路。

练习与实训

一、判断题

1. 机构中的构件可分为三类,固定不动的构件称为机架。(　　)。

2. 机构中只能有一个原动件。(　　)

3. 虚约束对机构的运动不起独立限制的作用,但可以提高构件的强度和刚度。(　　)

4. 对于双摇杆机构,最短杆与最长杆长度之和一定大于其他两杆的长度之和。(　　)

5. 平行四边形机构属于曲柄摇杆机构。(　　)

6. 反平行四边形机构,两相对杆的长度分别相等,但不平行。(　　)

7. 平面四杆机构行程速比系数 K 越大,急回特性越显著,但平稳性越差。（ ）

8. 无急回特性的平面四杆机构,其极位夹角等于零。（ ）

9. 曲柄摇杆机构中,极位夹角是摇杆两极限位置间的夹角。（ ）

10. 铰链四杆机构中,传动角 γ 越大,机构传动性能越好。（ ）

11. 摆动导杆机构压力角恒等于90°,因此具有良好的传动性能。（ ）

12. 四杆机构处于死点位置时,机构的传动角一定为零。（ ）

13. 在曲柄摇杆机构中,当摇杆为主动件时,机构存在死点位置。（ ）

二、单项选择题

1. 下列可动连接中,属于低副的是（ ）。

A. 齿轮副　　　　　B. 铰链　　　　　C. 凸轮副　　　　　D. 轮轨副

2. 机构具有确定运动的条件是（ ）。

A. 自由度大于0　　　　　　　　　B. 自由度等于0

C. 自由度等于1　　　　　　　　　D. 自由度大于0且等于原动件的个数

3. 由 m 个构件汇交而成的复合铰链所具有的转动副个数为（ ）。

A. 1　　　　　B. m　　　　　C. $m-1$　　　　　D. $m+1$

4. 若要将运动由转动变换为摆动,则应采用的机构是（ ）;若要将运动由转动变换为直线往复运动,则应采用的机构是（ ）。

A. 曲柄摇杆机构　　　　　　　　B. 双曲柄机构

C. 双摇杆机构　　　　　　　　　D. 曲柄滑块机构

5. 铰链四杆机构存在曲柄的条件是,机构满足杆长之和条件,而且以（ ）为机架。

A. 最长杆　　　　　　　　　　　B. 最短杆或其邻杆

C. 最短杆对边　　　　　　　　　D. 任何一杆

6. 一曲柄摇杆机构,若改为以曲柄为机架,则该机构将演化为（ ）。

A. 曲柄摇杆机构　　B. 双曲柄机构　　C. 双摇杆机构　　D. 导杆机构

7. 一曲柄滑块机构,若改为以曲柄为机架,则该机构将演化为（ ）。

A. 导杆机构　　　B. 摇块机构　　　C. 定块机构　　　D. 正弦机构

8. 平面四杆机构有急回特性的条件是（ ）。

A. $K=1$　　　B. $K<1$　　　C. $K>1$　　　D. $K=0$

9. 下列平面四杆机构中,不具有急回特性的是（ ）。

A. 曲柄摇杆机构　　　　　　　　B. 对心曲柄滑块机构

C. 偏置曲柄滑块机构　　　　　　D. 摆动导杆机构

10. 当四杆机构处于死点位置时,机构的压力角为（ ）。

A. 0°　　　　B. 45°　　　　C. 90°　　　　D. 180°

三、应用与训练

1. 图2-70所示为一简易冲床的初拟方案。设想动力由齿轮1输入,齿轮1和凸轮2固装在同一轴 A 上。凸轮转动时,杠杆3摆动,从而使冲头4上下运动,达到冲压目的。试绘出机构运动简图,分析能否实现设计意图。如不能,提出改进方案。

2. 计算图2-71所示各机构的自由度,并指出复合铰链、局部自由度和虚约束,判断其运动的确定性。

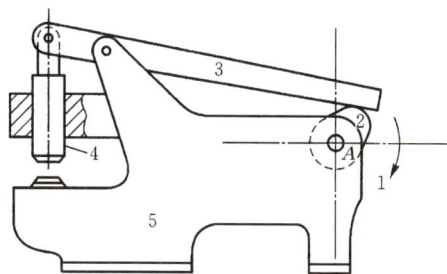

图 2-70　简易冲床初拟方案

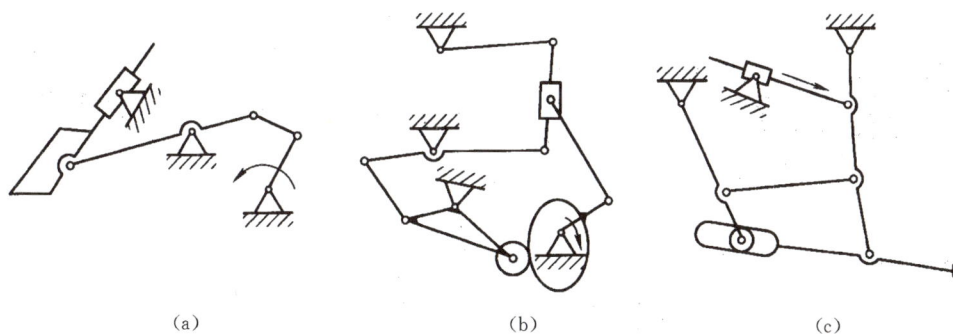

（a）　　　　　　　　　（b）　　　　　　　　　（c）

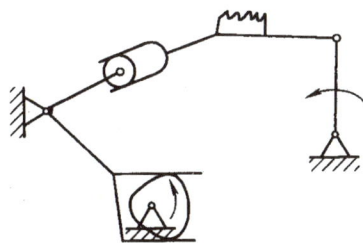

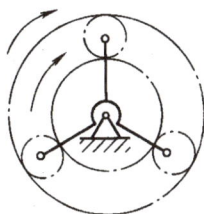

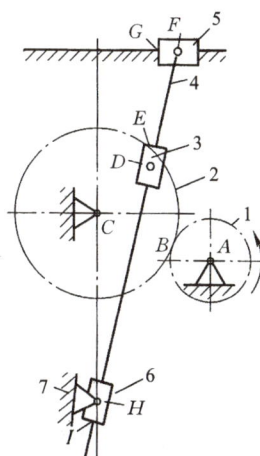

（d）　　　　　　　　　（e）　　　　　　　　　（f）

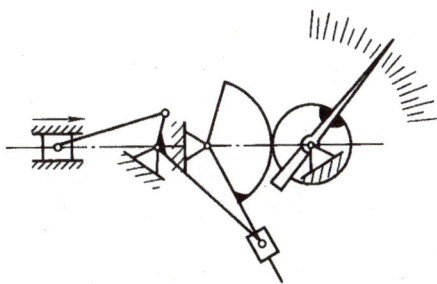

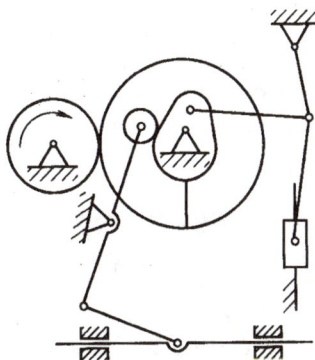

（g）　　　　　　　　　　　　　　　　　（h）

图 2-71　机构示意图 1

3. 根据图 2-72 所示各机构的尺寸判断其类型。

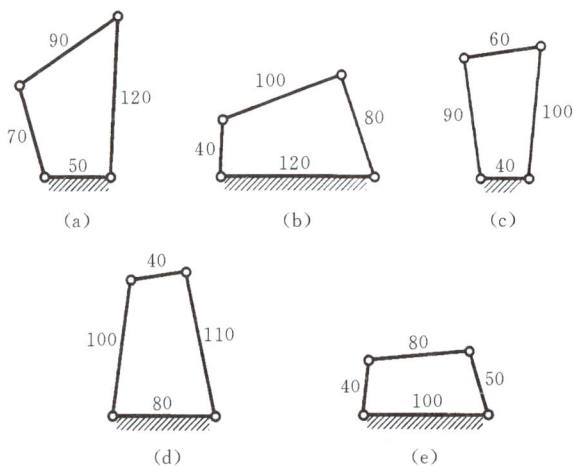

图 2-72 机构示意图 2

4. 分析图 2-73 所示双导杆滑块机构,绘图说明该八杆机构可视为哪些四杆机构的组合。

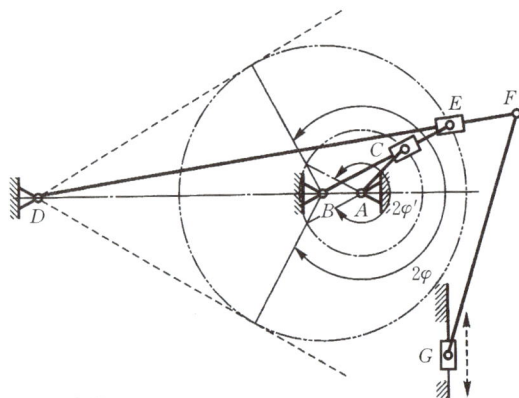

图 2-73 机构示意图 3

5. 已知:图 2-74 所示各四杆机构,1 为主动件,3 为从动件。

(1) 作出各机构中从动件的极限位置,并量出从动件的摆角 ψ 或行程 s。

(2) 计算各机构行程速比系数 K。

6. 已知一摆动导杆机构,机架长度 $l_{AC} = 300$ mm,机构行程速比系数 $K = 2$。设计该机构。

7. 已知一曲柄摇杆机构行程速比系数 $K = 1.4$,摇杆 CD 的长度 $l_{CD} = 300$ mm,摆角 $\psi = 35°$,机架 AD 的长度 $l_{AD} = 150$ mm,设计该机构,并校验最小传动角是否满足条件 $\gamma \geqslant 50°$。

8. 设计一脚踏轧棉机的曲柄摇杆机构。如图 2-75 所示,要求踏板 CD 在水平位置上、下各摆 $10°$,且 $l_{CD} = 500$ mm,$l_{AD} = 600$ mm。试用图解法求曲柄 AB 和连杆 BC 的长度。

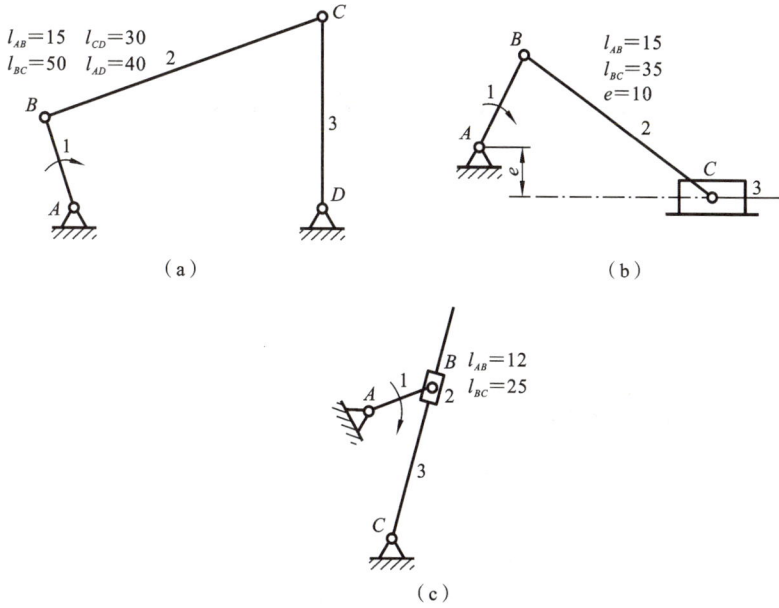

$l_{AB}=15$ $l_{CD}=30$
$l_{BC}=50$ $l_{AD}=40$

（a）

$l_{AB}=15$
$l_{BC}=35$
$e=10$

（b）

$l_{AB}=12$
$l_{BC}=25$

（c）

图 2-74　机构示意图 4

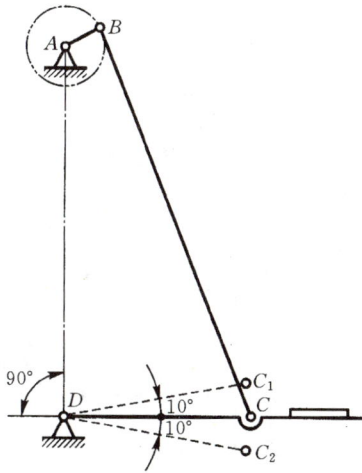

图 2-75　机构示意图 5

9. 设计一偏置曲柄滑块机构。已知滑块的行程 $s=50$ mm，偏距 $e=16$ mm，行程速比系数 $K=1.4$，试确定曲柄和连杆的长度。

汽车机械式驻车制动装置分析

本项目以汽车机械式驻车制动装置为载体,通过分析其机构和锁止方式,了解各种间歇机构的类型、特点和应用。学生通过本项目的学习,掌握棘轮机构、槽轮机构等间歇机构的组成和工作原理。

◀ 任务　分析汽车机械式驻车制动装置 ▶

【任务引入】

汽车驻车后能够让其稳定停在路面上或者停在斜坡上不下滑,依靠的就是驻车制动装置,其中机械式驻车制动装置主要是依靠锁止机构来实现上述目的。图 3-1 所示为汽车机械式驻车锁止机构,试分析该锁止机构由哪些部分组成,其锁止和释放动作是如何实现的。

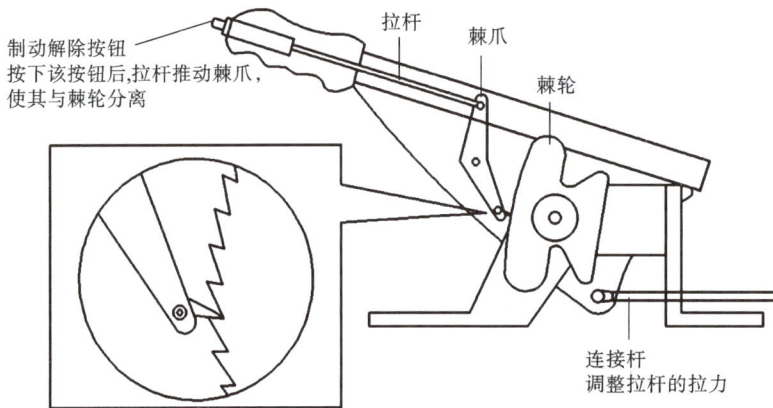

图 3-1　汽车机械式驻车锁止机构

【任务分析】

汽车在平坦的路面或斜坡上停稳是通过驻车制动系统实现的,其中驻车锁止机构至关重要,驻车锁止机构采用的就是棘轮机构来实现对汽车的驻车锁止。

【相关知识】

在机构中,若主动件连续运动,而从动件周期性地运动,则称此机构为间歇运动机构。间歇运动机构广泛地应用于自动机械中,其类型有很多,常用的有棘轮机构、槽轮机构、不完全齿轮机构及凸轮间歇机构等。

一、棘轮机构的组成和工作原理

棘轮机构的典型结构如图 3-2 所示，它主要由棘轮 1、主动棘爪 2、摇杆 3、机架 4 和止回棘爪 5 组成。当摇杆 3 逆时针摆动时，铰接在摇杆上的主动棘爪 2 插入棘轮 1 的齿槽内，推动棘轮同步转动一定的角度；当摇杆 3 顺时针摆动时，止回棘爪 5 阻止棘轮反向转动，此时主动棘爪在棘轮的齿背上滑过，棘轮静止不动。这样，当摇杆连续往复摆动时，棘轮便能够单向间歇转动。图 3-2 中的弹簧用来使主动棘爪和止回棘爪与棘轮保持接触。

二、棘轮机构的类型

常用的棘轮机构可分为啮合式和摩擦式两大类。

1. 啮合式棘轮机构

这种机构是靠棘爪和棘轮的啮合来传动，转角只能有级调节。按啮合方式，它分为外啮合（见图 3-2）和内啮合（见图 3-3）。根据从动件不同的运动方式，棘轮机构又可分为单动式棘轮机构、双动式棘轮机构、可变向棘轮机构。

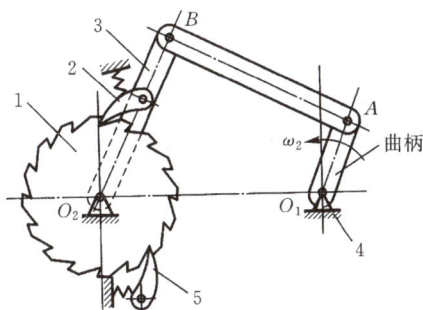

图 3-2　外啮合棘轮机构

1—棘轮；2—主动棘爪；
3—摇杆；4—机架；5—止回棘爪

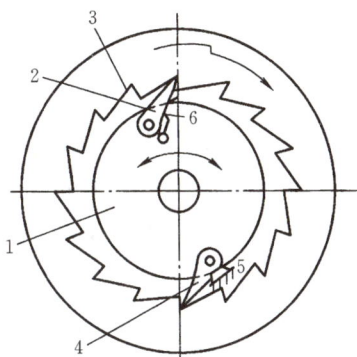

图 3-3　内啮合棘轮机构

1—摆盘；2、4—棘爪；
3—棘轮；5—机架；6—片弹簧

（1）单动式棘轮机构。如图 3-2 所示，当摇杆往复摆动一次时，棘轮只能单向间歇地运动一次。图 3-4 所示的移动棘轮机构也属于单动式棘轮机构。

（2）双动式棘轮机构。如图 3-5 所示，摇杆上装有两个主动棘爪，摇杆绕 O_1 轴来回摆动都能使棘轮沿同一方向间歇转动。摇杆往复摆动一次，棘轮间歇转动两次。

（3）可变向棘轮机构。如图 3-6（a）所示，当棘爪在实线位置时，摇杆与棘爪将使棘轮沿逆时针方向做间歇转动；当棘爪翻转到双点画线位置时，棘轮将做顺时针方向的间歇转动。图 3-6（b）所示为另一种可变向棘轮机构，当棘爪处于图示位置时，摇杆往复摆动，棘轮将沿逆时针方向做间歇转动；若用手柄提起棘爪，直至定位销脱出，再将手柄转动 180°后放下，使定位销插入另一定位孔，则当摇杆往复摆动时，棘轮将做顺时针方向的间歇转动；若提起棘爪转动 90°时放下手柄，使棘爪搁置在壳体的平台上，则棘爪和棘轮脱开，摇杆往复摆动时，棘轮静止不动。

2. 摩擦式棘轮机构

图 3-7（a）所示为外接摩擦棘轮机构，当摇杆往复摆动时，主动棘爪靠摩擦力驱动棘轮

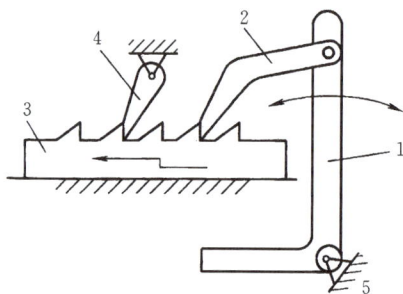

图 3-4　移动棘轮机构

1—主动件；2、4—棘爪；3—棘齿条；5—机架

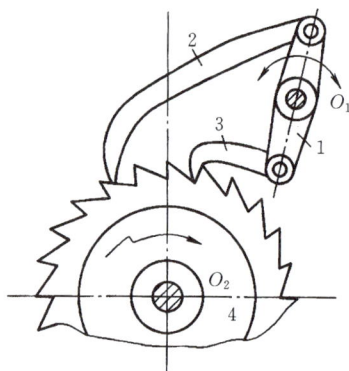

图 3-5　双动式棘轮机构

1—主动摇杆；2、3—主动棘爪；4—棘轮

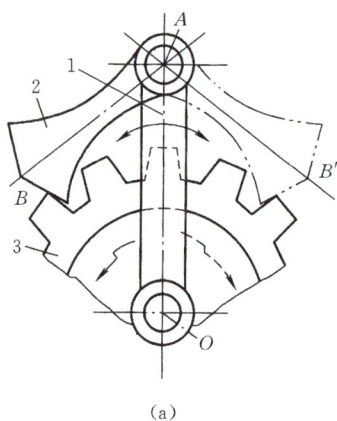

(a)

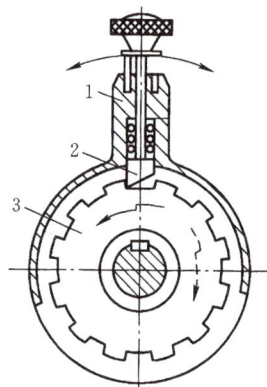

(b)

图 3-6　可变向棘轮机构

1—摇杆；2—棘爪；3—棘轮

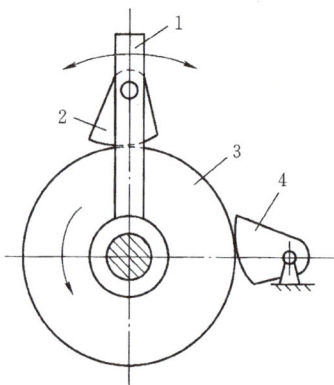

(a)

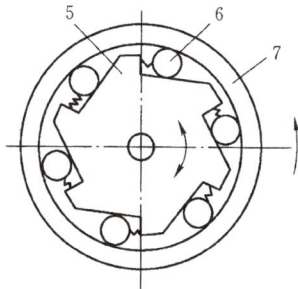

(b)

图 3-7　摩擦式棘轮机构

1—摇杆；2—主动棘爪；3—棘轮；4—止回棘爪；5—星轮；6—滚子；7—外环

逆时针单向间歇转动,止回棘爪靠摩擦力阻止棘轮反转。图 3-7(b)所示为内接摩擦棘轮机构,该类机构棘轮的转角可以无级调节,噪声小,但棘爪和棘轮容易在接触面发生相对滑动,故运动的可靠性和准确性较差。

三、棘轮转角的调节方法

根据棘轮机构的使用要求,常常需要调节棘轮的转角,调节的方法有以下两种。

(1) 改变摇杆的摆角。如图 3-8(a)所示,曲柄摇杆机构 ABCD 驱动棘轮机构,通过螺旋调节曲柄 AB 或摇杆 CD 的长度来改变摇杆的摆角,从而改变棘轮转角。

(2) 在棘轮上安装遮板。图 3-8(b)所示的棘轮机构,摇杆 1 的摆角不变,但在棘轮 3 上安装了遮板 4,改变插销 6 在定位板中的位置,即可调节摇杆在摆程范围内露出的棘齿数,从而改变棘轮转角。

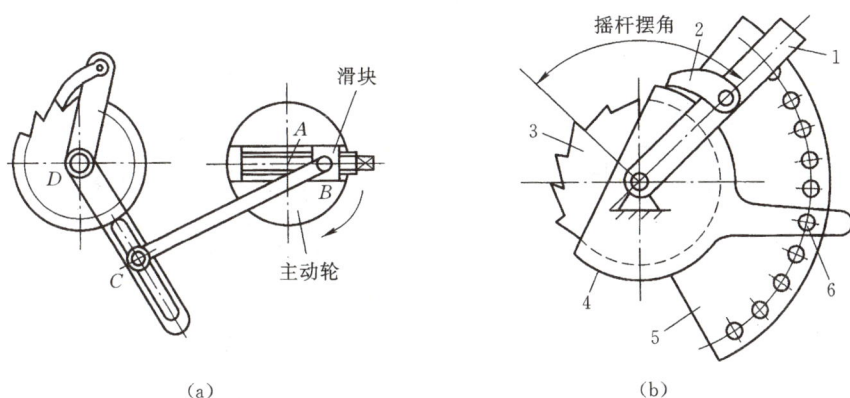

图 3-8 棘轮转角的调节方法
1—摇杆;2—棘爪;3—棘轮;4—遮板;5—机架;6—插销

四、棘轮机构的特点及应用

啮合式棘轮机构具有结构简单、制造方便、运动可靠、棘轮的转角可调等优点;其缺点是传力小,工作时有较大的冲击和噪声,运动精度也低。因此,它适用于低速和轻载场合,通常用来实现间歇式进给、制动、超越等要求。

(1) 进给。如图 3-9 所示,牛头刨床横向进给机构由曲柄摇杆机构、棘轮机构和螺旋

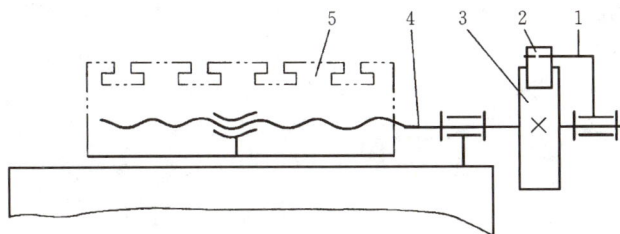

图 3-9 牛头刨床横向进给机构
1—摇杆;2—棘爪;3—棘轮;4—丝杠;5—工作台

机构串联组成,从而实现工作台的进给运动。

(2)制动。图 3-10 所示为起重设备安全装置中的棘轮机构。起吊重物时,一旦机械发生故障,棘轮机构的止回棘爪将及时制动,防止棘轮倒转造成重物自动下落,从而保证了安全。

(3)超越。图 3-11 所示为自行车后轴上的超越离合器。后链轮 1 即内齿棘轮,它由滚动轴承支承在后轮轮毂 2 上,两者可相对转动;后轮轮毂 2 上铰接着两个棘爪 4,棘爪用弹簧压在棘轮的内齿上。当后链轮比后轮转(顺时针)得快时,棘轮通过棘爪带动后轮同步转动,即脚蹬得快,后轮就转得快;当后链轮比后轮转得慢时,如自行车下坡或脚不蹬时,后轮由于惯性仍按原转向转动,此时,棘爪 4 将沿棘轮齿背滑过,后轮与后链轮脱开,从而实现了从动件转速大于主动件转速的作用。按此原理工作的离合器称为超越离合器。图 3-7(b)所示内接摩擦棘轮机构即可作为超越离合器使用。

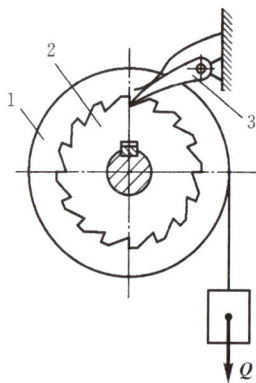

图 3-10 用于制动的棘轮机构

1—鼓轮;2—棘轮;3—止回棘爪

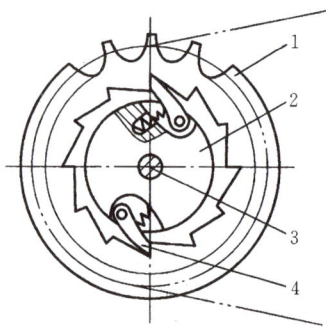

图 3-11 自行车后轴上的超越离合器

1—后链轮;2—后轮轮毂;3—轴;4—棘爪

【任务实施】

图 3-1 所示的汽车机械式驻车锁止机构是采用棘轮机构来实现对车辆驻车制动的。图 3-12 所示为汽车驻车制动锁止机构,当驾驶员进行驻车制动时,迅速向上拉起手刹拉杆,由于手刹拉杆中的棘轮机构的单向运动特性,当棘爪嵌入棘轮槽中相互啮合后,棘轮不能反向旋转,通过手刹拉索实现对车辆两个后轮的锁死效果,达到汽车驻车制动目的。当需要释放驻车制动时,驾驶员先向上少距离拉动手刹拉杆,再按下手刹拉杆上的按钮,使棘爪与棘轮分离,之后下放手刹拉杆至回位位置再松开按钮,这时手刹拉索放松,解除对两个后轮的制动效果,解除汽车驻车制动。

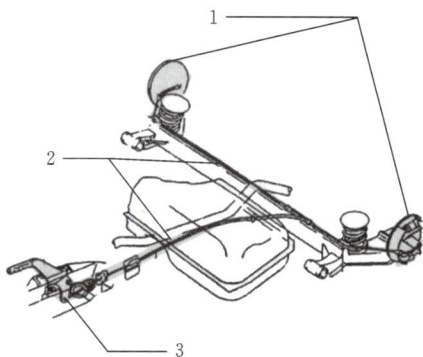

图 3-12 汽车驻车制动锁止机构

1—后轮鼓式制动器;2—手刹拉索;3—手刹拉杆

🔑 **知识扩展** ////

一、槽轮机构

1. 槽轮机构的工作原理

槽轮机构的典型结构如图 3-13 所示,它由主动拨盘 1、从动槽轮 2 和机架组成。拨盘 1 匀速转动,当拨盘上的圆销 A 未进入槽轮的径向槽时,槽轮的内凹锁止弧 efg 被拨盘的外凸锁止弧 abc 锁住,故槽轮不动。图 3-13(a)所示为圆销 A 刚进入槽轮径向槽时的位置,此时锁止弧 efg 也刚被松开,槽轮被圆销拨着转动。当圆销 A 离开径向槽时(见图 3-13(b)),锁止弧 efg 又被锁住,槽轮又静止不动,直至圆销 A 再次进入槽轮的另一个径向槽,又重复上述运动。这样便使槽轮实现了间歇运动。

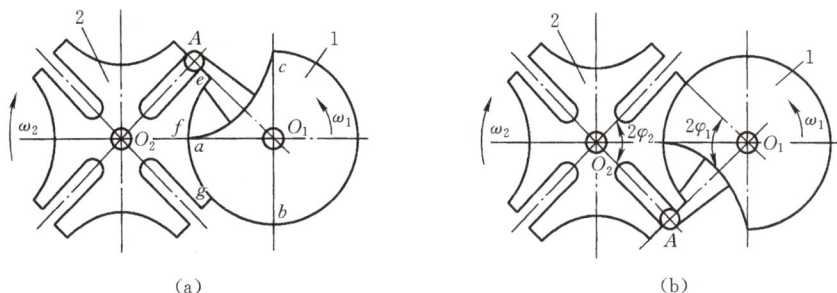

外槽轮
机构

(a)   (b)

图 3-13 外槽轮机构

2. 槽轮机构的类型

按结构特点,槽轮机构可分为外槽轮机构(见图 3-13)和内槽轮机构(见图 3-14)。前者槽轮与拨盘的转向相反,后者则转向相同。

按拨盘上圆销的数目多少,槽轮机构可分为单销槽轮机构(见图 3-13)和多销槽轮机构(见图 3-15)。单销槽轮机构中拨盘每转一周槽轮运动一次,多销槽轮机构中拨盘每转一周槽轮运动多次。

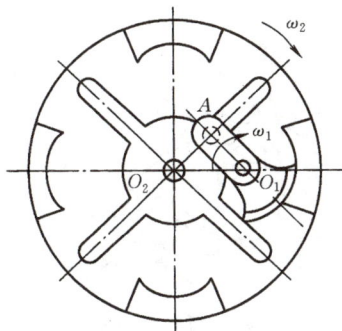

内槽轮
机构

双销槽轮
机构

图 3-14 内槽轮机构   **图 3-15 多销槽轮机构**

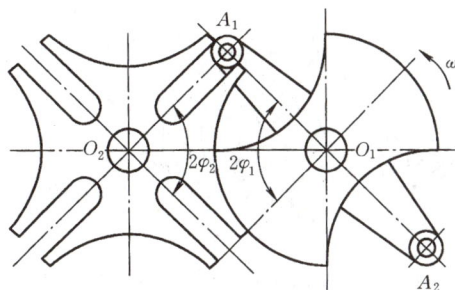

3. 槽轮机构的运动系数

在图 3-15 所示的槽轮机构中,设槽轮上均匀分布的径向槽数为 z,拨盘上均匀分布的圆销数为 k。当主动拨盘转动一周时,槽轮运动的总时间 t_d 与拨盘转动一周的总时间 t 之比,称为槽轮机构的运动系数,以 τ 表示,则

$$\tau = \frac{t_d}{t} = \frac{k \cdot 2\varphi_1}{2\pi}$$

为了使槽轮在开始和终止转动时的瞬时速度为零,以避免圆销与槽发生刚性冲击,圆销进入或脱出径向槽的瞬时,径向槽的中心线 O_2A_1 应与 O_1A_1 相互垂直,则

$$2\varphi_1 = \pi - 2\varphi_2 = \pi - \frac{2\pi}{z}$$

那么

$$\tau = \frac{t_d}{t} = \frac{k \cdot 2\varphi_1}{2\pi} = \frac{k(z-2)}{2z} \tag{3-1}$$

由于槽轮间歇转动,故

$$0 < \tau = \frac{k(z-2)}{2z} < 1 \tag{3-2}$$

由式(3-2)可得槽数 z 与圆销数 k 之间的关系,如表 3-1 所示。

表 3-1　槽数 z 与圆销数 k 之间的关系

槽数 z	3	4	5	≥6
圆销数 k	1～5	1～3	1～3	1～2

4. 槽轮机构的特点及应用

槽轮机构具有结构简单、工作可靠、运行较平稳、机械效率高等优点;其缺点是槽轮的转角不可调,且存在柔性冲击,对制造与装配精度要求高。槽轮机构一般适用于速度不大的场合,常用于机床的间歇转位和分度机构中。

图 3-16 所示为槽轮机构在转塔车床刀架转位机构中的应用,拨盘 1 转动一周,通过槽轮 2 使刀架 3 转动一次,从而将下道工序所需要的刀具转到工作位置上。

图 3-17 所示为槽轮机构在电影放映机卷片机构中的应用,拨盘 1 连续转动,通过槽轮 2 使电影胶片间歇地移动,因人具有视觉暂留机能,故看到的画面仍然是连续的。

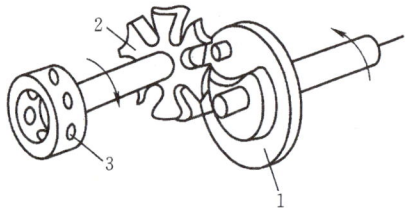

图 3-16　槽轮机构在转塔车床刀架
转位机构中的应用

1—拨盘;2—槽轮;3—刀架

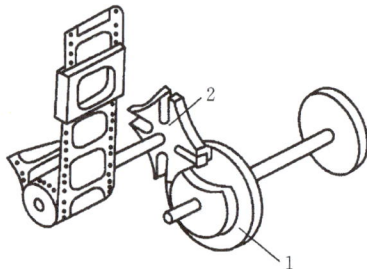

图 3-17　槽轮机构在电影放映机
卷片机构中的应用

1—拨盘;2—槽轮

二、不完全齿轮机构

1. 不完全齿轮机构的工作原理

如图 3-18 所示,不完全齿轮机构是由齿轮机构演变而成的间歇运动机构,主动轮上仅有一个或几个齿,从动轮的齿数则是主动轮齿数的整数倍。

当主动轮 1 的有齿部分与从动轮轮齿啮合时,推动从动轮 2 转动;当主动轮 1 的有齿部分与从动轮脱离啮合时,从动轮停歇不动。因此,当主动轮连续转动时,从动轮获得时动时停的间歇运动。

不完全齿轮机构可分为外啮合和内啮合两种形式。图 3-18(a)所示为外啮合不完全齿轮机构,其主动轮 1 转动一周时,从动轮 2 转动 1/6 周。当从动轮停歇时,主动轮上的锁止弧与从动轮上的锁止弧互相配合锁住,以保证从动轮停歇在预定位置。图 3-18(b)所示为内啮合不完全齿轮机构。

图 3-19 所示为不完全齿条机构,当主动轮 1 转一周时,齿条 2 往复移动一次。

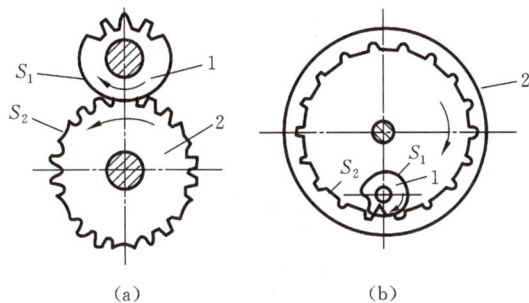

(a)　　　(b)

图 3-18　不完全齿轮机构

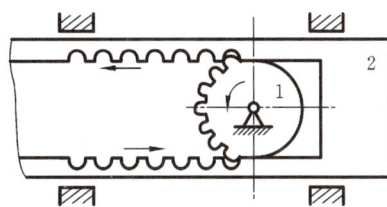

图 3-19　不完全齿条机构

2. 不完全齿轮机构的特点和应用

不完全齿轮机构结构简单、制造方便、工作可靠、设计灵活,从动轮的运动时间和静止时间的比例可在较大范围内变化。但由于从动轮在进入和脱离啮合时,存在刚性冲击,故不完全齿轮一般只用于低速、轻载的场合,常用于多工位自动、半自动机械及计数器等。

图 3-20 所示为蜂窝煤压制机工作台的不完全齿轮机构。主动轮 4 每转一周,通过齿轮 3 使从动轮工作台 1 转过 1/5 周,相应的工位 2 可用来完成煤粉的填装、压制、退坯等预期的工序。

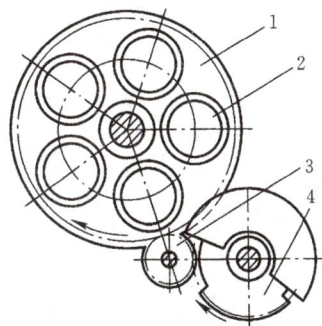

图 3-20　蜂窝煤压制机工作台的不完全齿轮机构

1—工作台;2—工位;3—齿轮;4—主动轮

三、凸轮间歇机构

1. 凸轮间歇机构的工作原理

凸轮间歇机构是利用凸轮与转位拨销的相互作用,将凸轮的连续转动转换为转盘的间歇转动,用于交错轴间的分度运动。常用的凸轮间歇机构有两种形式,即圆柱凸轮间歇机构和蜗杆凸轮间歇机构。

图 3-21 所示为圆柱凸轮间歇机构，它由凸轮 1、转盘 2 及机架组成。转盘端面上装有沿圆周均匀分布的若干滚子 3。当凸轮转动时，转盘上的滚子 A 开始进入凸轮沟槽的升程段，凸轮推动转盘转动，而前一个滚子 B 则正好与凸轮沟槽脱开。当滚子 A 进入凸轮沟槽的休止段时，后一个滚子 C（图中未标出）与凸轮沟槽的休止段在另一侧接触，凸轮继续转动而转盘不动，实现了间歇。当滚子 C 进入凸轮升程段时，间歇动作结束，下一次转位开始。

图 3-22 所示为蜗杆凸轮间歇机构，凸轮 1 的表面呈凹形圆弧面，其上有一条凸脊，形成凸轮工作曲面，其形状与圆弧面蜗杆相似。圆柱拨销均布在从动转盘 2 的外周，犹如蜗轮的齿。通过改变凸轮与转盘的中心距，达到调节拨销与凸轮工作面间隙的目的，以补偿接触面间的磨损量或预紧所需的过盈量，保证机构的运动精度。为了减小摩擦，拨销常采用滚针轴承。

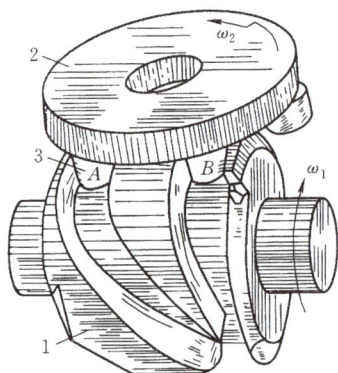

圆柱凸轮
间歇机构

蜗杆凸轮
间歇机构

图 3-21　圆柱凸轮间歇机构

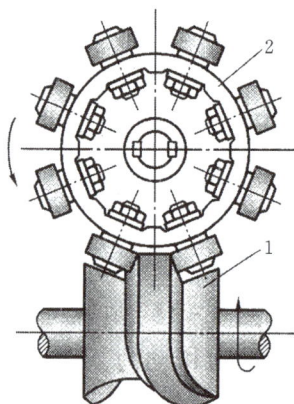

图 3-22　蜗杆凸轮间歇机构

2. 凸轮间歇机构的特点与应用

凸轮间歇机构的优点是结构简单、运转可靠、传动平稳；凸轮廓线设计灵活，可使转盘实现任何运动规律；转盘停歇时，一般依靠凸轮轮廓定位，无须附加定位装置。缺点是凸轮加工比较复杂，装配与调整要求较高。该机构适用于高速间歇转动的场合，在轻工机械、冲压机械和其他自动机械中得到广泛应用，如轻工包装机、多工位立式半自动机床等。

素质培养

东周棘轮装置：世界棘轮机构之父

20 世纪 70 年代，考古人员在东周王城遗址发掘出一套青铜齿轮构件（见图 3-23），这是迄今为止我国考古所见年代最早且具有制动功能的棘轮装置，这种原始的机械构件开创了棘轮机构的先河，在机械制造史上占有重要地位。

这套青铜齿轮构件由齿轮、钩卡组成。齿轮为圆形，周有 40 个斜齿，齿距相等，中间为用来安装木轴的方孔，轮径 4.2 cm，方孔边长 2.5 cm；钩卡呈弓状，一端有用来安装圆轴的圆孔，另一端有钩爪，背部有小圆鼻，长 5.9 cm。齿轮、钩卡保存完整，二者相配，则是机械装置中的一个具有制动功能的、相对独立的运动单元，即棘轮机构。

图 3-23　青铜齿轮构件

　　这种古老的机械装置,不仅被中国后世传承,也被他国借鉴。例如,俄国人列昂契·沙苏连阔夫在自动车上安装的齿轮机构、英国人古利宾制造的齿轮变速箱,均出现于 18 世纪,此类具有制动或间歇功能的机构,应当是借鉴了中国古老的棘轮构件。在一定意义上,东周王城出土的齿轮构件是世界棘轮机构之父,是人类机械制造史上的里程碑。(来源:《洛阳晚报》)

练习与实训

一、判断题

1. 在间歇运动机构中,主动件和从动件都做间歇运动。(　　　)

2. 双动式棘轮机构中,摇杆往复摆动一次,棘轮间歇转动两次。(　　　)

3. 摩擦式棘轮机构的运动可靠性和准确性较好。(　　　)

4. 槽轮机构因运转中有较大动载荷,特别是槽数少时更为严重,所以不宜用于高速转动的场合。(　　　)

二、单项选择题

1. 下列机构中,能将连续运动变成间歇运动的是(　　　)。

A. 齿轮机构　　　　B. 曲柄摇杆机构　　C. 槽轮机构　　　　　D. 曲柄滑块机构

2. 下列间歇运动机构中,从动件的转角可以调节的是(　　　)。

A. 棘轮机构　　　　B. 槽轮机构　　　　C. 不完全齿轮机构　　D. 凸轮间歇机构

3. 自行车后轮轴上的小链轮结构使用的是(　　　)。

A. 棘轮机构　　　　B. 槽轮机构　　　　C. 不完全齿轮机构　　D. 凸轮间歇机构

4. 下列间歇运动机构中,运转平稳、适合于高速场合的是(　　　)。

A. 棘轮机构　　　　B. 槽轮机构　　　　C. 不完全齿轮机构　　D. 凸轮间歇机构

三、应用与训练

1. 已知一单圆销外啮合四槽槽轮机构,当拨盘转动一周时,槽轮的停歇时间为 30 s,求槽轮机构的运动系数、槽轮的运动时间及拨盘的转速。

2. 一外啮合槽轮机构中，已知槽轮的槽数 $z＝6$，运动时间是静止时间的两倍，求槽轮机构的运动系数及所需的圆销数。

3. 图 3-9 所示为牛头刨床横向进给机构，它由摇杆 1、棘爪 2、棘轮 3、丝杠 4 和工作台 5 组成。丝杠的导程 $s＝3$ mm，与丝杠固连的棘轮齿数 $z＝30$，棘轮最小转角是多少？该牛头刨床最小横向进给量 l 是多少？

内燃机配气凸轮机构的分析及设计

本项目以内燃机为载体,通过分析和设计其配气凸轮机构,熟悉凸轮机构的类型、特点和应用,掌握凸轮机构的工作原理和凸轮轮廓曲线的图解设计方法。

◀ 任务1 分析内燃机配气凸轮机构运动情况 ▶

【任务引入】

图 4-1 所示为一内燃机及其配气机构。已知该配气机构凸轮逆时针等速转动,其顶杆运动规律如表 4-1 所示,试分析该凸轮机构的类型及运动情况,并画出其位移线图。

内燃机
配气机构

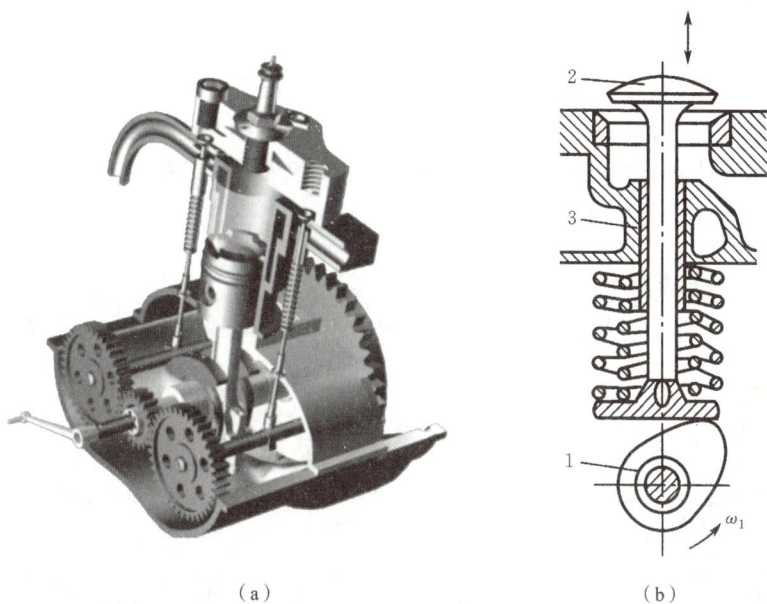

（a）　　　　　　　　　　（b）

图 4-1　内燃机及其配气机构

表 4-1　顶杆运动规律

凸轮转角 δ	0°～90°	90°～150°	150°～240°	240°～360°
顶杆运动规律	等速上升 45 mm	停止不动	等加速等减速返回	停止不动

【任务分析】

内燃机配气机构是凸轮机构的典型应用,如图 4-1 所示,当盘形凸轮等速转动时,其轮廓迫使从动件(气门顶杆)上下移动,以控制燃气在预定的时间进入气缸或排出废气。本任务所涉及的知识点包括凸轮机构的组成和特点、凸轮机构的类型及应用、从动件的常用运动规律等。

【相关知识】

一、凸轮机构的组成和特点

如图 4-1(b)所示,凸轮机构由凸轮 1、从动件 2、机架 3 三个基本构件组成。凸轮具有曲线轮廓(或凹槽),它通常做连续等角速度转动(也有做移动或摆动的),从动件则在凸轮轮廓驱动下按预定的运动规律做往复直线移动或摆动。

凸轮机构的主要优点:只要适当地设计凸轮的轮廓曲线,就可以使从动件获得各种预期的运动规律,而且结构简单紧凑,工作可靠,易于设计。其主要缺点是凸轮与从动件之间为高副接触,易磨损,因此,凸轮机构多用于传力不大的控制机构和调节机构。

二、凸轮机构的类型和应用

1. 按凸轮的形状分类

1)盘形凸轮机构

如图 4-2 所示,凸轮呈盘形,绕固定轴线转动,具有变化的向径。这是凸轮的基本形式,其结构简单,应用范围最广。图 4-3 所示的压力机送料机构,当冲头下行时,凸轮通过从动件将料仓中的坯料推送到待冲压位置,同时将前一个成品推走;当冲头上行时,从动件在弹簧的作用下返回原位,准备下一次送料。

盘形凸轮机构

压力机送料机构

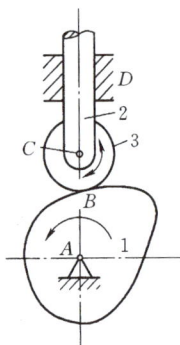

图 4-2 盘形凸轮机构
1—凸轮;2—从动件;3—滚子

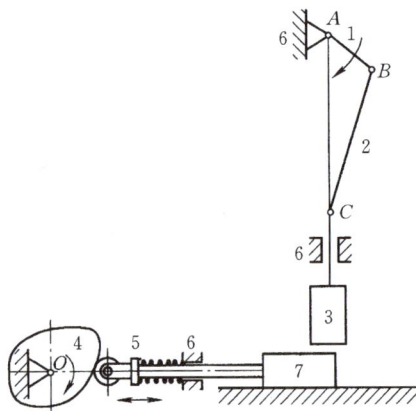

图 4-3 压力机送料机构
1—曲柄;2—连杆;3—冲头;4—凸轮;5—从动件;6—机架;7—坯料

2)移动凸轮机构

如图 4-4 所示,凸轮一般呈板状,做往复直线移动,它可以看成转轴在无穷远处的盘形凸轮的一部分。当凸轮做往复直线移动时,将推动从动件做上下的往复运动。有时,也可以将凸轮固定,而使从动件沿着凸轮运动。图 4-5 所示的靠模车削机构,凸轮 1 作为靠模被固定在床身上,从动件滚轮 2 在弹簧作用下与凸轮紧密接触,当拖板 3 横向移动时,和从动件相连的车刀便走出与凸轮轮廓相同的轨迹,因而切削出手柄的外形。

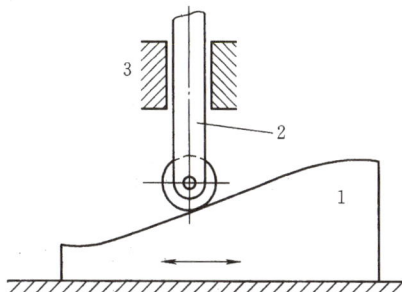

图 4-4　移动凸轮机构

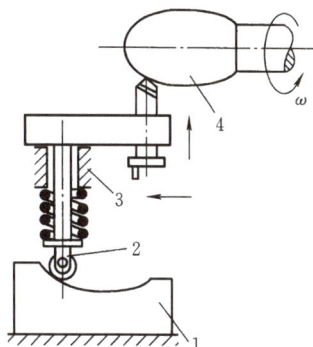

图 4-5　靠模车削机构

3）圆柱凸轮机构

如图 4-6 所示,凸轮呈圆柱状,绕固定轴线转动。这种凸轮是在圆柱端面上作出曲线轮廓或在圆柱面上开出曲线凹槽,它可以看成将移动凸轮卷绕在圆柱上形成的。图 4-7 所示的自动车床进给机构,当圆柱凸轮 1 等速转动时,其凹槽的侧面迫使从动件 2 绕轴 O 按一定规律往复摆动,再通过扇形齿轮与齿条的啮合传动,使刀架 3 按一定规律运动。

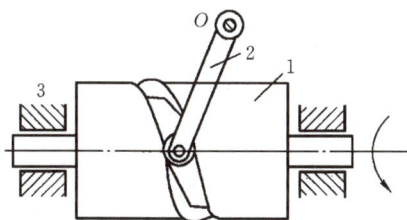

图 4-6　圆柱凸轮机构

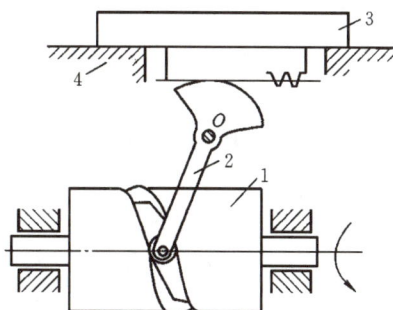

图 4-7　自动车床进给机构

前两类凸轮运动平面与从动件运动平面平行,故称平面凸轮机构,后一种就称为空间凸轮机构。

2. 按从动件的端部形状分类

（1）尖顶从动件:如图 4-8(a)、图 4-8(b)、图 4-8(f)所示,这种从动件结构简单,但尖顶易磨损(接触应力高),故只适用于低速和轻载场合,如仪表等机构中。

（2）滚子从动件:如图 4-8(c)、图 4-8(d)、图 4-8(g)所示,从动件的端部装有可自由回转的滚子,可减小摩擦和磨损,因此它能实现较大动力的传递,应用最为广泛。

（3）平底从动件:如图 4-8(e)、图 4-8(h)所示,从动件的端部为一平面,它与凸轮的接触区易形成油膜而减小摩擦与磨损,且机构的传动角恒等于 $90°$,故传动平稳,效率高,常用于高速场合。其缺点是不能与具有内凹轮廓的凸轮配对使用,也不能与移动凸轮和圆柱凸轮配对使用。

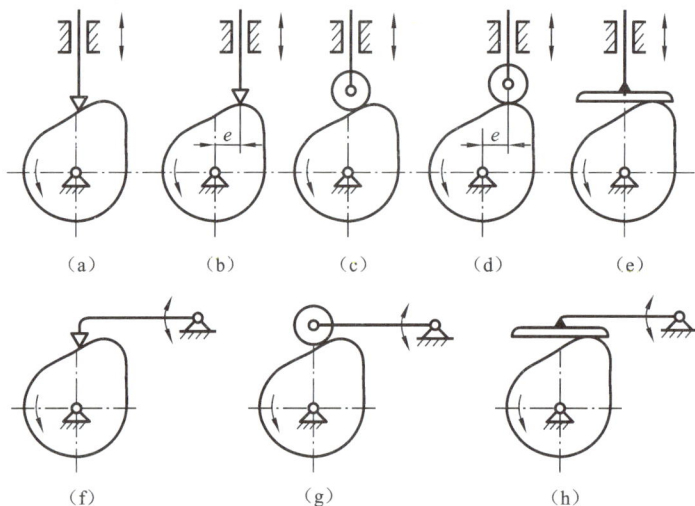

图 4-8　从动件的形状及运动形式

3. 按从动件的运动形式分类

(1) 移动从动件:如图 4-8(a)~图 4-8(e)所示,从动件做往复移动。若其导路轴线通过凸轮的回转中心,则称为对心移动从动件凸轮机构,否则称为偏置移动从动件凸轮机构,偏距用 e 表示。

(2) 摆动从动件:如图 4-8(f)~图 4-8(h)所示,从动件做往复摆动。图 4-6 所示圆柱凸轮机构的从动件为滚子摆动从动件。

4. 按凸轮与从动件保持高副接触的方法分类

为了保证凸轮机构正常工作,在运动中必须使从动件与凸轮始终保持接触。根据其保持接触的方法不同,凸轮机构可以分为以下两类。

(1) 力封闭:这类凸轮机构主要利用重力、弹簧力或其他外力使从动件与凸轮轮廓始终保持接触,图 4-1(b)、图 4-3、图 4-5 所示为利用弹簧力保持从动件与凸轮轮廓接触的实例。

(2) 形封闭:这类凸轮机构是依靠凸轮与从动件的特殊几何结构来保持两者的接触,图 4-6 所示的圆柱凸轮机构就是依靠凸轮凹槽两侧面与滚子的配合来保持接触的。

将不同类型的凸轮和从动件组合起来,我们可以得到各种不同的凸轮机构。例如,图 4-6 所示为滚子摆动从动件圆柱凸轮机构,图 4-8(b)所示为偏置移动尖顶从动件盘形凸轮机构。

三、从动件的常用运动规律

设计凸轮机构时,首先要根据实际工作要求确定从动件的运动规律,然后依据这一运动规律设计出凸轮轮廓曲线。由于工作要求的多样性和复杂性,要求从动件满足的运动规律也是各种各样的。在本节中,我们将介绍几种常用的运动规律。为了研究这些运动规律,我们首先介绍凸轮机构的工作过程和有关概念。

1. 凸轮机构的工作过程

图 4-9 所示为一对心移动尖顶从动件盘形凸轮机构的工作过程。凸轮的轮廓由四段曲线组成,其中两段是以回转轴心 O 为圆心的圆弧。轴心 O 与轮廓上任一点的连线称

为向径,以 O 为圆心,以凸轮的最小向径 r_b 为半径所作的圆称为基圆。

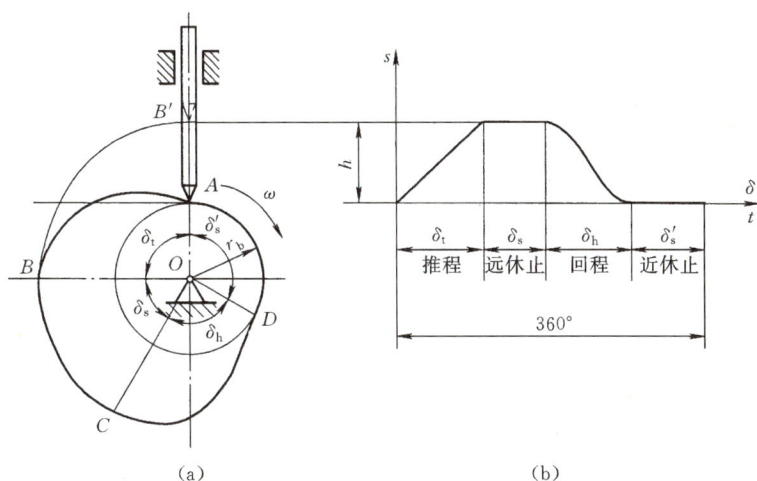

凸轮机构
的工作
过程

图 4-9 对心移动尖顶从动件盘形凸轮机构的工作过程

从动件与凸轮在 A 点接触时,凸轮上 A 点向径最小,从动件处于最低位置。当凸轮以等角速度 ω 顺时针转动,从动件与凸轮在 AB 段接触时,凸轮的向径将由最小变为最大,从动件由最低位置 A 被推到最高位置 B',从动件的这一运动过程称为推程,而相应的凸轮转角 δ_t 称为推程运动角,从动件的最大位移 AB' 称为升程或行程,用 h 表示。

凸轮继续转动,当从动件与凸轮在 BC 段接触时,由于凸轮的最大向径保持不变,所以从动件将处于最高位置而静止不动,这一过程称为远休止,与之对应的凸轮转角 δ_s 称为远休止角。

凸轮继续转动,当从动件与凸轮在 CD 段接触时,凸轮的向径由最大变为最小,从动件由最高位置又回到最低位置,从动件的这一运动过程称为回程,相应的凸轮转角 δ_h 称为回程运动角。

凸轮继续转动,当从动件与凸轮在 DA 段接触时,由于凸轮的最小向径保持不变,所以从动件将处于最低位置而静止不动,这一过程称为近休止,与之对应的凸轮转角 δ_s' 称为近休止角。

当凸轮继续转动时,从动件又重复上述过程。

2. 从动件的常用运动规律

所谓从动件的运动规律,是指从动件在运动时,其位移、速度、加速度随时间或凸轮转角的变化规律,可以用运动方程或运动线图表示,图 4-9(b)即为从动件的位移线图。凸轮机构中,从动件的运动规律是由机器的工作要求决定的,要求不同,从动件的运动规律不同。以下介绍三种常用的运动规律。

1) 等速运动规律

当凸轮以等角速度 ω 转动时,若从动件在推程或回程中做等速运动,则这种运动规律就是等速运动规律。图 4-10 所示为从动件在推程中的等速运动线图。

由图 4-10 可见,从动件在运动起始和终止位置时,由于速度突然改变,其瞬时加速度趋于无穷大,理论上产生无穷大的惯性力,使凸轮机构受到强烈冲击,这种冲击称为刚性冲击(实际上由于材料存在弹性变形,惯性力不可能达到无穷大)。因此,等速运动规律只适用于低速、轻载场合或有特殊需要的凸轮机构中,如在机床的走刀机构中,为满足表面粗糙度均匀的要求,常常采用等速运动规律。

为避免刚性冲击产生不良后果,常将这种运动开始和终止的两小段加以修正,使速度逐渐变化。

2)等加速等减速运动规律

当凸轮以等角速度 ω 转动时,若从动件在推程或回程的前半程中做等加速运动,在后半程中做等减速运动,则这种运动规律就是等加速等减速运动规律。图 4-11 所示为从动件在推程中的等加速等减速运动线图。

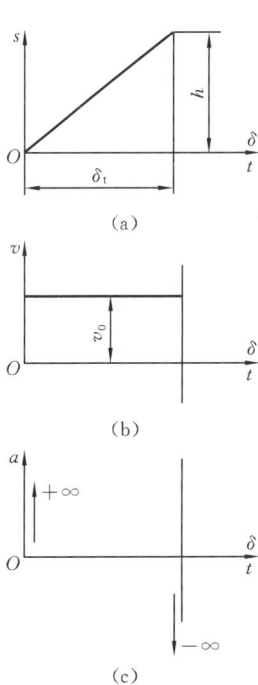

图 4-10 等速运动线图　　图 4-11 等加速等减速运动线图

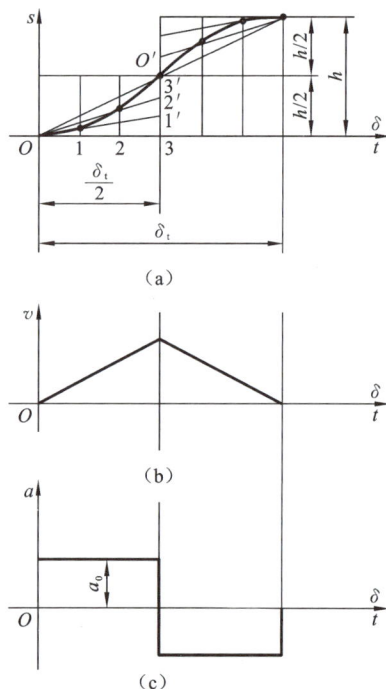

由物理学知识可知,物体做等加速运动时,其位移线图为一抛物线,方程为 $s=at^2/2$。故当时间之比为 1：2：3…时,其对应位移之比为 1：4：9…。因此,等加速段抛物线可按图 4-11 所示的方法画出:将前半推程角和前半推程分成相同的若干等份(如 3 等份),得等分点 1,2,3 和 $1',2',3'$;再将原点 O 分别与等分点 $1',2',3'$ 相连,并过等分点 1,2,3 分别作铅垂线,该两组直线对应相交,光滑连接这些交点即可。等减速段的位移线图也是一段抛物线,它与等加速段抛物线相对 O' 中心对称,开口相反,利用对称关系即可作出。

由图 4-11 可见,该运动加速度在起始位置、行程中点和终止位置存在有限突变,必引起惯性力的突变而产生冲击,这种由有限惯性力引起的冲击称为柔性冲击。因此,等加速等减速运动规律适用于中、低速场合。

3)简谐运动规律

当一质点在圆周上做匀速运动时,该点在这个圆直径上的投影所构成的运动,称为简谐运动。当凸轮以等角速度 ω 转动时,若从动件在推程或回程中做简谐运动,则这种运动规律称为简谐运动规律。

图 4-12 所示为从动件在推程中的简谐运动线图。简谐运动线图的作法如下:以从动件的行程 h 为直径画半圆,将推程运动角和此半圆分成相同的若干等份(如 6 等份),得等分点 1,2,3···和 1″,2″,3″···;过等分点 1,2,3···分别作铅垂线,过等分点 1″,2″,3″···分别作水平线,它们之间相应的交点为 1′,2′,3′···,光滑连接这些点即可。

由图 4-12 可见,该运动速度按正弦曲线变化,加速度按余弦曲线变化,故该运动规律又称为余弦加速度运动规律。从动件在起始位置和终止位置的加速度存在有限突变,会产生柔性冲击。因此,简谐运动规律也适用于中速场合。但当从动件做无停歇的升—降—升连续往复运动时,其加速度按余弦曲线连续变化,此时可用于较高速度的传动。

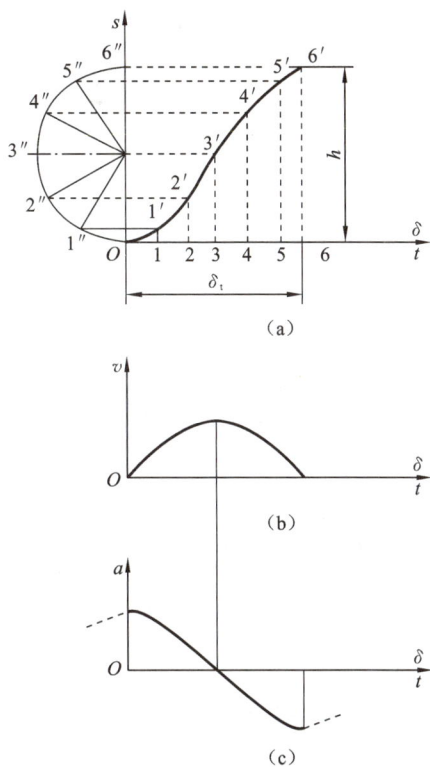

3. 从动件运动规律的选择

图 4-12 简谐运动线图

(1)从动件运动规律的选择,是根据机器的工作要求来确定的。如机床中控制刀架进刀的凸轮机构,要求刀架进刀时做等速运动,所以应选择从动件做等速运动的运动规律,至于行程始末端,可以通过拼接其他运动规律曲线来消除冲击。

(2)对无一定运动要求、只需要从动件有一定位移的凸轮机构,如夹紧、送料等凸轮机构,可只考虑加工方便,采用圆弧、直线等组成的凸轮轮廓。

(3)对于高速凸轮机构,应减小惯性力所造成的冲击,多选择从动件做正弦加速度运动规律或其他改进型的运动规律。

【任务实施】

1. 分析凸轮机构的类型

根据凸轮机构的分类方法及命名方式,该内燃机凸轮机构应为对心移动平底从动件盘形凸轮机构。

2. 分析从动件的运动情况,画出位移线图

从表 4-1 所示的顶杆运动规律可以看出,当凸轮转动一周时,从动件的运动可以分为四个阶段:推程、远休止、回程和近休止。其中,推程运动为等速运动,回程运动为等加速等减速运动。

选取长度比例尺 $\mu_L=3$ mm/mm,角度比例尺 $\mu_\delta=4°$/mm,按给定的运动规律绘制从动件的位移线图,如图 4-13 所示。

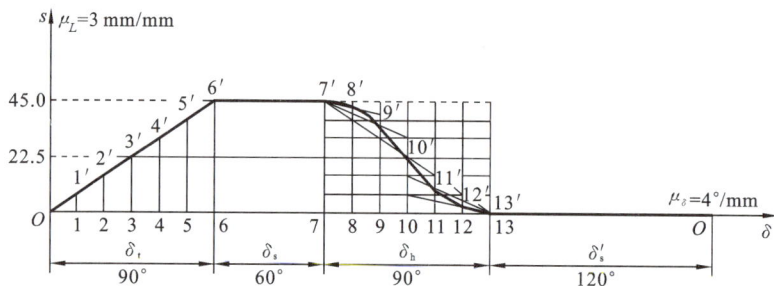

图 4-13　内燃机配气机构顶杆位移线图

任务2　设计内燃机配气机构凸轮轮廓曲线

【任务引入】

图 4-1(b)所示为一内燃机配气机构。已知凸轮顺时针等速转动,其顶杆运动规律如表 4-1 所示,若基圆半径 $r_b=50$ mm,试用图解法设计该凸轮的轮廓。

【任务分析】

由前面的叙述可以知道,从动件的运动规律与凸轮轮廓曲线的形状是相对应的,即凸轮轮廓曲线是根据从动件的运动规律来设计的。本任务就是要讲授如何根据从动件的运动规律来设计凸轮的轮廓曲线。

【相关知识】

凸轮轮廓曲线设计的方法有图解法和解析法。图解法比较直观,概念清晰,但作图误差大,适用于精度要求较低的凸轮机构;解析法是列出凸轮轮廓曲线方程,通过计算求得轮廓曲线上一系列点的坐标值,这种方法适宜在计算机上进行,并在数控机床上加工凸轮轮廓。这里主要介绍图解法。

一、凸轮轮廓曲线设计的基本原理

图 4-14(a)所示的凸轮机构中,凸轮以等角速度 ω 绕轴心 O 逆时针转动,推动从动件运动。如图 4-14(b)所示,当凸轮回转 δ 角时,推杆上升至位移 s 的瞬时位置。假设给整个凸轮机构附加一个与凸轮角速度 ω 大小相等、方向相反的公共角速度"$-\omega$",使其绕凸轮轴心 O 转动。由相对运动原理可知,这时凸轮与推杆之间的相对关系不变,此时凸轮将静止不动,从动件连同机架导路一起以"$-\omega$"的角速度绕 O 点转动,同时又相对于机架导路做往复移动。由图 4-14(c)可见,推杆在复合运动中,其尖顶始终与凸轮轮廓接触,故从动件尖顶的复合运动轨迹就是该凸轮的轮廓曲线。

由以上分析可知,设计凸轮轮廓曲线时,可假定凸轮静止不动,使从动件连同其导路相对于凸轮做反转运动,同时又在其导路内做预期的往复移动,这种设计凸轮轮廓曲线的方法称为反转法。

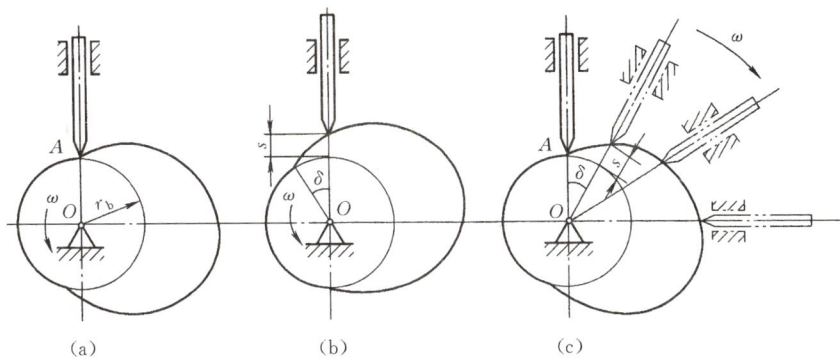

图 4-14 反转法原理

二、用图解法设计凸轮轮廓曲线

1. 对心移动尖顶从动件盘形凸轮轮廓曲线设计

一对心移动尖顶从动件盘形凸轮机构,基圆半径 r_b = 50 mm,凸轮顺时针等速转动,其从动件运动规律如表 4-1 所示。要求设计该凸轮轮廓曲线。

该凸轮轮廓曲线设计步骤如下:

(1)选取比例尺,绘制位移线图。如图 4-13 所示,选取长度比例尺 μ_L = 3 mm/mm,角度比例尺 μ_δ = 4°/mm,按给定的运动规律绘制从动件的位移线图,并将推程段和回程段的横坐标各分成若干等份(图 4-13 中各为 6 等份),得等分点 1,2,…,13,对应的位移为 11′,22′,…,1313′。

(2)画基圆并确定从动件尖顶的起始位置。如图 4-15 所示,按同一长度比例尺,以 r_b 为半径画出基圆,此基圆与从动件导路的交点 A_0 便是从动件尖顶的起始位置。

(3)画反转过程中从动件的导路位置。从 $A_0(B_0)$ 点开始沿 $-\omega$ 方向将基圆分成与位移线图对应的等份,得到等分点 $B_1, B_2, \cdots, B_{13}$,将 O 点与各等分点相连并延长,它们便是反转后从动件导路的各个位置。

(4)画凸轮工作轮廓曲线。沿各导路方向从基圆起量取与位移线图对应的位移 $B_1 A_1$ = 11′, $B_2 A_2$ = 22′, …, $B_{13} A_{13}$ = 1313′,得到尖顶反转后的一系列位置 $A_0, A_1, A_2,$ …, A_{13}。将这些点光滑连接,便得到所要求的凸轮轮廓曲线。

2. 对心移动滚子从动件盘形凸轮轮廓曲线设计

将图 4-15 中的尖顶改为滚子,滚子半径 r_T = 12 mm,其他条件不变,要求设计该凸轮轮廓曲线。

如图 4-16 所示,作图步骤如下:

(1)把滚子中心看作尖顶从动件的尖顶,按上述方法绘制出一条轮廓曲线 β_0,它是滚子中心在反转运动中的轨迹,称为凸轮的理论轮廓曲线。

(2)以理论轮廓曲线 β_0 上各点为圆心,以滚子半径 r_T 为半径作一系列滚子圆,再作这些滚子圆的包络线 β,它与滚子直接接触,称为凸轮的实际轮廓曲线。

从以上作图过程可知,滚子从动件凸轮机构中,凸轮的基圆半径是指其理论轮廓曲线的最小半径。理论轮廓曲线 β_0 与实际轮廓曲线 β 是法向等距曲线，它们之间的法向距离为滚子半径 r_T。

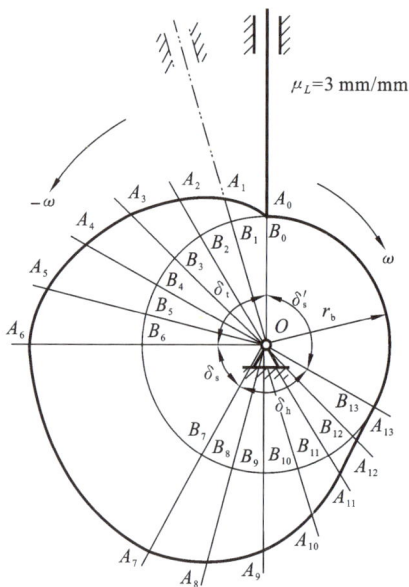

图 4-15 对心移动尖顶从动件盘形
凸轮轮廓曲线设计

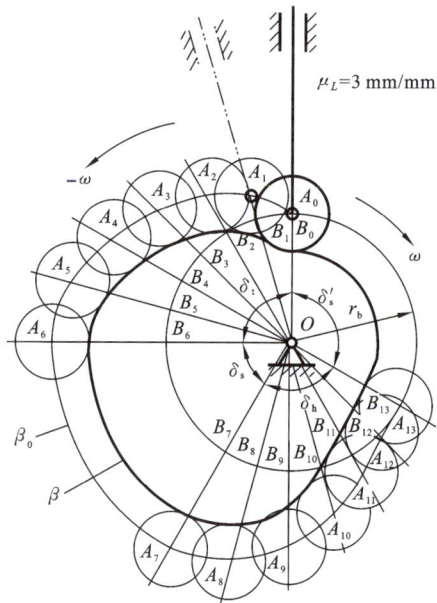

图 4-16 对心移动滚子从动件盘形
凸轮轮廓曲线设计

3. 偏置移动尖顶从动件盘形凸轮轮廓曲线设计

将图 4-15 中的对心移动从动件改为偏置移动从动件，凸轮转轴 O 在左，从动件导路在右，偏距 $e=15$ mm，其他条件不变，要求设计该凸轮轮廓曲线。

如图 4-17 所示，根据反转法，作图步骤如下：

（1）画基圆并确定从动件尖顶的起始位置。根据 r_b、e 分别画出基圆和从动件导路，两者的交点 A_0 便是从动件尖顶的起始位置。

（2）画反转过程中从动件的导路位置。按反转法作出基圆上的等分点 B_1，B_2，$\cdots$，B_{13}，以 O 为圆心、偏距 e 为半径作圆，该圆称为偏距圆。过基圆上各等分点 B_1，B_2，$\cdots$，B_{13} 作偏距圆的切线，这些切线即为从动件导路在反转过程中的位置。

（3）画凸轮工作轮廓曲线。沿各导路方向从基圆起量取与位移线图对应的位移 $B_1A_1=11'$，$B_2A_2=22'$，$\cdots$，$B_{13}A_{13}=1313'$，得到尖顶反转后的一系列位置 A_0，A_1，A_2，$\cdots$，A_{13}。将这些点光滑连接，便得到所要求的凸轮轮廓曲线。

【任务实施】

图 4-1(b) 所示内燃机配气凸轮机构的已知条件与前述设计实例大致相同，只是将从动件由尖顶改为平底（平底与导路垂直），此时的凸轮机构称为对心移动平底从动件盘形凸轮机构。我们可以参照对心移动尖顶从动件盘形凸轮轮廓曲线的设计方法绘制该凸轮的轮廓，如图 4-18 所示，作图步骤如下：

（1）选取比例尺，按给定的运动规律绘制从动件的位移线图，并将推程段和回程段的横坐标各分成若干等份,得到对应的位移为 $11', 22', \cdots, 1313'$。

(2) 将平底与导路中心线的交点 A_0 视为尖顶从动件的尖顶,按设计尖顶从动件凸轮轮廓曲线的方法,作出理论轮廓曲线上的一系列点 $A_1, A_2, \cdots, A_{13}$。

(3) 过 $A_0, A_1, A_2, \cdots, A_{13}$ 各点作出与径向线垂直的平底直线,然后作这些平底的包络线,即得到凸轮的实际轮廓曲线。

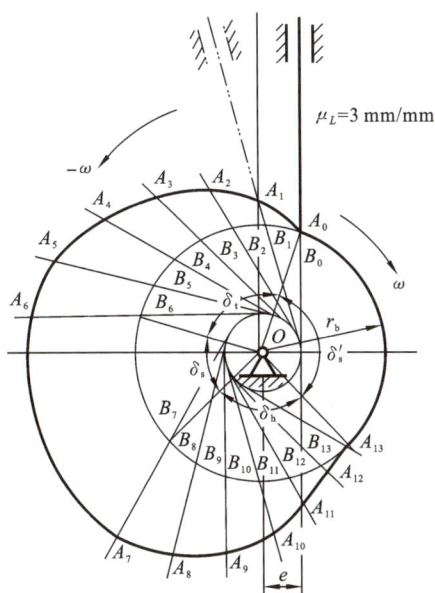

图 4-17 偏置移动尖顶从动件盘形
凸轮轮廓曲线设计

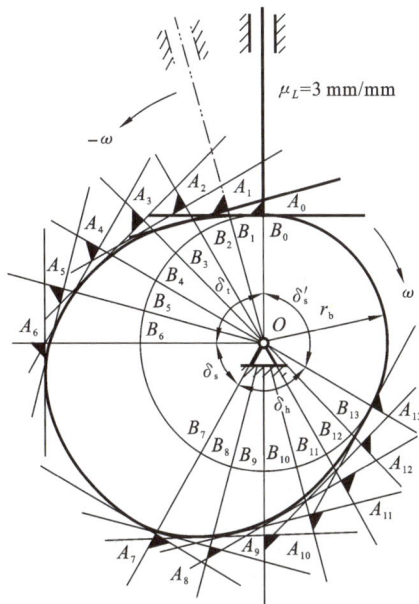

图 4-18 对心移动平底从动件盘形
凸轮轮廓曲线设计

知识扩展

凸轮机构的基本尺寸包括基圆半径、滚子半径、偏距和平底长度等,确定它们的大小要考虑机构的传力性能、外廓尺寸等多种因素。

1. 凸轮机构的压力角

1) 压力角与自锁

在图 4-19(a) 所示的对心移动尖顶从动件盘形凸轮机构中,凸轮与从动件在 B 点接触。当不考虑摩擦时,凸轮作用在从动件上的驱动力 F_n 将沿着接触点 B 处凸轮轮廓曲线的法线 $n-n$ 方向,力 F_n 与从动件速度 v 之间所夹的锐角 α,称为凸轮机构的压力角。将 F_n 正交分解得两个分力为

$$F_x = F_n \sin\alpha$$

$$F_y = F_n \cos\alpha$$

F_y 是推动从动件运动的有用分力,F_x 使从动件与导路压紧,增加了摩擦阻力,是有害分力。显然,压力角 α 越大,有用分力小,有害分力越大,当 α 增大到某一数值时,有用分力将小于有害分力引起的摩擦力。这时,不论施加多大的 F_n 力,都不能使

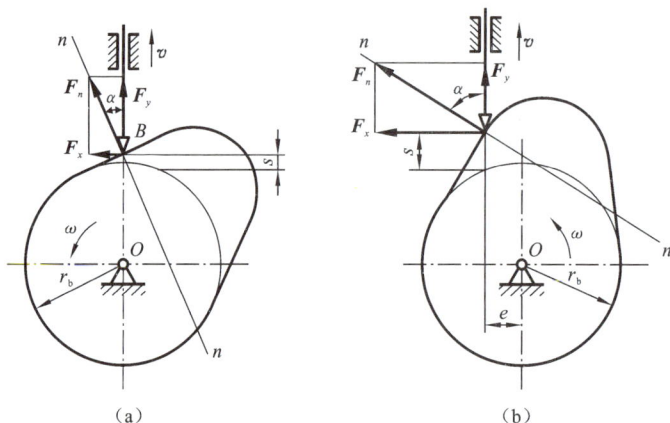

图 4-19 对心移动尖顶从动件盘形凸轮机构

从动件运动,这种现象称为自锁。因此,从有利于传力的角度出发,凸轮机构的压力角越小越好。

为了保证凸轮机构的正常工作,必须对凸轮机构的压力角加以限制。一般来说,凸轮轮廓曲线上不同点处的压力角是不同的,应限制其最大压力角 α_{max} 不得超过某一许用压力角 $[\alpha]$,即 $\alpha_{max} \leqslant [\alpha]$。通常规定:在推程时,对于移动从动件,$[\alpha] = 30°$,对于摆动从动件,$[\alpha] = 30° \sim 45°$;在回程时,从动件通常靠外力或自重作用返回,一般不会出现自锁现象,压力角可以取大一些,$[\alpha] = 70° \sim 80°$。

2)压力角与基圆半径、偏距的关系

若 $\alpha_{max} > [\alpha]$,则应该修改原设计。可以证明,增大基圆半径可减小压力角,改善机构的传力性能。但基圆半径太大,也会增大凸轮的外廓尺寸。另外,也可以通过将对心式从动件改为偏置式从动件的方法,减小推程中的压力角,如图 4-19(b)所示。当采用偏置从动件时,若凸轮逆时针转动,从动件偏置在凸轮转轴的右侧时,压力角较小;当凸轮顺时针转动时,从动件采用左偏置,压力角较小。

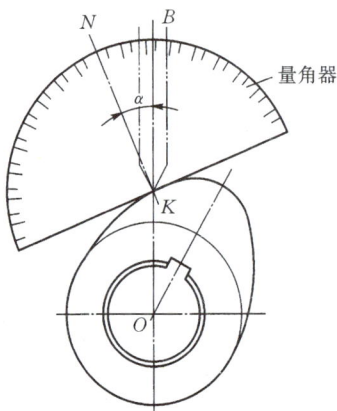

图 4-20 压力角的检验

3)压力角的检验

凸轮轮廓曲线绘好后,主要检查其推程压力角。最大压力角 α_{max} 一般出现在理论轮廓曲线变化大、坡度较陡的地方。如图 4-20 所示,在用作图法校核压力角时,可在此处选若干个点,然后作出这些点的压力角,检验其是否满足要求。

2. 凸轮基圆半径的选择

为了减小压力角,宜取较大的基圆半径,但凸轮的外廓尺寸也将增大。因此,为使结构紧凑,设计时应在满足 $\alpha_{max} \leqslant [\alpha]$ 的条件下尽可能取小的基圆半径。目前,凸轮基圆半径的选取常用如下两种方法。

1)根据凸轮的结构确定

如图 4-21(a)所示,当凸轮与轴做成一体,即为凸轮轴时:

$$r_b \geqslant r + r_T + (2 \sim 5)$$

如图 4-21(b)所示,当凸轮与轴分开制造时:

$$r_b \geqslant (1.5 \sim 1.7)r + r_T + (2 \sim 5)$$

式中:r 为轴的半径,mm;r_T 为滚子半径,mm,若从动件不带滚子,则 $r_T = 0$。

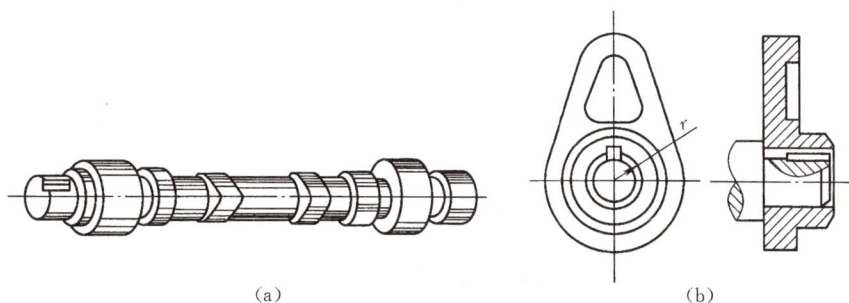

图 4-21 凸轮的结构

2) 根据诺模图确定

工程上可根据凸轮最大压力角与基圆半径的关系,借助计算机求出它们的对应关系,并绘制诺模图。图 4-22 所示为用于对心移动滚子从动件盘形凸轮机构的诺模图,图中上半圆的标尺代表凸轮转角 δ,下半圆的标尺代表最大压力角 α_{max},直径的标尺代表从动件运动规律的 h/r_b 的值。例如,当要求凸轮转角 $\delta = 45°$ 时,从动件按简谐运动规律上升,其升程 $h = 14$ mm,最大压力角 $\alpha_{max} = 30°$,可利用诺模图定出凸轮的基圆半径,如图 4-22(b)所示。方法是把图中 $\delta = 45°$ 和 $\alpha_{max} = 30°$ 的两点以直线相连,与简谐运动规律的标尺交于 0.35 处。于是根据 $h/r_b = 0.35$ 和 $h = 14$ mm,即可求出凸轮的基圆半径 $r_b = 40$ mm。

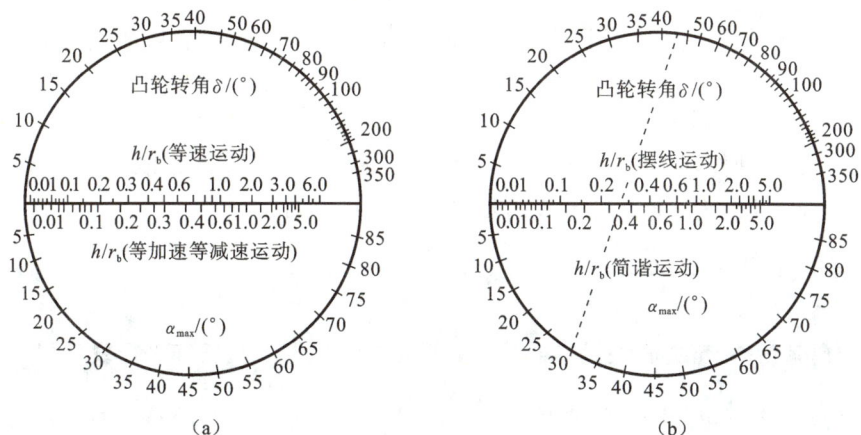

图 4-22 诺模图

3. 滚子半径与平底长度的选择

1) 滚子半径的选择

当采用滚子从动件时,若滚子半径选择不当,从动件将不能准确地实现预期的运动规律,称此现象为运动失真。凸轮理论轮廓曲线形状一定时,滚子半径对实际轮廓曲线形状的影响,通常用实际轮廓曲线的最小曲率半径来反映。如图 4-23 所示,凸轮理论轮

廓曲线 β_0 为同一段外凸的曲线,设它的最小曲率半径为 ρ_{0min},滚子半径为 r_T,则凸轮实际轮廓曲线 β 上的最小曲率半径为 $\rho_{min} = \rho_{0min} - r_T$。这时可分为 3 种情况:

(1)当 $r_T < \rho_{0min}$ 时,$\rho_{min} > 0$,实际轮廓曲线为一光滑曲线,如图 4-23(a)所示;

(2)当 $r_T = \rho_{0min}$ 时,$\rho_{min} = 0$,实际轮廓曲线变尖,如图 4-23(b)所示,凸轮极易磨损,不能使用;

(3)当 $r_T > \rho_{0min}$ 时,$\rho_{min} < 0$,实际轮廓曲线出现了交叉现象,如图 4-23(c)所示,交点以外的轮廓在加工时将被直接切掉,致使从动件运动规律失真。

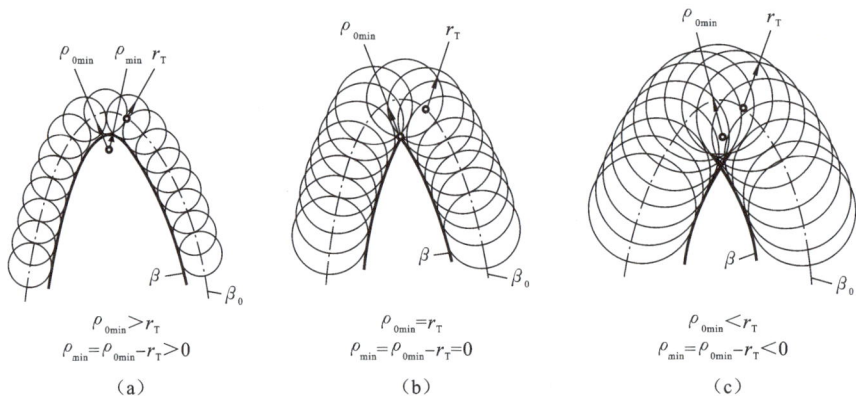

图 4-23 滚子半径的选取

综上所述,欲保证滚子与凸轮正常接触,滚子半径 r_T 必须小于理论轮廓曲线外凸部分的最小曲率半径 ρ_{0min}。通常设计时可取 $r_T \leqslant 0.8\rho_{0min}$。此外,滚子的尺寸还受其强度、结构的限制,因而也不能做得太小,通常取滚子半径 $r_T = (0.1 \sim 0.5)r_b$,其中 r_b 为凸轮的基圆半径。当出现矛盾时,可增大基圆的半径,重新设计凸轮轮廓曲线;若机器的结构不允许增大凸轮尺寸,则可改用尖顶从动件。

当凸轮理论轮廓曲线上某段为内凹的曲线时,其对应的实际轮廓曲线上的最小曲率半径 $\rho_{min} = \rho_{0min} + r_T$,无论滚子半径如何变化,实际轮廓曲线都是光滑连续的。

2)平底长度的选择

对于平底从动件,必须选取足够的平底长度,以保证平底始终能与凸轮轮廓相切。在用图解法设计时,平底的最小长度可通过观察测量得到。

素质培养

勇攀高峰,努力将关键核心技术掌握手中:V 型 12 缸直喷增压发动机

最大功率达到 560 kW,性能指标达到国际领先水平——2023 年年初,由中国一汽自研自制的 V 型 12 缸直喷增压发动机试制下线。

发动机是汽车的"心脏",制造工艺高超。结构复杂、开发难度大的 V 型 12 缸直喷增压发动机,更是代表了乘用车发动机的最高水平。外国老牌汽车生产企业积累了丰富的经验,作为后来者的中国在这个领域曾长期处于空白。

"这是几代红旗人的心血啊!"产品下线当日,中国一汽研发总院代理副院长赵慧超百感交集。经过持续科技攻关,中国一汽打破了长达数十年的由国际供应商提供动力制造技术的壁垒,掌握了动力制造的主动权。

关键核心技术是产业发展的"命门"。曾经,国内整车生产依靠外部引进。高额的技术转让费、严苛的谈判条件,让生产制造和产品开发都深受掣肘。

在中国一汽考察时,习近平总书记强调,推动我国汽车制造业高质量发展,必须加强关键核心技术和关键零部件的自主研发。

基础材料、关键元器件、先进工艺……伴随中国汽车工业的成长和壮大,一代代"一汽人"开始了在研发核心技术之路上的艰辛跋涉。

0.015 mm,相当于一根头发丝直径的1/5,中国一汽研发总院首席技能大师杨永修和团队"雕琢"了13年。图4-24所示为中国一汽研发总院首席技能大师杨永修查看发动机图纸细节。

图 4-24 中国一汽研发总院首席技能大师杨永修查看发动机图纸细节

这是发动机缸体的"中国精度"。发动机缸体上有100多个孔,加工过程极易变形,为保证性能,必须将缸孔精度控制在极限。但数控铣床精细化加工的核心参数一直被国外企业视为机密。

"既然要做,就要做到别人难以达到的精细程度。"十余年磨一剑,历经周而复始的推翻重来、在无数代码中反复试验,杨永修和团队最终破解了核心参数,掌握了精密制造的"钥匙"。(来源:新华社)

练习与实训

一、判断题

1. 与其他机构相比,凸轮机构的主要缺点是凸轮与从动件为点、线接触,易磨损。(   )

2. 凸轮机构由于是高副机构,与连杆机构相比,更适用于重载场合。(   )

3. 凸轮机构中,摩擦磨损小、承载较大、应用最广泛的从动件是尖顶从动件。(　　　)

4. 凸轮机构的推程和回程的运动规律总是相同的。(　　　)

5. 凸轮机构工作过程中按工作要求可不含远休止角或近休止角。(　　　)

6. 在设计凸轮机构时,凸轮基圆半径取得越小,所设计的机构越紧凑,但压力角越大,机构的传力性能越差。(　　　)

7. 图解法设计盘形凸轮轮廓曲线时,从动件应按与凸轮转向相同的方向转动,来绘制其相对于凸轮的位置。(　　　)

8. 尖顶从动件凸轮机构中的压力角是指凸轮上接触点的法线与该点的线速度方向间的夹角。(　　　)

9. 凸轮机构的压力角越大,机构的传力性能越好。(　　　)

10. 对于外凸的理论轮廓曲线,当滚子半径小于理论轮廓曲线最小曲率半径时,凸轮的实际轮廓曲线总可以作出,不会出现变尖或交叉现象。(　　　)

二、单项选择题

1. 凸轮机构运动过程中,凸轮向径由大变小的过程是(　　　)。

A. 推程　　　　　B. 远休止　　　　　C. 回程　　　　　D. 近休止

2. 凸轮机构从动件常用运动规律中,具有刚性冲击的是(　　　)。

A. 等速运动　　　　　　　　　B. 等加速等减速运动

C. 简谐运动　　　　　　　　　D. 正弦加速度运动

3. 凸轮机构中从动件的运动规律取决于(　　　)。

A. 凸轮的转速　　　　　　　　B. 凸轮的轮廓曲线

C. 基圆半径的大小　　　　　　D. 压力角的大小

4. 在滚子从动件盘形凸轮机构中,以(　　　)为半径所作的圆称为基圆。

A. 理论轮廓曲线最大向径　　　B. 理论轮廓曲线最小向径

C. 实际轮廓曲线最大向径　　　D. 实际轮廓曲线最小向径

5. 有一尖顶从动件凸轮机构,从动件已损坏,若将尖顶从动件换成滚子从动件,而仍采用原来的凸轮,则从动件的运动规律(　　　)。

A. 保持不变　　　　　　　　　B. 发生改变

C. 不一定变化　　　　　　　　D. 是否变化与滚子的大小有关

三、应用与训练

1. 有一对心移动尖顶从动件盘形凸轮机构,其凸轮向径的变化如表4-2所示,试画出其位移线图,并根据位移线图判断从动件的运动规律。

表4-2　凸轮向径的变化

凸轮转角δ	0°	30°	60°	90°	120°	150°	180°	210°	240°	270°	300°	330°	360°
向径r/mm	30	35	40	45	50	55	60	55	50	45	40	35	30

2. 图4-25所示为一对心移动滚子从动件盘形凸轮机构,凸轮的实际轮廓曲线是一半径为R、圆心为C的圆盘。要求在图上画出:凸轮的理论轮廓曲线;凸轮的基圆半径

r_b；从动件的行程 h；当前位置从动件的位移 s 和压力角 α；凸轮从图示位置继续转过 $60°$ 时从动件的位移 s' 和压力角 α'。

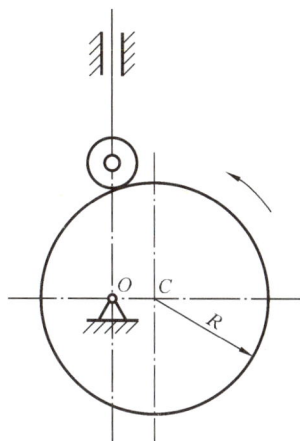

图 4-25　凸轮机构

3. 有一移动从动件盘形凸轮机构，基圆半径 $r_b = 30$ mm。凸轮顺时针等速转动，从动件的运动规律如表 4-3 所示。

表 4-3　从动件的运动规律

凸轮转角 δ	0°～150°	150°～180°	180°～300°	300°～360°
顶杆运动规律	等速上升 16 mm	停止	等加速等 减速返回	停止

在以下从动件中任选一种，用图解法设计凸轮轮廓曲线，并校核机构的压力角。

(1) 对心移动尖顶从动件。

(2) 对心移动滚子从动件，滚子半径 $r_T = 5$ mm。

(3) 偏置移动尖顶从动件，正偏距 $e = 10$ mm。

(4) 对心移动平底从动件（平底与导路垂直）。

4. 在图 4-3 所示的压力机送料机构中，冲压机构是一对心曲柄滑块机构，送料机构是一凸轮机构。当冲头 3 下行时，凸轮 4 通过从动件 5 将料仓中的坯料 7 推送到待冲压位置，同时将前一个成品推走；当冲头上行时，从动件 5 在弹簧恢复力的作用下返回原位，准备下一次送料。依次循环，自动完成冲压和送料动作。现设推送坯料的最大距离为 100 mm，试设计该送料凸轮机构。

常用机械传动

（1）了解带传动和齿轮传动的类型、特性和应用，熟悉 V 带结构和标准及 V 带轮的常用材料和结构，熟悉带传动受力分析和应力分析方法，掌握带传动的失效形式及设计方法，熟悉带传动的安装及维护方法。

（2）掌握渐开线直齿圆柱齿轮的主要参数及几何尺寸计算。

（3）掌握渐开线标准直齿圆柱齿轮的正确啮合条件和连续传动条件。

（4）熟悉常用齿轮材料及选用原则，掌握标准直齿圆柱齿轮传动的设计计算方法和步骤，熟悉不同条件下齿轮传动的失效形式、设计准则及参数选择原则。

（5）掌握定轴轮系、行星轮系和复合轮系传动比的计算方法。

能力目标

（1）会正确选择电动机的型号，能合理分析和制定带式输送机的传动方案。

（2）能根据《机械设计手册》设计普通 V 带传动并合理选择设计参数。

（3）会设计标准直齿圆柱齿轮传动并合理选择设计参数。

（4）能正确分析和选用轮系。

素质目标

（1）了解由密封圈失效引起的美国挑战者号航天飞机灾难事件，培养学生认真负责、一丝不苟、精益求精和严格遵守设计规范的敬业精神。

（2）通过港珠澳大桥的专题学习，学习我国科技工作者为国增光、勇挑重担、勇于创新的敬业精神和爱国情怀。

（3）了解记里鼓车所蕴藏的中华民族智慧结晶，增强学生的民族自豪感和文化自信。

带式输送机传动装置的总体分析及设计

带式输送机广泛应用于冶金、煤炭、矿山、电气、交通、印刷、食品、医药等各行各业。

本项目通过对带式输送机传动装置的总体设计,使学生掌握选择电动机型号、合理分配传动比及计算传动装置运动和动力参数的基本方法,初步具备分析和拟订带式输送机传动方案的能力,为设计后续各级传动零件及装配图提供依据。

◀ 任务1 分析和拟订带式输送机的传动方案 ▶

【任务引入】

图 5-1 所示为一带式输送机的传动示意图和结构外形图。已知输送带的有效拉力 F =2300 N,输送带速度 v=1.4 m/s,卷筒直径 D=350 mm;常温下工作,使用期限 5 年,每年 260 个工作日,每天两班制工作;机器连续单向运转,载荷较平稳,空载启动;输送带速度允许工作误差为±5%。拟订该输送机的传动方案。

带式传输机

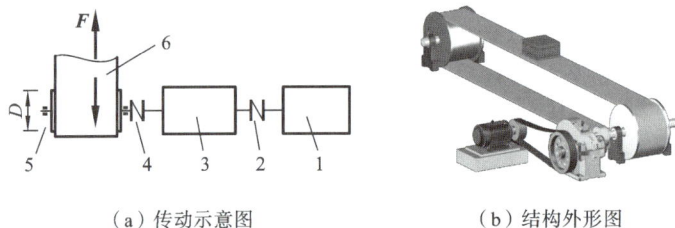

（a）传动示意图　　　　（b）结构外形图

图 5-1　带式输送机

1—原动机;2、4—联轴器;3—传动装置;5—卷筒;6—输送带

【任务分析】

机器通常由原动机、传动装置和工作机三部分组成。传动装置用来传递原动机的运动和动力,是机器的重要组成部分,变换其运动形式可以满足工作机的需要。在该带式输送机中,原动机的转速高、转矩小,而卷筒的转速低、转矩大,所以传动装置的作用是减速、增矩。常见的减速装置有带传动、链传动、齿轮传动及其组合。该任务是要拟订带式输送机的传动方案。

【相关知识】

一、常见机械传动的类型及性能

1. 机械传动的类型

工程上常用的机械传动有带传动、链传动、圆柱齿轮传动、圆锥齿轮传动及蜗杆传动等,如图 5-2 所示。

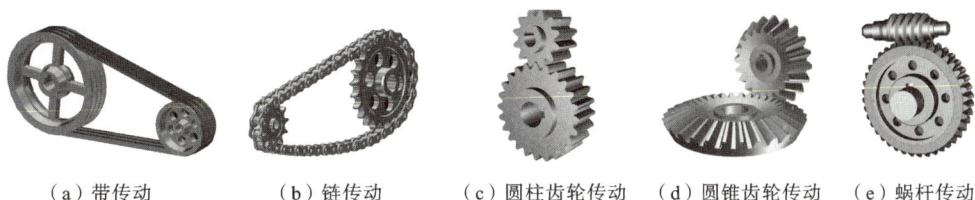

（a）带传动　　（b）链传动　　（c）圆柱齿轮传动　　（d）圆锥齿轮传动　　（e）蜗杆传动

图 5-2 机械传动的类型

2. 机械传动的性能参数

1）转速、角速度和线速度

当机械传动传递回转运动时,构件的转速 $n(\text{r/min})$、角速度 $\omega(\text{rad/s})$、线速度 $v(\text{m/s})$ 和回转直径 $d(\text{mm})$ 之间的关系为

$$\omega = \frac{2n\pi}{60} = \frac{n\pi}{30} \tag{5-1}$$

$$v = \frac{\pi d n}{60 \times 1000} \tag{5-2}$$

2）传动比

设主动轮的角速度为 ω_1,转速为 n_1,从动轮的角速度为 ω_2,转速为 n_2,则两轮的传动比为

$$i_{12} = \frac{\omega_1}{\omega_2} = \frac{n_1}{n_2} \tag{5-3}$$

3）功率和转矩

功率 $P(\text{kW})$、驱动力 $F(\text{N})$、速度 v 之间的关系为

$$P = \frac{Fv}{1000} \tag{5-4}$$

转矩 $T(\text{N} \cdot \text{m})$、功率 P、转速 n 之间的关系为

$$T = 9550 \frac{P}{n} \tag{5-5}$$

4）效率

设传动的输入功率为 P_1,输出功率为 P_2,则传动副的效率 η 为

$$\eta = \frac{P_2}{P_1} \tag{5-6}$$

3. 常见机械传动的主要性能

常见机械传动的性能及适用范围如表 5-1 所示,机械传动和摩擦副的效率概略值如表 5-2 所示。

表 5-1 常见机械传动的性能及适用范围

性能指标	传动机构				
	平带传动	V 带传动	链传动	齿轮传动	蜗杆传动
功率 P/kW（常用值）	小（≤20）	中（≤100）	中（≤100）	大（最大值 50000）	小（≤50）

带传动

链传动

圆柱齿轮传动

圆锥齿轮传动

蜗杆传动

性能指标	传动机构					
	平带传动	V带传动	链传动	齿轮传动		蜗杆传动
				圆柱齿轮	锥齿轮	
单级传动比 常用值	2～4	2～4	2～5	3～5	2～3	10～40
单级传动比最大值	5	7	7	10	6	80
传动效率	查表 5-2					
许用线速度 $v/(m/s)$	≤25	25～30	20～40	6 级精度直齿≤18,非直齿≤36, 5 级精度可达 100		15～35
外廓尺寸	大	大	大	小		小
传动精度	低	低	中	高		高
工作平稳性	好	好	差	中		好
自锁能力	无	无	无	无		可有
过载保护	有	有	无	无		无
使用寿命	短	短	中等	长		中
缓冲吸振能力	好	好	中等	差		差
制造及安装精度	低	低	中等	高		高
要求润滑条件	不需	不需	中等	高		高
环境适应性	不能接触酸、碱、油和爆炸性气体	一般	一般	一般		一般

表 5-2　机械传动和摩擦副的效率概略值

种类		效率 η	种类		效率 η
圆柱齿轮传动	很好跑合的 6 级和 7 级精度的齿轮传动（油润滑）	0.98～0.99	带传动	平带无压紧轮的开式传动	0.98
	8 级精度的一般齿轮传动（油润滑）	0.97		平带有压紧轮的开式传动	0.97
	9 级精度的齿轮传动（油润滑）	0.96		平带交叉传动	0.90
	加工齿的开式齿轮传动（脂润滑）	0.94～0.96		V 带传动	0.96
	铸造齿的开式齿轮传动	0.90～0.93	链传动	焊接链	0.93
圆锥齿轮传动	很好跑合的 6 级和 7 级精度的齿轮传动（油润滑）	0.97～0.98		片式关节链	0.95
				滚子链	0.96
	8 级精度的齿轮传动（油润滑）	0.94～0.97		齿形链	0.97
	加工齿的开式齿轮传动（脂润滑）	0.92～0.95	复滑轮组	滑动轴承（$i=2～6$）	0.92～0.98
	铸造齿的开式齿轮传动	0.88～0.92		滚动轴承（$i=2～6$）	0.95～0.99
蜗杆传动	自锁蜗杆传动	油润滑 0.40～0.45	摩擦传动	平摩擦轮传动	0.85～0.92
	单头蜗杆传动	0.70～0.75		槽摩擦轮传动	0.88～0.90
	双头蜗杆传动	0.75～0.82		卷绳轮传动	0.95
	三头和四头蜗杆传动	0.80～0.92	联轴器	浮动联轴器（十字联轴器等）	0.97～0.99
	圆弧面蜗杆传动	0.85～0.95		齿式联轴器	0.99

种类		效率 η	种类		效率 η
联轴器	弹性联轴器	0.99~0.995	减（变）速器	单级圆柱齿轮减速器	0.97~0.98
	万向联轴器（a≤3°）	0.97~0.98		双级圆柱齿轮减速器	0.95~0.96
	万向联轴器（a>3°）	0.95~0.97		行星圆柱齿轮减速器	0.95~0.98
滑动轴承	润滑不良	0.94（1 对）		单级圆锥齿轮减速器	0.95~0.96
	润滑正常	0.97（1 对）		圆锥-圆柱齿轮减速器	0.94~0.95
	润滑特好（压力润滑）	0.98（1 对）		无级变速器	0.92~0.95
	液体摩擦	0.99（1 对）		摆线针轮减速器	0.90~0.97
滚动轴承	球轴承（稀油润滑）	0.99（1 对）	丝杠传动	滑动丝杠传动	0.30~0.60
	滚子轴承（稀油润滑）	0.98（1 对）		滚动丝杠传动	0.85~0.95
滑池内油的飞溅和密封摩擦		0.95~0.99	卷筒		0.96

二、合理布置传动顺序及分析和拟订传动方案

传动装置的传动方案是否合理将直接影响机器的工作性能、重量和成本。合理的传动方案除应满足工作机的性能要求外，还要求结构简单、尺寸紧凑、制造方便、成本低廉、传动效率高和使用维护方便等。

1. 合理布置传动顺序

当采用由几种传动形式组成的多级传动时，拟订传动方案时，应合理布置其传动顺序，通常应考虑以下几点：

（1）带传动平稳性好，能缓冲吸振，但承载能力小，宜布置在高速级；

（2）链传动平稳性差，且有冲击性，宜布置在低速级；

（3）斜齿轮传动较直齿轮传动平稳，当采用两级齿轮传动时，高速级采用斜齿轮，低速级采用直齿轮；

（4）锥齿轮加工比较困难，一般宜置于高速级，以减小其直径和模数；

（5）蜗杆传动平稳，结构紧凑，但效率低，多用在传递功率不大、传动比大的场合，通常布置在高速级，以获得较小的结构尺寸；

（6）开式齿轮传动的工作环境较差，润滑条件不良，易磨损，应布置在低速级。

2. 分析和拟订传动方案

满足工作机的需要是拟订传动方案的最基本要求，同一种运动可以由几种不同的传动方案来实现，这就需要把几种传动方案的优缺点加以分析比较，从而选择出最符合实际情况的一种方案。

图 5-3 所示为带式输送机的四种传动方案，现分析比较如下：图 5-3（a）所示的方案选用了 V 带传动和闭式齿轮传动。V 带传动布置于高速级，能发挥它的传动平稳、缓冲吸振和过载保护的优点，但此方案的结构尺寸较大，且带传动也不适宜用于繁重的工作条件和恶劣的工作环境。图 5-3（b）所示的方案的结构尺寸虽然较大，但只采用闭式齿轮传动，更适合在繁重及恶劣的条件下长期工作，且使用维护方便。图 5-3（c）所示的方案

的结构紧凑,但由于蜗杆传动效率低,功率损失较大,不适宜用于长期连续运转的场合。图 5-3(d)所示的方案适合布置在狭窄的通道(如矿井巷道)中,但锥齿轮的加工困难,成本也相对较高。这四种方案各有其特点,适用于不同的工作场合。设计时要根据工作条件和主要要求,综合比较,选取其中的最优方案。

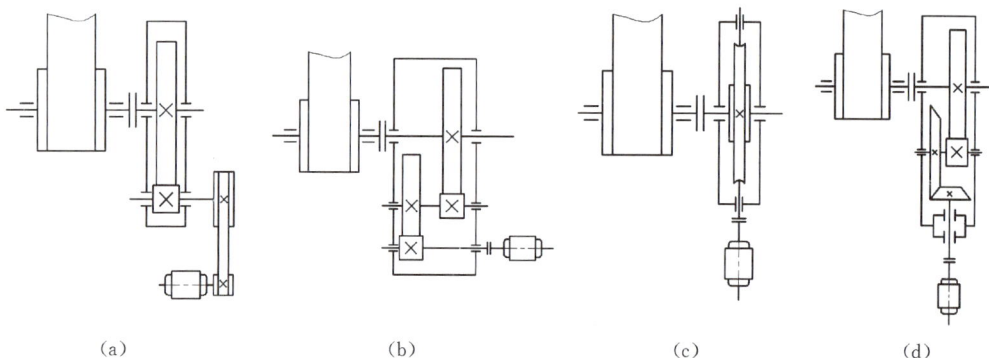

(a)　　　　　(b)　　　　　(c)　　　　　(d)

图 5-3　带式输送机的四种传动方案

【任务实施】

根据带式输送机的工作条件和要求,考虑制造条件和成本,选择的传动方案如图 5-4 所示,高速级采用带传动,低速级采用圆柱齿轮传动。

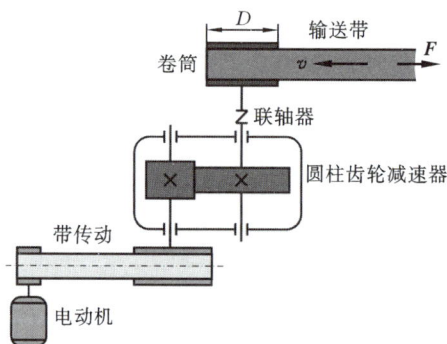

图 5-4　带式输送机传动简图

◀ 任务 2　选择带式输送机的电动机型号 ▶

【任务引入】

图 5-5 所示为已经确定的带式输送机传动简图和电动机。已知输送带的有效拉力 F =2300 kN,输送带速度 v=1.4 m/s,卷筒直径 D=350 mm;常温下工作,使用期限 5 年,每年 260 个工作日,每天两班制工作;机器连续单向运转,载荷较平稳,空载启动;输送带速度允许工作误差为±5%。选择合适的电动机型号。

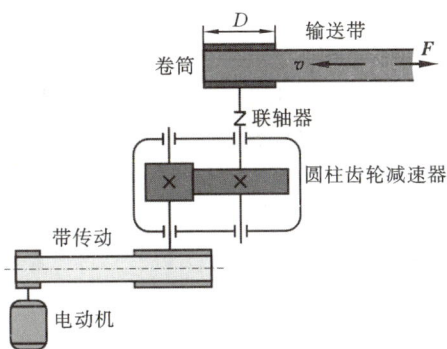

（a）带式输送机传动简图　　　　　　　　　（b）电动机

图 5-5　带式输送机传动简图与电动机

【任务分析】

电动机是标准化、系列化的部件，应按照工作机的要求，根据选择的传动方案，选择电动机的类型、功率和转速，并确定具体型号和尺寸。

【相关知识】

一、选择电动机类型和结构形式

电动机有交流电动机和直流电动机之分。工业上广泛采用三相交流电动机，尤以三相笼型异步电动机应用最多，其中 Y 系列一般用途的全封闭自扇冷笼型异步电动机广泛应用于输送机、搅拌机等。在需经常启动、制动和正、反转的场合（如起重机），要求电动机有较小的转动惯量和较大的过载能力，因此应选用起重及冶金用三相异步电动机 YZ 型（笼型）或 YZR 型（绕线型）。同一类型的电动机又有几种安装形式，可根据不同的安装要求选择。

常用 Y 系列三相异步电动机的技术参数及外形尺寸见《机械设计手册》。

二、选择电动机的功率

电动机的功率选择是否合适对电动机的工作性能和经济性能都有影响。若功率小于工作机要求，则不能保证工作机的正常工作，使电动机经常超载而过早损坏；功率选得过大，则电动机经常不能满载运行，传动能力不能充分发挥，效率和功率因数较低，造成能源的浪费。

对于载荷比较稳定或变化很小、长期连续运转的机械，电动机的额定功率 P_{ed} 应等于或略大于所需电动机的输出功率 P_d，即 $P_{ed} \geqslant P_d$，以使电动机在工作时不会过热，通常按 $P_{ed} = (1 \sim 1.3) P_d$ 确定。

1. 工作机的输入功率 P_w

工作机所需输入功率 P_w（kW），即指运输带主动端所需功率，按下式计算

$$P_w = \frac{Fv}{1000\eta_w} \tag{5-7}$$

或

$$P_{\mathrm{w}} = \frac{Tn_{\mathrm{w}}}{9550\eta_{\mathrm{w}}} \tag{5-8}$$

式中，F 为工作机的工作阻力（N）；v 为工作机卷筒的线速度（m/s）；T 为工作机的阻力矩（N·mm）；n_{w} 为工作机卷筒的转速（r/min）；η_{w} 为工作机的效率。

2. 电动机的输出功率 P_{d}

工作机所需电动机的输出功率为

$$P_{\mathrm{d}} = \frac{P_{\mathrm{w}}}{\eta} \tag{5-9}$$

式中，η 为电动机至工作机主动端之间传动装置的总效率，按下式计算

$$\eta = \eta_1 \eta_2 \eta_3 \cdots \eta_n \tag{5-10}$$

式中，$\eta_1,\eta_2,\eta_3,\cdots,\eta_n$ 分别为传动装置中各级传动副（齿轮、带或链）、一对轴承、联轴器的效率，其概略值按表 5-2 选取。由此可知，应初选联轴器、轴承类型及齿轮精度等级，以便确定各部分的效率。

计算传动装置的总效率时应注意以下几点：

（1）表 5-2 中所列为效率值的范围时，一般可取中间值。当工作条件差、加工精度低、维护不良时，应取较低值，反之可取较高值。

（2）轴承效率是指一对轴承的效率。

三、选择电动机的转速

额定功率相同的同一类型电动机有多种转速可供选择。三相异步电动机的同步转速通常有 3000 r/min、1500 r/min、1000 r/min 及 750 r/min 四种。电动机同步转速越高，磁极对数越少，其外廓尺寸越小，质量越小，价格越低。如果工作机的转速一定，则总传动比会加大，导致传动装置的外廓尺寸和质量增大，制造成本提高。选用较低转速的电动机时，则情况正好相反，即传动装置的外廓尺寸和质量减小，而电动机的尺寸和质量增大，价格提高。因此，确定电动机转速时，一般应综合分析电动机及传动装置的性能、尺寸、质量和价格等因素，选择最优方案。一般选用 1000 r/min、1500 r/min 的同步转速较合适。

根据工作机卷筒的转速要求 n_{w} 和传动机构的合理传动比 i，按下式推算出电动机转速的可选范围，即

$$n = (i_1 i_2 i_3 \cdots i_n)n_{\mathrm{w}} \tag{5-11}$$

式中，$i_1,i_2,i_3,\cdots,i_n$ 分别为各级传动机构的合理传动比，见表 5-1。

对于带式输送机，转速 n_{w}（r/min）的计算公式为

$$n_{\mathrm{w}} = \frac{60 \times 1000 v}{\pi D} \tag{5-12}$$

式中，D 为工作机卷筒的直径（mm）。

注意：设计计算所依据的功率，对于通用传动机械，常用电动机的额定功率 P_{ed} 进行计算；对于专用传动机械，通常用工作机实际需要电动机的输出功率 P_{d} 进行计算。而转速则可按电动机额定功率时的满载转速 n_{m} 进行计算。

【任务实施】

1. 选择电动机类型

根据工作条件和要求，选用 Y 系列全封闭笼型三相异步电动机。

2．选择电动机功率

工作机为卷筒输送带传动，查表 5-2 得 $\eta_\mathrm{w}=0.96$（包括卷筒轴承），工作机所需要的输入功率为

$$P_\mathrm{w}=\frac{Fv}{1000\eta_\mathrm{w}}=\frac{2300\times1.4}{1000\times0.96}\ \mathrm{kW}=3.35\ \mathrm{kW}$$

电动机至工作机之间总效率（不包括工作机）为

$$\eta=\eta_1\eta_2^2\eta_3\eta_4$$

式中，η_1，η_2，η_3，η_4 分别为带传动、滚动轴承、齿轮传动、联轴器的效率。查表 5-2 得：$\eta_1=0.96$，$\eta_2=0.99$（球轴承），$\eta_3=0.97$（闭式，8 级精度），$\eta_4=0.99$（低速轴选弹性联轴器），则

$$\eta=0.96\times0.99^2\times0.97\times0.99=0.904$$

电动机的输出功率

$$P_\mathrm{d}=\frac{P_\mathrm{w}}{\eta}=\frac{3.35}{0.904}\ \mathrm{kW}=3.7\ \mathrm{kW}$$

根据 P_d 选取电动机的额定功率 P_ed，使 $P_\mathrm{ed}=(1\sim1.3)P_\mathrm{d}=3.7\sim4.81\ \mathrm{kW}$，由《机械设计手册》查得电动机的额定功率 $P_\mathrm{ed}=4\ \mathrm{kW}$。

3．确定电动机转速

卷筒轴的工作转速为

$$n_\mathrm{w}=\frac{60\times1000v}{\pi D}=\frac{60\times1000\times1.4}{\pi\times350}\ \mathrm{r/min}=76.4\ \mathrm{r/min}$$

根据表 5-1 推荐的合理传动比的取值范围，V 带传动比 $i_1=2\sim4$，单级圆柱齿轮传动比 $i_2=3\sim5$，则总传动比 i 的范围为

$$i=i_1\cdot i_2=6\sim20$$

电动机的转速范围为

$$n_\mathrm{d}=i\cdot n_\mathrm{w}=(6\sim20)\times76.4\ \mathrm{r/min}=458.4\sim1528\ \mathrm{r/min}$$

符合这一范围要求的电动机同步转速有 750 r/min、1000 r/min、1500 r/min 三种。再根据计算出的功率，由《机械设计手册》查出有三种适用的电动机型号，电动机数据及总传动比如表 5-3 所示。

表 5-3　电动机数据及总传动比

方案	电动机型号	额定功率 P_ed/kW	电动机转速/(r/min)		总传动比
			同步转速	满载转速	
1	Y160M1-8	4	750	720	9.42
2	Y132M1-6	4	1000	960	12.57
3	Y112M-4	4	1500	1440	18.85

综合考虑电动机和传动装置的尺寸、质量以及带传动和减速器的传动比，比较三个方案可知：方案 3 电动机转速较高，外廓尺寸较小，质量轻，价格便宜，但总传动比大，传动装置外廓尺寸较大，制造成本高，结构不紧凑，故不可取。方案 2 适中，比较适合。因此，选用的电动机型号为 Y132M1-6。

选用电动机后将其主要参数和尺寸填入表 5-4 中。

表 5-4　电动机数据

电动机型号	额定功率 P_{ed}/kW	实际输出功率 P_d/kW	满载转速 n_m/(r/min)	外伸轴直径 D/mm	轴伸长度 E/mm	轴中心高 H/mm	装键部位尺寸 $F \times G$/(mm×mm)
Y132M1-6	4	3.7	960	38	80	132	10×33

任务3　计算并分配带式输送机传动装置的总传动比

【任务引入】

带式输送机传动简图如图 5-5(a)所示。现已确定电动机型号为 Y132M1-6,额定功率 $P_{ed}=4$ kW,满载转速 $n_m=960$ r/min,工作机的转速 $n_W=76.4$ r/min。计算传动装置的总传动比,并合理分配带传动、齿轮传动的传动比。

【任务分析】

计算出总传动比后,合理分配各级传动比是传动装置设计中的一个重要问题。

【相关知识】

一、总传动比的计算

电动机确定后,根据电动机的满载转速 n_m 和工作机的转速 n_W,可计算出传动装置的总传动比为

$$i=\frac{n_m}{n_W} \tag{5-13}$$

总传动比等于各级传动比 $i_1,i_2,i_3,\cdots,i_n$ 的乘积,即

$$i=i_1 i_2 i_3 \cdots i_n \tag{5-14}$$

二、总传动比的分配

传动比分配合理,可以减小传动装置的外廓尺寸、质量,达到结构紧凑、降低成本的目的,还可以得到较好的润滑条件。分配传动比时应遵循如下规则:

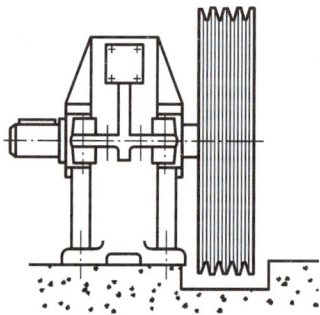

图 5-6　带轮与底座相碰

(1)各级传动比均应在推荐的范围内选取,不得超出容许的最大值,以符合各种传动形式的工作特点,并使结构紧凑。

(2)各传动件的尺寸应协调,结构匀称、合理,避免相互间发生碰撞或安装不便。例如,电动机至减速器间有带传动,一般应使带传动的传动比小于齿轮传动的传动比,以免大带轮半径大于减速器中心高,使带轮与底座相碰(见图 5-6),造成安装困难。

(3)传动装置的实际传动比要由选定的齿轮齿数和

带轮基准直径准确计算,因而很可能与设定的传动比之间有误差。一般允许工作机实际转速与设定转速之间的相对误差为±5%。

【任务实施】

1. 计算总传动比

$$i=\frac{n_m}{n_w}=\frac{960}{76.4}=12.57$$

2. 分配各级传动比

为使带传动的外廓尺寸不致过大,取带的传动比 $i_1=2.8$,则齿轮的传动比

$$i_2=\frac{i}{i_1}=\frac{12.57}{2.8}=4.49$$

满足带的传动比应小于齿轮的传动比的要求。

任务 4 计算带式输送机传动装置的运动和动力参数

【任务引入】

带式输送机传动简图如图 5-5(a)所示。现已确定电动机型号为 Y132M1-6,额定功率 $P_{ed}=4$ kW,实际输出功率 $P_d=3.7$ kW,满载转速 $n_m=960$ r/min,工作机的转速 $n_w=76.4$ r/min,带的传动比 $i_1=2.8$,齿轮的传动比 $i_2=4.49$。计算输送机传动装置各轴的转速、功率和转矩。

【任务分析】

传动装置的运动和动力参数是指各轴的转速、功率和扭矩,这些参数为传动零件和轴的设计计算、滚动轴承的寿命计算、键连接强度校核以及联轴器的选择提供了设计依据。一般按由电动机至工作机之间运动传递的路线计算各轴的运动和动力参数。

【相关知识】

以图 5-5(a)所示的带式输送机为例计算传动装置的运动和动力参数。

1. 各轴的转速

设减速器输入轴为Ⅰ轴,转速为 n_I,输出轴为Ⅱ轴,转速为 n_{II},工作机输入轴为Ⅲ轴,转速为 n_{III},带传动的传动比为 i_1,齿轮的传动比为 i_2,则

$$n_I=\frac{n_m}{i_1} \tag{5-15}$$

$$n_{II}=\frac{n_I}{i_2} \tag{5-16}$$

$$n_{III}=n_{II}=n_w \tag{5-17}$$

2. 各轴的输入功率

$$P_I=P_d\eta_1 \tag{5-18}$$

$$P_{II} = P_{I} \eta_2 \eta_3 \tag{5-19}$$

$$P_{III} = P_{II} \eta_2 \eta_4 \tag{5-20}$$

式中，$\eta_1,\eta_2,\eta_3,\eta_4$ 分别为 V 带传动、一对滚动轴承、齿轮传动、联轴器的效率。

3. 各轴的输入转矩

$$T_{I} = 9550 \frac{P_{I}}{n_{I}} \tag{5-21}$$

$$T_{II} = 9550 \frac{P_{II}}{n_{II}} \tag{5-22}$$

$$T_{III} = 9550 \frac{P_{III}}{n_{III}} \tag{5-23}$$

【任务实施】

(1)各轴的转速如下：

$$n_{I} = \frac{n_m}{i_1} = \frac{960}{2.8} \text{ r/min} = 343 \text{ r/min}$$

$$n_{II} = \frac{n_{I}}{i_2} = \frac{343}{4.49} \text{ r/min} = 76.4 \text{ r/min}$$

$$n_{III} = n_{II} = 76.4 \text{ r/min}$$

(2)各轴的输入功率如下：

$$P_{I} = P_d \eta_1 = 3.7 \times 0.96 \text{ kW} = 3.55 \text{ kW}$$

$$P_{II} = P_{I} \eta_2 \eta_3 = 3.55 \times 0.99 \times 0.97 \text{ kW} = 3.41 \text{ kW}$$

$$P_{III} = P_{II} \eta_2 \eta_4 = 3.41 \times 0.99 \times 0.99 \text{ kW} = 3.34 \text{ kW}$$

(3)各轴的转矩。设电动机轴为 0 轴，则

$$T_0 = 9550 \frac{P_d}{n_m} = 9550 \times \frac{3.7}{960} \text{ N·m} = 36.81 \text{ N·m}$$

$$T_{I} = 9550 \frac{P_{I}}{n_{I}} = 9550 \times \frac{3.55}{343} \text{ N·m} = 98.84 \text{ N·m}$$

$$T_{II} = 9550 \frac{P_{II}}{n_{II}} = 9550 \times \frac{3.41}{76.4} \text{ N·m} = 426.25 \text{ N·m}$$

$$T_{III} = 9550 \frac{P_{III}}{n_{III}} = 9550 \times \frac{3.34}{76.4} \text{ N·m} = 417.5 \text{ N·m}$$

最后，将任务2、任务3、任务4的计算结果列于表5-5中，以便后续设计计算时查用。

表5-5 传动装置各轴的运动和动力参数计算结果

参数	轴名			
	电动机轴	I 轴	II 轴	III轴(卷筒轴)
功率 P/kW	3.7	3.55	3.41	3.34
转速 n/(r/min)	960	343	76.4	76.4
转矩 T/(N·m)	36.81	98.84	426.25	417.5
传动比 i	2.8		4.49	1

素质培养

国家标准的内涵和在生产实践中的指导意义

中华人民共和国国家标准,简称国标,强制性国家标准的代号为"GB",推荐性国家标准的代号为"GB/T"。国家标准的编号由国家标准的代号、国家标准发布的顺序号和国家标准发布的年号(发布年份)构成。1994 年及之前发布的标准,以 2 位数字代表年份,1995 年开始发布的标准,改用 4 位数字代表年份。

《中华人民共和国标准化法》将中国标准分为国家标准、行业标准、地方标准(D)、团体标准(T)、企业标准(Q)五级。国家标准是在全国范围内统一的技术要求,由国务院标准化行政主管部门编制计划,协调项目分工,组织制定和修订,统一审批、编号、发布。

我国除国标外,还有 JB(原机械工业部颁布的标准)等,国外标准有欧洲标准、美国标准、日本标准等。除我国的国标外,工程实践中还有国际标准化组织(ISO)的国际标准。这些标准都是经过千锤百炼形成的,是指导生产的具有法律保护的文件,以后的工作中无论做什么设计都要严格遵守国家标准,涉外产品还要遵守国外企业相关的标准。通过学习要认识到国家标准的重要性、规范性,在今后的工作中要自觉遵守各项国家标准,确保设计的规范性和生产的安全性。

练习与实训

一、判断题

1. 在多级机械传动中,带传动宜布置在高速级,链传动宜布置在低速级。(   )

2. 当采用两级齿轮传动时,高速级采用直齿轮,低速级采用斜齿轮。(   )

3. 分配总传动比时,一般应使带传动的传动比大于齿轮传动的传动比。(   )

4. 带式输送机中,减速器属于原动机。(   )

二、带式输送机传动装置设计

1. 带式输送机传动简图如图 5-4 所示。

2. 带式输送机的原始数据如表 5-6 所示。

表 5-6 带式输送机的原始数据

题号	参数				
	输送带工作拉力 F/N	输送带工作速度 $v/(m/s)$	滚筒直径 D/mm	每日工作小时数 T/h	传动工作年限/年
1	2300	1.5	400	16	5
2	2100	1.6	400	16	5
3	1900	1.6	400	16	5
4	2200	1.8	450	16	5
5	2000	1.8	450	16	5
6	2200	1.5	400	16	5

题号	参数				
	输送带工作拉力 F/N	输送带工作速度 v/(m/s)	滚筒直径 D/mm	每日工作小时数 T/h	传动工作年限/年
7	2000	1.6	400	16	5
8	2300	1.6	400	16	5
9	1900	1.8	450	16	5
10	2300	1.8	450	16	5
11	2300	1.6	450	16	5
12	2100	1.8	400	16	5
13	1900	1.8	400	16	5
14	2200	1.5	450	16	5
15	2000	1.5	450	16	5
16	2300	1.5	450	16	5
17	2100	1.6	450	16	5
18	1900	1.6	450	16	5
19	2200	1.8	400	16	5
20	2000	1.8	400	16	5
21	1900	1.5	400	16	5
22	2000	1.6	450	16	5
23	2100	1.8	450	16	5
24	2300	1.8	400	16	5
25	2200	1.6	450	16	5
26	1900	1.8	300	16	5
27	2000	1.5	300	16	5
28	2100	1.5	350	16	5
29	2300	1.6	350	16	5
30	2200	1.6	350	16	5
31	1900	1.8	350	16	5
32	2000	1.5	350	16	5
33	2100	1.5	300	16	5
34	2300	1.6	300	16	5
35	2200	1.6	300	16	5
36	2000	1.8	350	16	5

题号	参数				
	输送带工作拉力 F/N	输送带工作速度 $v/(m/s)$	滚筒直径 D/mm	每日工作小时数 T/h	传动工作年限/年
37	1900	1.5	350	16	5
38	2300	1.8	350	16	5
39	2200	1.8	350	16	5
40	2100	1.6	350	16	5
41	2300	1.4	450	16	5
42	2200	1.3	400	16	5
43	2000	1.2	450	16	5
44	1900	1.4	350	16	5
45	2100	1.4	400	16	5
46	2200	1.2	300	16	5
47	2200	1.2	350	16	5
48	2300	1.3	400	16	5
49	2100	1.2	350	16	5
50	2000	1.3	400	16	5

3. 工作条件:① 机器连续工作,单向运转,载荷平稳,空载启动,常温下工作;② 使用期限为 5 年,每年 300 个工作日,每天两班制工作;③ 输送带速度允许工作误差为 ±5%。

4. 设计任务:① 选择电动机型号;② 计算总传动比,并分配各级传动比;③ 计算各轴的运动和动力参数,并将计算结果按表 5-5 的格式列出。

项目 6

带式输送机减速器外传动零件的分析及设计

本项目通过对带式输送机减速器外传动零件的分析及设计，使学生掌握选取普通 V 带型号、确定带的基准长度和带轮的基准直径、计算带的根数和传动中心距等的基本方法，初步具备设计普通 V 带传动的能力。

◀ 任务 1　选择带式输送机中带传动的类型 ▶

【任务引入】

项目 5 已确定带式输送机的传动方案，如图 6-1(a) 所示。输送机中电动机与减速器之间采用的是带传动，如图 6-1(b) 所示。要求每天两班制工作，机器连续单向运转，载荷较平稳，空载启动。选择输送机中带传动的类型。

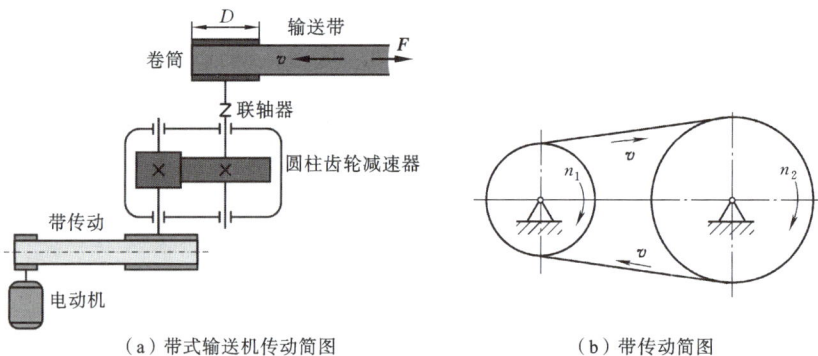

（a）带式输送机传动简图　　　（b）带传动简图

图 6-1　带式输送机传动简图与带传动简图

【任务分析】

带传动是一种应用广泛的机械传动形式，一般由主动带轮、从动带轮、传动带及机架组成，根据工作原理的不同，带传动分为摩擦型带传动和啮合型带传动两种类型，如图 6-2 所示，其中最常见的是摩擦型带传动。该任务要选择输送机中带传动的类型。

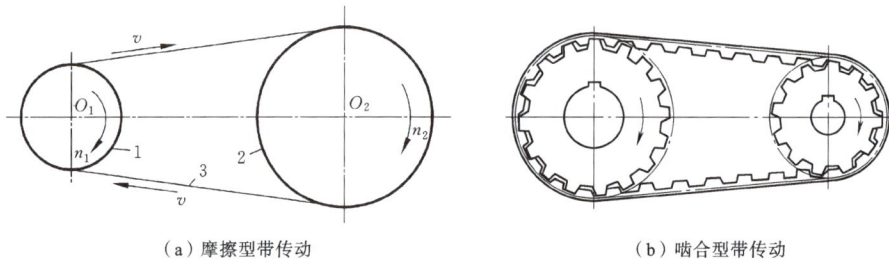

（a）摩擦型带传动　　　　　　（b）啮合型带传动

图 6-2　带传动的类型

【相关知识】

一、带传动的类型、特点及应用

1. 带传动的类型

1) 摩擦型带传动

在图 6-2(a)所示的摩擦型带传动中,传动带 3 紧套在主动轮 1 和从动轮 2 上,使带与带轮的接触面之间产生正压力。主动轮转动时,依靠带与带轮之间的摩擦力传递运动和动力。根据带的截面形状不同,可分为平带传动、圆带传动、V 带传动和多楔带传动等,如图 6-3 所示。

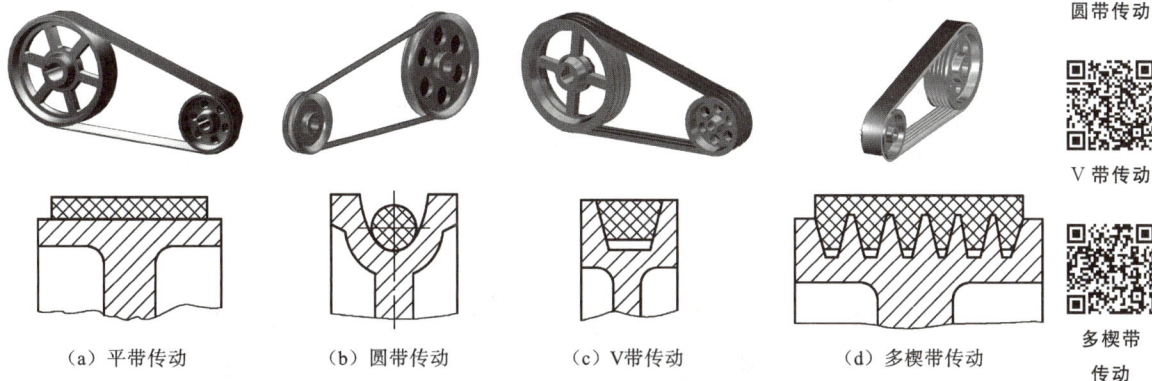

| (a) 平带传动 | (b) 圆带传动 | (c) V带传动 | (d) 多楔带传动 |

图 6-3　不同截面形状的摩擦型带传动

（1）平带传动　如图 6-3(a)所示,平带的截面形状为扁平矩形,内表面为工作面,与带轮外表面压紧产生摩擦力。平带传动结构简单,带的挠性好,带轮容易制造,多用于传动中心距较大的情况下。

（2）圆带传动　如图 6-3(b)所示,横截面为圆形,依靠带与轮槽压紧产生摩擦力,承载能力小,仅用于如缝纫机、仪器等低速、小功率传动。

（3）V 带传动　如图 6-3(c)所示,V 带的截面形状为等腰梯形,两侧面为工作表面,与轮槽侧面接触构成槽面摩擦,在相同张紧力和相同摩擦因数的条件下,其产生的摩擦力大约是平带的 3 倍以上,所以 V 带传递功率的能力比平带传动大得多。在传递相同的功率时,结构更紧凑,且 V 带无接头,传动较平稳,在机械传动中应用最广泛。

（4）多楔带传动　如图 6-3(d)所示,它是在平带基体上由多根 V 带组成的传动带,兼有平带柔性好和 V 带摩擦力大的优点,多用于结构要求紧凑的大功率传动中。

2) 啮合型带传动

一般也称为同步带传动。依靠带内侧齿与带轮外缘上的轮齿相互啮合传递运动和动力,如图 6-2(b)所示。啮合型带传动除保持了摩擦型带传动的优点外,还具有传递功率大、传动比准确等优点,多用于要求传动平稳、传动精度高的场合。

2. 带传动的特点和应用

摩擦型带传动具有以下特点:

（1）具有良好的挠性和弹性,能够缓冲和吸振,故传动平稳、噪声小;

（2）当带传动过载时，带在小带轮上打滑，可防止其他零件损坏，起到过载保护作用；

（3）带的结构简单，制造、安装和维护方便，成本低，适用于两轴中心距较大的传动；

（4）带与带轮之间存在一定的弹性滑动，故传动比不恒定，传动精度和效率较低；

（5）带传动装置外廓尺寸较大，结构不紧凑；

（6）带的寿命较短，不宜在高温、易燃及有腐蚀性介质的场合使用。

因此，带传动多用于机械中要求传动平稳、不需要保证精确传动比、中心距较大的高速级传动。一般传递的功率不超过 50 kW，带速为 5～25 m/s，传动比不超过 5，传动效率为94%～97%。

二、普通 V 带和带轮的结构

V 带有普通 V 带、窄 V 带、宽 V 带、大楔角 V 带等，其中普通 V 带的应用最广，以下主要讨论普通 V 带。

1. 普通 V 带的结构及标准

普通 V 带的结构如图 6-4 所示，由包布层、拉伸层、强力层、压缩层四部分组成。强力层有帘布芯和线绳芯两种结构。帘布芯 V 带制造方便、抗拉强度好；线绳芯 V 带柔韧性好、抗弯强度高，适用于带轮直径小、转速较高的传动。

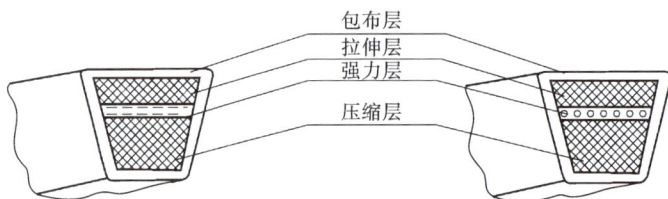

图 6-4 普通 V 带的结构

普通 V 带（楔角 $\theta=40°$，$h/b_p \approx 0.7$）已标准化，按截面尺寸由小到大分为 Y、Z、A、B、C、D、E 七种型号，其尺寸如表 6-1 所示。在同样条件下，截面尺寸大则传递的功率就大。

表 6-1 普通 V 带的截面尺寸

型号	Y	Z	A	B	C	D	E
顶宽 b/mm	6	10	13	17	22	32	38
节宽 b_p/mm	5.3	8.5	11	14	19	27	32
高度 h/mm	4	6	8	11	14	19	23
楔角 θ/(°)	40						
每米质量 q/(kg/m)	0.02	0.06	0.10	0.17	0.30	0.62	0.9

标准普通 V 带都制成无接头的环形。当带绕过带轮时，外层受拉而伸长，称拉伸层；底层受压而缩短，称压缩层；而在强力层部分有一层既不受拉也不受压的中性层，称为节面，其宽度 b_p 称为节宽。当带绕在带轮上弯曲时，其节宽保持不变。

普通 V 带的公称长度称为基准长度 L_d，是指在规定的张紧力下，V 带中性层的周长。基准长度已标准化，其尺寸系列见表 6-2。

表 6-2　普通 V 带基准长度的尺寸系列

型号							
Y	Z	A	B	C	D	E
200	406	630	930	1565	2740	4660
224	475	700	1000	1760	3100	5040
250	530	790	1100	1950	3330	5420
280	625	890	1210	2195	3730	6100
315	700	990	1370	2420	4080	6850
355	780	1100	1560	2715	4620	7650
400	920	1250	1760	2880	5400	9150
450	1080	1430	1950	3080	6100	12230
500	1330	1550	2180	3520	6840	13750
—	1420	1640	2300	4060	7620	15280
—	1540	1750	2500	4600	9140	16800
—	—	1940	2700	5380	10700	—
—	—	2050	2870	6100	12200	—
—	—	2200	3200	6815	13700	—
—	—	2300	3600	7600	15200	—
—	—	2480	4060	9100	—	—
—	—	2700	4430	10700	—	—
—	—	—	4820	—	—	—
—	—	—	5370	—	—	—
—	—	—	6070	—	—	—

普通 V 带的标记由带的型号、基准长度和标准号组成,如基准长度为 1560 的 B 型普通 V 带,其标记为 B-1560 GB/T 11544—2012。V 带的标记通常压印在带的顶面。

2. V 带轮的结构

V 带轮通常由轮缘、轮毂及轮辐(或腹板)三部分组成。轮缘,用以安装传动带的外圈环形部分;轮毂,带轮与轴连接配合的筒形部分;轮辐(或腹板),用以连接轮缘和轮毂的中间部分。根据轮辐结构的不同,可将 V 带轮分为实心式、腹板式、孔板式和椭圆轮辐式四种形式,如图 6-5 所示。

在 V 带轮上,与 V 带节宽 b_p 相对应的带轮直径称为带轮的基准直径,用 d_d 表示,是 V 带轮的公称直径。V 带轮的结构形式与基准直径有关。当带轮的基准直径 $d_d =$ (2.5～3) d(d 为轴的直径)时,可采用实心式结构;当 $d_d \leqslant 300$ mm 时,可采用腹板式或孔板式结构;当 $d_d > 300$ mm 时,可采用轮辐式结构。

普通 V 带轮的轮槽形状和尺寸与所选用的 V 带型号相对应,如表 6-3 所示。V 带轮的其他结构尺寸根据图 6-6 中所示的经验公式确定。

（a）实心式　　　　（b）腹板式　　　　（c）孔板式　　　　（d）椭圆轮辐式

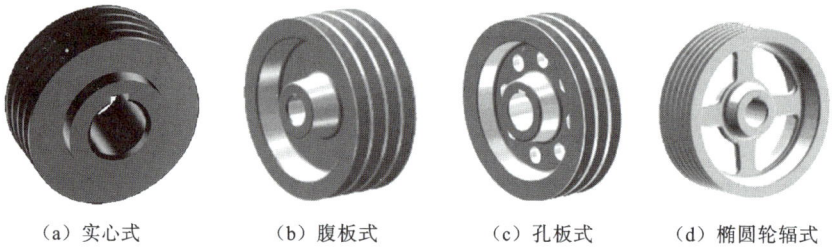

图 6-5　V 带轮的结构形式

表 6-3　普通 V 带轮的轮槽尺寸　　　　　　　　　　　　　　单位：mm

槽型		Y	Z	A	B	C	D	E
基准宽度 b_d		5.3	8.5	11	14	19	27	32
基准线上槽深 h_{amin}		1.6	2.0	2.75	3.5	4.8	8.1	9.6
基准线下槽深 h_{fmin}		4.7	7.0	8.7	10.8	14.3	19.9	23.4
槽间距 e		8± 0.3	12± 0.3	15± 0.3	19± 0.4	25.5± 0.5	37± 0.6	44.5± 0.7
槽边距 f_{min}		6	7	9	11.5	16	23	28
轮缘厚 δ_{min}		5	5.5	6	7.5	10	12	15
轮缘宽 B		$B=(z-1)e+2f$（z 为轮槽数）						
φ	32°	基准直径 d_d	≤60						
	34°			≤80	≤118	≤190	≤315	
	36°		>60					≤475	≤600
	38°			>80	>118	>190	>315	>475	>600

　　V 带绕在带轮上并发生弯曲变形，使 V 带的实际楔角变小。为使 V 带能紧贴轮槽两侧，轮槽的楔角规定为 32°、34°、36°和 38°。

（a）实心式　　　　　　　　　　　　（b）腹板式

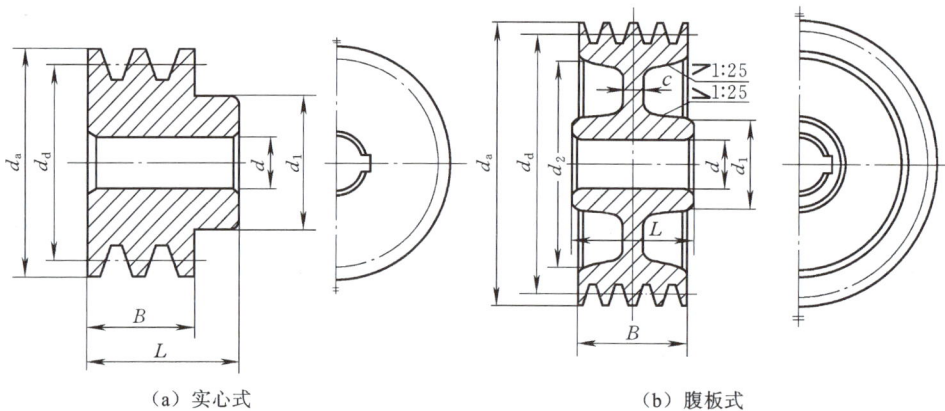

图 6-6　V 带轮的结构尺寸

$d_1=(1.8\sim2)d$；$d_0=0.5(d_1+d_2)$；$d_3=(0.2\sim0.3)(d_2-d_1)$；$c=(0.2\sim0.3)B$；$s\geqslant1.5c$；

$L=(1.5\sim2)d$，当 $B<1.5d$ 时，取 $L=B$；$h_1=290\sqrt[3]{P/(nz_a)}$；$h_2=0.8h_1$；$b_1=0.4h_1$；$b_2=0.8b_1$；$f_1=0.2h_1$；$f_2=0.2h_2$；

式中，P 为传递的功率（kW）；n 为带轮的转速（r/min）；z_a 为轮辐数

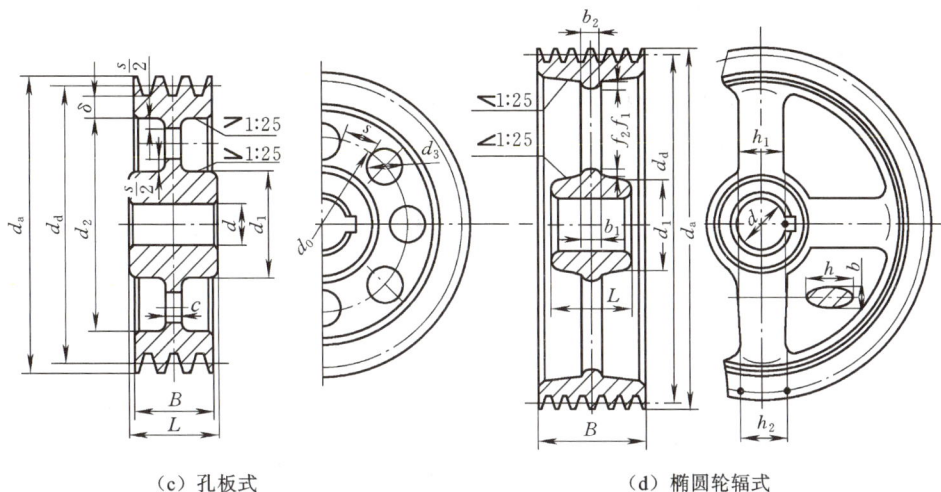

(c) 孔板式   (d) 椭圆轮辐式

续图 6-6

V 带轮常用的材料为灰铸铁、铸钢、铝合金和工程塑料等,其中灰铸铁应用最广。当带速 $v \leqslant 25$ m/s 时,采用 HT150;当 $v = 25 \sim 30$ m/s 时,采用 HT200。速度更高时可采用铸钢。小功率传动时可选用铝合金或工程塑料。

【任务实施】

根据带式输送机的工作条件和要求,电动机与减速器之间的带传动类型选择机械传动中应用广泛的摩擦型普通 V 带传动。

任务 2 分析带传动的工作情况及失效形式

【任务引入】

现已确定带式输送机中的带传动类型为摩擦型普通 V 带传动,分析带传动的工作情况及失效形式。

【任务分析】

机械零件由于某些原因失去设计时预定的功能而不能正常工作的现象,称为机械零件的失效。进行机械零件的设计时,必须根据零件的失效形式分析失效的原因,提出防止失效的措施,根据不同的失效形式提出不同的设计计算准则,保证零件具有足够的抵抗失效的工作能力。该任务是分析带传动的失效形式。

【相关知识】

一、带传动的受力分析、打滑及包角

1. 带传动的受力分析

为保证带传动的正常工作,传动带必须以一定的张紧力紧套在带轮上。带传动未工作时,主动轮上的驱动转矩为零,带轮两边的带受到的拉力相等,该拉力称为初拉力 F_0,如图 6-7(a)所示。带传动工作时,主动轮以转速 n_1 开始转动,带与带轮接触面间产生摩擦力。主动轮作用在带上的摩擦力的方向与其圆周速度方向相同,带在此力作用下开始运动;而带作用在从动轮上的摩擦力的方向与带运动方向相同,从动轮在该摩擦力作用下以转速 n_2 转动。带与带轮接触面间的摩擦力作用,使带绕入主动轮的一边被进一步拉紧,称为紧边,其所受到的拉力由 F_0 增大到 F_1;而带的另一边则被放松,称为松边,其所受到的拉力由 F_0 减小到 F_2。F_1、F_2 分别称为带的紧边拉力和松边拉力,如图 6-7(b)所示。

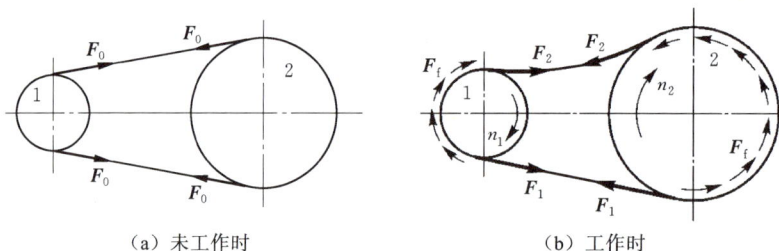

图 6-7　带传动的受力分析

带的紧边拉力 F_1 与松边拉力 F_2 的差值为带传动中起传动转矩作用的拉力,称为有效拉力 F,数值上等于传动带与带轮接触面上产生的摩擦力的总和 $\sum F_f$,即

$$F = F_1 - F_2 = \sum F_f \tag{6-1}$$

假设带的总长度不变,紧边拉力的增量 F_1-F_0 应等于松边拉力的减量 F_0-F_2,即

$$F_1 - F_0 = F_0 - F_2$$

所以

$$F_1 + F_2 = 2F_0 \tag{6-2}$$

将式(6-2)代入式(6-1),可得

$$F_1 = F_0 + \frac{F}{2} \tag{6-3}$$

$$F_2 = F_0 - \frac{F}{2} \tag{6-4}$$

带传动的有效拉力 F、带的速度 v 和传递的功率 P 之间的关系为

$$P = \frac{Fv}{1000} \tag{6-5}$$

2. 打滑

由式(6-5)可知,当传递的功率增大时,有效拉力也相应增大,即要求带和带轮接触面上有更大的摩擦力来维持传动。在一定的初拉力 F_0 作用下,带与带轮接触面摩擦力的总和有一极限值,即带所能传递的最大有效圆周力 F_{max}。

当带传递的有效拉力 F(即工作载荷)超过带与带轮间的极限摩擦力时,带将在带轮上发生明显的相对滑动,这种现象称为打滑。打滑对其他机件有过载保护作用,但打滑将使带的磨损加剧,从动轮转速急剧降低,直至停转,传动失效,应予避免。

3. 包角

带与带轮接触面的弧长所对应的圆心角称为包角 α,单位为 rad,如图 6-8 所示。

由于大带轮上的包角 α_2 大于小带轮上的包角 α_1,所以打滑首先出现在小带轮上。

带传动所能传递的最大有效拉力与初拉力 F_0、摩擦系数 f 及包角 α 有关,而 F_0 和 f 不能太大,否则会缩短传动带的寿命。包角 α 增加,带与带轮之间的摩擦力总和增加,传递的功率增大,传动能力提高。

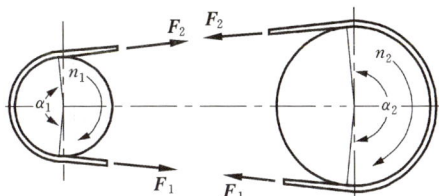

图 6-8 带轮的包角

二、带传动的应力分析与疲劳强度

带传动工作时,带的横截面上的应力有拉应力、弯曲应力和离心应力三种。

1. 拉应力 σ

$$\sigma_1 = \frac{F_1}{A} \tag{6-6}$$

$$\sigma_2 = \frac{F_2}{A} \tag{6-7}$$

式中,A 为带的横截面面积(mm^2);σ_1、σ_2 分别为紧边拉应力和松边拉应力(MPa)。

由于紧边和松边的拉力不同,沿转动方向,绕在主动轮上带的拉应力由 σ_1 渐渐降到 σ_2,绕在从动轮上带的拉应力则由 σ_2 渐渐上升为 σ_1。

2. 弯曲应力 σ_b

传动带绕过带轮时发生弯曲,从而产生弯曲应力。由材料力学得带的弯曲应力为

$$\sigma_b \approx \frac{Eh}{d_d} \tag{6-8}$$

式中,E 为带的弹性模量(MPa);h 为带的截面高度(mm);d_d 为 V 带轮的基准直径(mm)。

弯曲应力 σ_b 只发生在带上包角所对应的弯曲部分,且小带轮处的弯曲应力 σ_{b1} 大于大带轮处的弯曲应力 σ_{b2}。为避免带的弯曲应力过大,设计时应限制小带轮的最小直径 d_{dmin}。

3. 离心应力 σ_c

工作时,绕在带轮上的传动带随带轮做圆周运动而产生离心力。离心力将使带受拉,从而在截面上产生离心应力 σ_c,用下式计算

$$\sigma_c = \frac{qv^2}{A} \tag{6-9}$$

式中,q 为传动带单位长度的质量(kg/m),见表 6-1;v 为带的线速度(m/s)。

离心力虽仅产生于传动带做圆周运动的弧段,但由其产生的离心拉力作用于带的全长,故离心应力分布在带的全长范围内,且在各截面的数值相等。转速越快,V 带的质量越大,σ_c 就越大,故传动带的速度不宜过高。高速转动时,应采用材质较轻的带。

带工作时的应力分布情况如图 6-9 所示,各截面应力的大小用自该处引出的垂直线

或径向线的长短来表示。

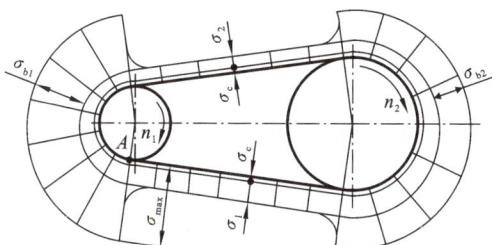

图 6-9　带工作时的应力分布情况

显然,带在运行过程中,作用在某截面上的应力是随带的工作位置不同而变化的,传动带是在变应力状态下工作的,当应力循环次数达到一定数值时,将发生脱层、撕裂现象,最后导致疲劳断裂而失效。

最大应力发生在带的紧边开始绕入小带轮的 A 点处,其值为

$$\sigma_{max}=\sigma_1+\sigma_c+\sigma_{b1} \tag{6-10}$$

三、带的弹性滑动与传动比

1. 带的弹性滑动

带是弹性体,在拉力作用下产生弹性伸长,其弹性伸长量随拉力而变化。传动时,紧边拉力 F_1 大于松边拉力 F_2,因此,紧边产生的弹性伸长量大于松边产生的弹性伸长量。

如图 6-10 所示,当带在 a 点绕上主动轮时,其所受的拉力为 F_1,此时带的线速度 v 与主动轮的圆周速度 v_1 相等。在带从主动轮接触进入点 a 转至接触离开点 b 的过程中,其受到的拉力由 F_1 逐渐降至 F_2,其弹性伸长量也逐渐减小,即逐渐收缩,此时带在带轮上要向后产生微小的滑动,使带速 v 低于主动轮的圆周速度 v_1;在带由从动轮接触进入点 c 转至接触离开点 d 的过程中,其受到的拉力由 F_2 逐渐增大至 F_1,带的伸长量也逐渐增加,使带在带轮工作面上向前滑动,造成带的速度 v 高于带轮的圆周速度 v_2。这种由带的弹性变形引起的带与带轮之间的相对滑动,称为带的弹性滑动。弹性滑动的现象是摩擦型带传动工作时固有的特性,是不可避免的。

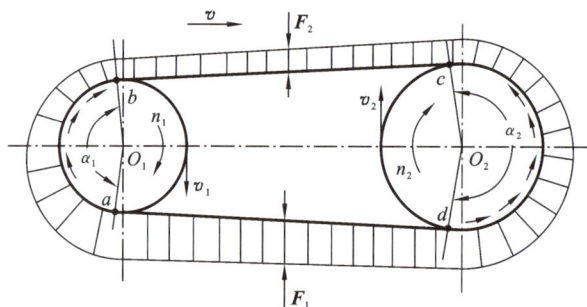

图 6-10　带的弹性滑动示意图

2. 传动比

带的弹性滑动使从动轮的圆周速度 v_2 低于主动轮的圆周速度 v_1,其速度的降低率用滑动率 ε 表示,即

$$\varepsilon = \frac{v_1 - v_2}{v_1} \times 100\% \tag{6-11}$$

其中

$$v_1 = \frac{\pi d_{d1} n_1}{60 \times 1000}$$

$$v_2 = \frac{\pi d_{d2} n_2}{60 \times 1000}$$

式中，n_1、n_2 分别为主、从动轮的转速（r/min）。

带传动的实际传动比

$$i = \frac{n_1}{n_2} = \frac{d_{d2}}{d_{d1}(1-\varepsilon)} \tag{6-12}$$

因带传动的滑动率较小（$\varepsilon = 1\% \sim 2\%$），在一般计算中可忽略不计，取带的传动比为

$$i = \frac{n_1}{n_2} = \frac{d_{d2}}{d_{d1}} \tag{6-13}$$

【任务实施】

由带传动的工作情况分析可知，带传动的主要失效形式有：

（1）由过载引起的带在带轮上的打滑，从动轮转速急剧降低直至停转，不能传递运动和动力，传动失效；

（2）带由于疲劳产生脱层、撕裂和拉断。

◀ 任务 3　设计计算带式输送机的普通 V 带传动 ▶

【任务引入】

现已确定带式输送机的原动机为 Y132M1-6 型电动机，输出功率 $P = 3.7$ kW，转速 $n_1 = 960$ r/min，电动机轴伸直径 $d_s = 38$ mm，电动机与减速器之间用普通 V 带传动，带的传动比 $i = 2.8$，两班制工作，载荷较平稳，空载启动，输送带速度允许工作误差为 ±5%。设计计算该输送机中的普通 V 带传动。

【任务分析】

设计 V 带传动时，通常已知以下条件：① 传递的功率 P；② 主、从动轮的转速 n_1、n_2（或传动比 i）；③ 传动用途、工作条件和原动机的类型；④ 安装位置及外廓尺寸要求等。

带传动设计的内容主要包括：① 确定 V 带的型号、基准长度和根数；② 确定带轮的基准直径、材料、结构形式和几何尺寸；③ 传动中心距 a；④ 带作用在轴上的压力 F_Q 等。

【相关知识】

一、带传动的设计准则

为了防止零件失效而制定的判定条件，通常称为零件的设计准则，它是零件正常工

作的必要条件,是确定零件主要尺寸的依据。

由于带传动的主要失效形式是打滑和疲劳破坏,因此,为了保证带传动正常工作,带传动的设计准则是:在保证传递规定功率时不打滑的前提下,具有一定的疲劳强度和寿命。

二、单根普通 V 带的基本额定功率和许用功率

1. 单根普通 V 带的基本额定功率 P_0

根据既不打滑又有一定疲劳寿命这两个条件,在包角 $\alpha = 180°(i=1)$、特定带长、载荷平稳的特定条件下,单根普通 V 带所能传递的最大功率称为基本额定功率 P_0,如表 6-4 所示。

表 6-4　单根普通 V 带的基本额定功率 P_0　　　　单位:kW

型号	小带轮转速 $n_1/(\text{r/min})$	小带轮基准直径 d_{d1}/mm							
		单根普通 V 带的基本额定功率 P_0/kW							
A		75	90	100	112	125	140	160	180
	700	0.40	0.61	0.74	0.90	1.07	1.26	1.51	1.76
	800	0.45	0.68	0.83	1.00	1.19	1.41	1.69	1.97
	950	0.51	0.77	0.95	1.15	1.37	1.62	1.95	2.27
	1200	0.60	0.93	1.14	1.39	1.66	1.96	2.36	2.74
	1450	0.68	1.07	1.32	1.61	1.92	2.28	2.73	3.16
	1600	0.73	1.15	1.42	1.74	2.07	2.45	2.94	3.40
	2000	0.84	1.34	1.66	2.04	2.44	2.87	3.42	3.93
B		125	140	160	180	200	224	250	280
	400	0.84	1.05	1.32	1.59	1.85	2.17	2.50	2.89
	700	1.30	1.64	2.09	2.53	2.96	3.47	4.00	4.61
	800	1.44	1.82	2.32	2.81	3.30	3.86	4.06	5.13
	950	1.64	2.08	2.66	3.22	3.77	4.42	5.10	5.85
	1200	1.93	2.47	3.17	3.85	4.50	5.26	6.04	6.90
	1450	2.19	2.82	3.62	4.39	5.13	5.97	6.82	7.76
	1600	2.33	3.00	3.86	4.68	5.46	6.33	7.20	8.13
C		200	224	250	280	315	355	400	450
	500	2.87	3.58	4.33	5.19	6.17	7.27	8.52	9.80
	600	3.30	4.12	5.00	6.00	7.14	8.45	9.82	11.29
	700	3.69	4.64	5.64	6.76	8.09	9.50	11.02	12.63
	800	4.07	5.12	6.23	7.52	8.92	10.46	12.10	13.80
	950	4.58	5.78	7.04	8.49	10.05	11.73	13.48	15.23
	1200	5.29	6.71	8.21	9.81	11.53	13.31	15.04	16.59
	1450	5.84	7.45	9.04	10.72	12.46	14.12	15.43	16.47

2. 单根普通 V 带的许用功率 $[P_0]$

当实际工作条件与确定 P_0 值时的特定条件不同时,应对 P_0 加以修正,以求得实际工

作条件下单根普通 V 带所能传递的最大功率,称为许用功率 $[P_0]$,其计算公式为

$$[P_0]=(P_0+\Delta P_0)K_\alpha K_L \tag{6-14}$$

式中,ΔP_0 为额定功率增量,考虑传动比 $i\neq1$ 时,带绕过大带轮时的弯曲应力 σ_{b2} 小于带绕过小带轮时的弯曲应力 σ_{b1},在带具有相同使用寿命的条件下,可以传递更大的功率,即加上额定功率增量 ΔP_0,如表 6-5 所示;K_α 为包角修正系数,带传动摩擦力最大值取决于小带轮包角 α_1,当 $\alpha_1<180°$ 时,传动能力降低,K_α 考虑 $\alpha\neq180°$ 时对传动能力的影响,如表 6-6 所示;K_L 为带长修正系数,其反映了带的基准长度不等于特定长度对传动能力的影响,带的基准长度越大,在相同时间内绕过带轮的次数越少,即应力循环次数越少,带的疲劳寿命延长,在相同条件下可传递更大的功率,见表 6-7。

表 6-5　单根普通 V 带的额定功率增量 ΔP_0　　　　　　　单位:kW

型号	小带轮转速 $n_1/(\text{r/min})$	传动比 i					
		1.13~1.18	1.19~1.24	1.25~1.34	1.35~1.51	1.52~1.99	≥2.00
A	700	0.04	0.05	0.06	0.07	0.08	0.09
	800	0.04	0.05	0.06	0.08	0.09	0.10
	950	0.05	0.06	0.07	0.08	0.10	0.11
	1200	0.07	0.08	0.10	0.11	0.13	0.15
	1450	0.08	0.09	0.11	0.13	0.15	0.17
	1600	0.09	0.11	0.13	0.15	0.17	0.19
	2000	0.11	0.13	0.16	0.19	0.22	0.24
B	400	0.06	0.07	0.08	0.10	0.11	0.13
	700	0.10	0.12	0.15	0.17	0.20	0.22
	800	0.11	0.14	0.17	0.20	0.23	0.25
	950	0.13	0.17	0.20	0.23	0.26	0.30
	1200	0.17	0.21	0.25	0.30	0.34	0.38
	1450	0.20	0.25	0.31	0.36	0.40	0.46
	1600	0.23	0.28	0.34	0.39	0.45	0.51
C	500	0.20	0.24	0.29	0.34	0.39	0.44
	600	0.24	0.29	0.35	0.41	0.47	0.53
	700	0.27	0.34	0.41	0.48	0.55	0.62
	800	0.31	0.39	0.47	0.55	0.63	0.71
	950	0.37	0.47	0.56	0.65	0.74	0.83
	1200	0.47	0.59	0.70	0.82	0.94	1.06
	1450	0.58	0.71	0.85	0.99	1.14	1.27

表 6-6　小带轮包角修正系数 K_α

$\alpha_1/(°)$	180	175	170	165	160	155	150	145	140	135	130	125	120
K_α	1	0.99	0.98	0.96	0.95	0.93	0.92	0.91	0.89	0.88	0.86	0.84	0.82

表 6-7　普通 V 带带长修正系数

Y 型 L_d/mm	K_L	Z 型 L_d/mm	K_L	A 型 L_d/mm	K_L	B 型 L_d/mm	K_L	C 型 L_d/mm	K_L	D 型 L_d/mm	K_L	E 型 L_d/mm	K_L
200	0.81	406	0.87	630	0.81	930	0.83	1565	0.82	2740	0.82	4660	0.91
224	0.82	475	0.90	700	0.83	1000	0.84	1760	0.85	3100	0.86	5040	0.92
250	0.84	530	0.93	790	0.85	1100	0.86	1950	0.87	3330	0.87	5420	0.94
280	0.87	625	0.96	890	0.87	1210	0.87	2195	0.90	3730	0.90	6100	0.96
315	0.89	700	0.99	990	0.89	1370	0.90	2420	0.92	4080	0.91	6850	0.99
355	0.92	780	1.00	1100	0.91	1560	0.92	2715	0.94	4620	0.94	7650	1.01
400	0.96	920	1.04	1250	0.93	1760	0.94	2880	0.95	5400	0.97	9150	1.05
450	1.00	1080	1.07	1430	0.96	1950	0.97	3080	0.97	6100	0.99	12230	1.11
500	1.02	1330	1.13	1550	0.98	2180	0.99	3520	0.99	6840	1.02	13750	1.15
—	—	1420	1.14	1640	0.99	2300	1.01	4060	1.02	7620	1.05	15280	1.17
—	—	1540	1.54	1750	1.00	2500	1.03	4600	1.05	9140	1.08	16800	1.19
—	—	—	—	1940	1.02	2700	1.04	5380	1.08	10700	1.13	—	—
—	—	—	—	2050	1.04	2870	1.05	6100	1.11	12200	1.16	—	—
—	—	—	—	2200	1.06	3200	1.07	6815	1.14	13700	1.19	—	—
—	—	—	—	2300	1.07	3600	1.09	7600	1.17	15200	1.21	—	—
—	—	—	—	2480	1.09	4060	1.13	9100	1.21	—	—	—	—
—	—	—	—	2700	1.10	4430	1.15	10700	1.24	—	—	—	—
—	—	—	—	—	—	4820	1.17	—	—	—	—	—	—
—	—	—	—	—	—	5370	1.20	—	—	—	—	—	—
—	—	—	—	—	—	6070	1.24	—	—	—	—	—	—

三、普通 V 带传动的设计步骤和方法

普通 V 带传动设计的一般步骤和方法如下。

1. 确定计算功率 P_c

$$P_c = K_A P \tag{6-15}$$

式中，P 为传递的功率(kW)；K_A 为工作情况系数，其反映了原动机和工作机载荷性质及工作情况不同对带传动的影响，如表 6-8 所示。

2. 选择普通 V 带型号

根据计算功率 P_c 和小带轮转速 n_1，由图 6-11 选择普通 V 带的型号。若选取结果在两种型号的分界线附近，则可对两种型号同时进行计算，从中选择较好的方案。

表 6-8　工作情况系数 K_A

工作情况		K_A					
		空、轻载启动			重载启动		
		每天工作小时数/h					
		<10	10~16	>16	<10	10~16	>16
载荷变动微小	液体搅拌机、通风机和鼓风机(≤7.5 kW)、离心式水泵、压缩机、轻载荷输送机	1.0	1.1	1.2	1.1	1.2	1.3
载荷变动小	带式输送机(不均匀载荷)、通风机(>7.5 kW)、旋转式水泵和压缩机(非离心式)、发电机、金属切削机床、印刷机、旋转筛、锯木机和木工机械	1.1	1.2	1.3	1.2	1.3	1.4
载荷变动较大	制砖机、斗式提升机、往复式水泵和压缩机、起重机、磨粉机、冲剪机床、橡胶机械、振动筛、纺织机械、重载荷输送机	1.2	1.3	1.4	1.4	1.5	1.6
载荷变动大	破碎机(旋转式、颚式等)、磨碎机(球磨、棒磨、管磨)	1.3	1.4	1.5	1.5	1.6	1.8

注：1. 空、轻载启动：电动机(交流、直流并励)，四缸以上的内燃机，装有离心式离合器、液压联轴器的动力机等。

2. 重载启动：电动机(联机交流启动、直流复励或串励)，四缸以下的内燃机。

3. 反复启动、正反转频繁、工作条件恶劣等场合，应将表中 K_A 值乘 1.2；增速时，K_A 值查《机械设计手册》。

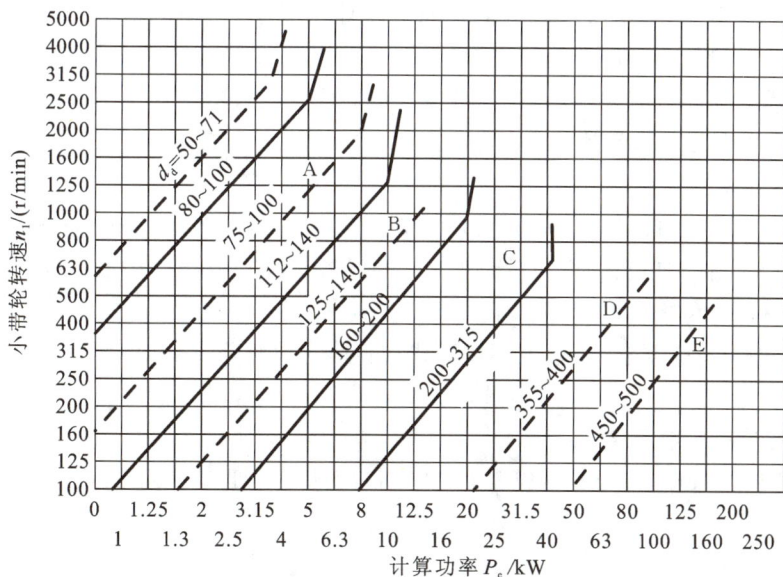

图 6-11　普通 V 带选型图

3. 确定 V 带轮的基准直径 d_{d1}、d_{d2}

带轮直径小可使传动结构紧凑，但带的弯曲应力大，使带的寿命降低。设计时应取小带轮的基准直径 $d_{d1} \geq d_{dmin}$。普通 V 带轮的最小基准直径 d_{dmin} 及基准直径系列如表 6-9 所示。

表6-9　普通V带轮最小基准直径$d_{d\min}$及基准直径系列

V带型号		Y	Z	A	B	C	D	E
$d_{d\min}$/mm		20	50	75	125	200	355	500
推荐直径/mm		≥28	≥71	≥100	≥140	≥200	≥355	≥500
基准直径 系列/mm	Z	50　56　63　71　75　80　90　112　125　132　140　150　160　180　200 224　250　280　315　355　400　500　630						
	A	75　80　85　90　95　100　106　112　118　125　132　140　150　160 180　200　224　250　280　315　355　400　450　500　560　630　710						
	B	125　132　140　150　160　170　180　200　224　250　280　315　355 400　450　500　560　600　630　710　750　800　900　1000　1120						
	C	200　212　224　236　250　265　280　300　315　335　355　400　450 500　560　630　710　750　800　900　1000　1120　1250　1400　1600 2000						

大带轮的基准直径由式$d_{d2}=id_{d1}$计算。d_{d1}、d_{d2}均应符合带轮基准直径系列（见表6-9）。注意，当d_{d1}和d_{d2}选用系列值后，从动轮的转速将发生变化，但一般误差应控制在±5%以内。

4. 验算带的速度v

$$v=\frac{\pi d_{d1}n_1}{60\times1000} \tag{6-16}$$

带速过高，则离心力增大，带与带轮间的摩擦力减小，传动能力下降，传动中容易打滑，且在单位时间内带绕过带轮的次数增多，使带的寿命降低；带速过低，则当传递功率一定时，传递的圆周力增大，带的根数增多。带的速度一般限制在5～25 m/s范围内。

5. 确定中心距a和带的基准长度L_d

1）初定中心距a_0

传动中心距大，可以增加小带轮包角，减少带的绕转次数，有利于提高带的寿命，但结构尺寸增大，当带速较高时会产生颤动，降低带传动的平稳性；中心距小则结构紧凑，但传动带较短，包角减小，传动能力降低。

设计时如无特殊要求，一般推荐按下式初步确定中心距a_0

$$0.7(d_{d1}+d_{d2})\leqslant a_0\leqslant 2(d_{d1}+d_{d2}) \tag{6-17}$$

2）确定带的基准长度L_d

a_0选定后，根据带传动的几何关系，所需带的基准长度L_{d0}按下式计算

$$L_{d0}=2a_0+\frac{\pi}{2}(d_{d1}+d_{d2})+\frac{(d_{d2}-d_{d1})^2}{4a_0} \tag{6-18}$$

根据计算的L_{d0}，由表6-2选取与之相近的基准长度L_d。

3）确定实际中心距a

带传动的实际中心距可近似由下式计算

$$a\approx a_0+\frac{L_d-L_{d0}}{2} \tag{6-19}$$

考虑安装、调整和张紧的需要，中心距应留有调整余量，其变化范围为

$$a_{\min} = a - 0.015L_d$$
$$a_{\max} = a + 0.03L_d$$

6. 验算小带轮包角 α_1

$$\alpha_1 = 180° - \frac{d_{d2} - d_{d1}}{a} \times 57.3° \geqslant 120° \tag{6-20}$$

包角 α_1 的大小影响传动能力。α_1 角越小，传动能力越弱，越易打滑。一般要求 $\alpha_1 \geqslant 120°$，若不满足，可适当增大中心距 a 或设置张紧轮。

7. 确定 V 带的根数 z

$$z = \frac{P_c}{(P_0 + \Delta P_0)K_a K_L} \tag{6-21}$$

带的根数应取整数。为使各根带受力均匀，带的根数不宜过多，一般以 2～5 根为宜，否则应选择较大型号的带或加大带轮基准直径后重新设计。

8. 计算单根 V 带的初拉力 F_0

保持适当的初拉力是带传动正常工作的必要条件。初拉力过小，则传动时摩擦力小，易打滑；初拉力过大，则带的寿命缩短，并增大作用于轴和轴承的压力。保证传动正常工作的单根 V 带合适的初拉力为

$$F_0 = \frac{500P_c}{zv}\left(\frac{2.5}{K_a} - 1\right) + qv^2 \tag{6-22}$$

9. 计算作用在带轮轴上的压力 F_Q

为了设计安装带轮的轴和轴承，必须计算出带轮对轴的压力 F_Q。若不考虑带两边的拉力差，可近似地按初拉力 F_0 的合力计算，如图 6-12 所示。

$$F_Q = 2zF_0 \sin\frac{\alpha_1}{2} \tag{6-23}$$

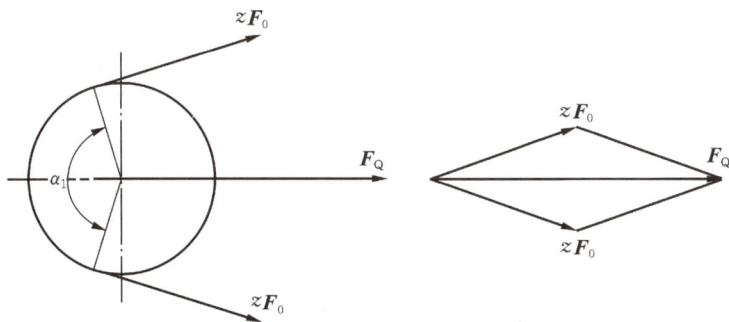

图 6-12 带传动作用在轴上的压力

【任务实施】

1. 确定计算功率 P_c

根据 V 带传动工作条件，由表 6-8 查得工作情况系数 $K_A = 1.2$，则计算功率
$$P_c = K_A P = 1.2 \times 3.7 \text{ kW} = 4.44 \text{ kW}$$

2. 选择普通 V 带型号

根据计算功率 P_c 和小带轮转速 n_1，由图 6-11 选择 A 型带。

3. 确定 V 带轮基准直径 d_{d1}、d_{d2}

根据表 6-9 和图 6-11 选取 $d_{d1}=125$ mm，则大带轮基准直径为

$$d_{d2}=id_{d1}=2.8\times125 \text{ mm}=350 \text{ mm}$$

查表 6-9 取 $d_{d2}=355$ mm，则实际传动比 i 为

$$i=\frac{d_{d2}}{d_{d1}}=\frac{355}{125}=2.84$$

从动轮的实际转速为

$$n_2=\frac{n_1}{i}=\frac{960}{2.84} \text{ r/min}=338 \text{ r/min}$$

从动轮的转速误差率为

$$\Delta n_2=\left|\frac{338-343}{343}\times100\%\right|=1.5\%<5\%$$

在 $\pm5\%$ 以内，为允许值。

4. 验算带速 v

$$v=\frac{\pi d_{d1}n_1}{60\times1000}=\frac{\pi\times125\times960}{60\times1000} \text{ m/s}=6.28 \text{ m/s}$$

带速在 $5\sim25$ m/s 范围内，合适。

5. 确定带的基准长度 L_d 和实际中心距 a

$$0.7\times(d_{d1}+d_{d2})\leqslant a_0\leqslant2\times(d_{d1}+d_{d2})$$

$$0.7\times(125+355) \text{ mm}\leqslant a_0\leqslant2\times(125+355) \text{ mm}$$

$$336 \text{ mm}\leqslant a_0\leqslant960 \text{ mm}$$

初选中心距 $a_0=700$ mm，计算 V 带的基准长度 L_{d0}

$$L_{d0}=2a_0+\frac{\pi}{2}(d_{d1}+d_{d2})+\frac{(d_{d2}-d_{d1})^2}{4a_0}$$

$$=\left[2\times700+\frac{\pi}{2}\times(125+355)+\frac{(355-125)^2}{4\times700}\right] \text{ mm}$$

$$=2173 \text{ mm}$$

由表 6-2，选取带的基准长度 $L_d=2200$ mm，则实际中心距

$$a\approx a_0+\frac{L_d-L_{d0}}{2}=\left(700+\frac{2200-2173}{2}\right) \text{ mm}=713.5 \text{ mm}$$

中心距 a 的变化范围为

$$a_{min}=a-0.015L_d=(713.5-0.015\times2200) \text{ mm}=680.5 \text{ mm}$$

$$a_{max}=a+0.03L_d=(713.5+0.03\times2200) \text{ mm}=779.5 \text{ mm}$$

6. 验算小带轮包角 α_1

$$\alpha_1=180°-\frac{d_{d2}-d_{d1}}{a}\times57.3°=180°-\frac{355-125}{713.5}\times57.3°=162°>120°$$

合适。

7. 确定带的根数 Z

$$z=\frac{P_c}{(P_0+\Delta P_0)K_\alpha K_L}$$

由 $d_{d1}=125$ mm，$n_1=960$ r/min，查表 6-4，根据插值法求得

$$P_0 = \left[1.37 + \frac{1.66 - 1.37}{1200 - 950} \times (960 - 950) \right] \text{kW} = 1.38 \text{ kW}$$

由表 6-5 查得 $\Delta P_0 = 0.11 \text{ kW}$。

查表 6-6,根据插值法求得

$$K_a = 0.95 + \frac{0.96 - 0.95}{165 - 160} \times (162 - 160) = 0.954$$

由表 6-7,查得 $K_L = 1.06$,则普通 V 带根数为

$$z = \frac{4.44}{(1.38 + 0.11) \times 0.954 \times 1.06} = 2.95$$

取 $z = 3$ 根。

8. 计算单根 V 带的初拉力 F_0

由表 6-1 查得,A 型带 $q = 0.10 \text{ kg/m}$,则单根 V 带的初拉力 F_0 为

$$F_0 = \frac{500 P_c}{zv} \left(\frac{2.5}{K_a} - 1 \right) + qv^2 = \left[\frac{500 \times 4.44}{3 \times 6.28} \times \left(\frac{2.5}{0.954} - 1 \right) + 0.1 \times 6.28^2 \right] \text{N} = 195 \text{ N}$$

9. 计算作用在带轮轴上的压力 F_Q

$$F_Q = 2zF_0 \sin \frac{\alpha_1}{2} = \left(2 \times 3 \times 195 \times \sin \frac{162°}{2} \right) \text{N} = 1156 \text{ N}$$

10. 带轮结构设计

小带轮基准直径 $d_{d1} = 125 \text{ mm}$,与小带轮配合的电动机轴伸直径 $d = 38 \text{ mm}$,$d_{d1} > 3d$,故采用腹板轮(结构设计略);大带轮 $d_{d2} = 355 \text{ mm}$,采用孔板轮。大带轮的结构尺寸可根据图 6-6 中的经验公式进行设计,最后绘制出带轮的零件图。

带式输送机普通 V 带传动的设计结果:

选用 3 根 A-2200 GB/T 11544—2012 的 V 带,中心距 $a = 713.5 \text{ mm}$,带轮基准直径 $d_{d1} = 125 \text{ mm}$,$d_{d2} = 355 \text{ mm}$,轴上压力 $F_Q = 1156 \text{ N}$。

至此,带式输送机传动系统各轴的运动和动力参数计算结果应加以修正,见表 6-10。

表 6-10　修正后的传动系统各轴的运动和动力参数计算结果

参数	轴名			
	电动机轴	I 轴	II 轴	III 轴(卷筒轴)
功率 P/kW	3.7	3.55	3.41	3.34
转速 n/(r/min)	960	338	76.4	76.4
转矩 T/(N·m)	36.81	100.3	426.25	417.5
传动比 i	2.84		4.43	1

🔧 知识扩展 ////

一、带传动的张紧、安装与维护

1. 带传动的张紧装置

带传动是依靠带与带轮之间的摩擦力工作的,故安装传动带时必须以一定的初拉力

紧套在带轮上。带传动工作一段时间后，会因塑性变形而松弛，使初拉力 F_0 减小，传动能力下降。为了保证带传动正常工作，应定期检查带的松弛程度，并采用张紧装置调整带的张紧力。常用张紧装置及方法如表 6-11 所示。

表 6-11　带传动常用张紧装置及方法

张紧方法		示意图	说明
调整中心距	定期张紧	 调节螺钉　固定螺栓　导轨 滑道式张紧装置	用于水平或接近水平的传动。 放松固定螺栓，旋转调节螺钉，可使电动机沿导轨向右移动，调节带的张紧力，将带轮调到合适位置，使带获得所需的张紧力，然后拧紧固定螺栓
	自动张紧	 摆动机座　销轴　调整螺母 摆架式张紧装置	用于垂直或接近垂直的传动。 旋转调整螺母，使机座绕轴转动，将带轮调到合适位置，使带获得所需的张紧力，然后固定机座位置
		 摆动机座 浮动摆架式张紧装置	用于小功率传动。 将装有带轮的电动机安装在浮动的摆架上，利用电动机的自重自动张紧传动带
采用张紧轮	定期张紧	 张紧轮 固定张紧轮	用于中心距不可调整的传动。 张紧轮安装在带的松边、内侧，带只受单向弯曲。同时，为了不使小带轮的包角减小过多，应使张紧轮尽量靠近大带轮。张紧轮的轮槽尺寸与带轮的相同

续表

张紧方法		示意图	说明
采用张紧轮	自动张紧	 浮动张紧轮	用于中心距不可调整的传动。 张紧轮安装在带的松边、内侧，使带只受单向弯曲。同时，为了不使小带轮的包角减小过多，应使张紧轮尽量靠近大带轮。张紧轮的轮槽尺寸与带轮的相同

2. 带传动的安装与维护

正确地安装、使用并在使用过程中加强维护，是保证带传动正常工作、延长传动带使用寿命的有效措施。一般应注意以下几点：

（1）安装时两带轮轴线应相互平行，两带轮相对应的 V 形轮槽应对齐，其误差不得超过 20′，如图 6-13 所示。

（2）安装或拆卸 V 带时，应先缩小中心距，将带套在带轮槽中或取出，切忌强行撬入或撬出，以免损坏带的工作表面和降低带的弹性。

（3）V 带在轮槽中应有正确的位置，如图 6-14 所示。带的顶面应与带轮外缘平齐，底面与带轮槽底间应有一定间隙，以保证带两侧工作面与轮槽全部贴合。

图 6-13　带轮的安装要求

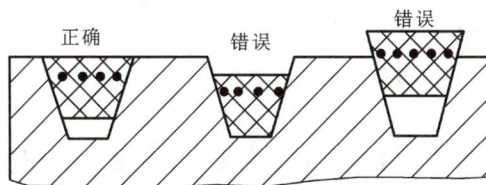

（4）安装 V 带时，应按规定的初拉力张紧。对于中等中心距的带传动，可凭经验张紧，即在带与两带轮切点的跨度中点，以大拇指能将带按下 15 mm 为宜，如图 6-15 所示。

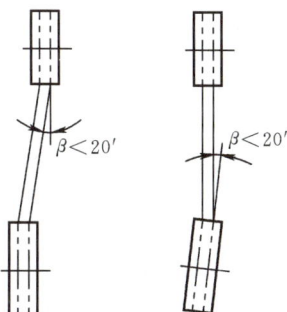

图 6-14　V 带在轮槽中的正确位置

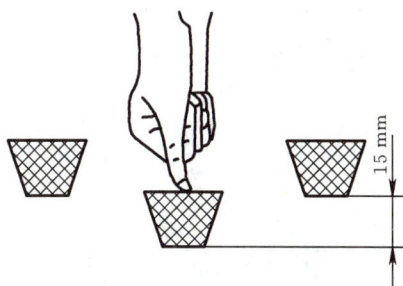

图 6-15　V 带的张紧程度

（5）使用中应对带做定期检查，发现有一根带松弛或损坏则应全部更换新带。新、旧带及不同规格的带均不能混合使用。

（6）带传动装置外面应加防护罩，以保证安全，防止带与酸、碱或油接触而腐蚀。

二、链传动简介

链传动是一种应用广泛的机械传动形式，兼有带传动和齿轮传动的一些特点。如图

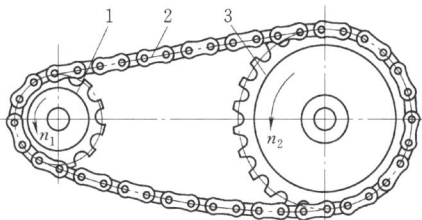

图 6-16 链传动

6-16 所示,链传动由主动链轮 1、从动链轮 3 和环绕在链轮上的链条 2 组成,通过链条的链节与链轮轮齿的啮合传递运动和动力。

链传动与其他传动相比,主要有以下优点:

（1）与带传动相比,链传动具有啮合传动的性质,无弹性滑动和打滑现象,能保持准确的平均传动比;链条不需较大的初拉力,对轴的压力较小;传递的功率较大,效率较高,润滑良好的链传动的效率为 97％～98％,低速时能传递较大的圆周力;同时链传动可在潮湿、高温、油污、多尘等恶劣环境下工作。

（2）与齿轮传动相比,可以实现中心距较大的传动;链传动的结构简单,安装方便,成本低廉。

链传动的主要缺点:由于链节具有刚性,链条是以折线形式绕在链轮上的,所以链条的瞬时传动比不稳定,传动平稳性差,工作中有振动、冲击、噪声较大;仅能用于平行轴间的传动;磨损后易发生跳齿和脱链,不宜用于载荷变化很大、高速和急速反转的传动中。

链传动主要用于要求工作可靠、平均传动比准确,两轴相距较远以及其他不宜采用齿轮传动的场合。

链传动适用的一般范围为:传递功率 $P \leqslant 100$ kW,传动比 $i \leqslant 8$,链速 $v \leqslant 15$ m/s,中心距 $a = 5 \sim 6$ m,传动效率为 $0.95 \sim 0.98$。

有关链传动的设计、张紧、润滑等可查阅《机械设计手册》。

素质培养

O 型环密封圈失效:美国挑战者号航天飞机的灾难

1986 年 1 月 28 日上午 11 时 39 分,美国挑战者号航天飞机被发射到美国佛罗里达州的上空。挑战者号航天飞机升空后,其右侧固体火箭助推器(SRB)尾部一个密封接缝的 O 型环密封圈失效,导致毗邻的外部燃料舱在泄漏出的火焰的高温烧灼下结构损坏,使高速飞行中的航天飞机在空气阻力的作用下于发射后的第 73 秒解体,机上 7 名宇航员全部罹难。挑战者号的碎片残骸坠落在海洋中。这次灾难性事故导致美国的航天飞机飞行计划被冻结了长达 32 个月之久。

事故调查结果显示,O 型环密封圈的失效归因于设计上存在的缺陷,因而太容易损坏,再加上发射那几天的低温导致 O 型环密封圈的橡胶材料失去弹性,无法有效密封住接缝。

在 27 日晚间的一次远程会议上,部分工程师表达了他们对密封 SRB 部件接缝处的 O 型环的担心与顾虑:如果 O 型环的温度低于 53 华氏度(约 11.7 摄氏度),则 O 型环的橡胶材料会失去弹性,将无法保证它有效密封住接缝;工程师们也提出发射前一天夜间温度较低,SRB 的温度很有可能会降到 40 华氏度(约 4.44 摄氏度)的警戒温度以下。但制造与维护航天飞机 SRB 部件的承包商的管理层无视工程师们的担心与顾虑,认为发射能按日程进行。

由于低温,航天飞机旁矗立的定点通信建筑被大量冰雪覆盖。肯尼迪冰雪小组在红外摄像机中发现,右侧 SRB 部件尾部接缝处的温度仅有 8 华氏度(约零下 13.3 摄氏度);从液氧舱通风口吹来的极冷空气降低了接缝处的温度,让该处的温度远低于气温,并远低于 O 型环所能承受的极限温度。但这个信息从未传达给管理层,最终导致灾难的发生。

挑战者号航天飞机灾难这一事故,告诫我们在设计任何机械零部件时,都要以认真负责、一丝不苟的态度严格按照设计准则进行规范设计,不能存在设计缺陷。同时在生产实际中,要严格遵照各项操作规程,确保安全生产。

练习与实训

一、判断题

1. 在多级机械传动中,一般将带传动布置在低速级。(　　　)

2. 普通 V 带型号中,截面尺寸最小的是 Z 型。(　　　)

3. 带传动不能保证传动比准确不变的原因是易发生打滑现象。(　　　)

4. 一般情况下,带传动的打滑首先发生在小带轮上。(　　　)

5. 带传动的中心距一定时,小带轮直径越小,包角越大。(　　　)

6. 弹性滑动是由过载造成的,是完全可以避免的。(　　　)

7. 为了增强传动能力,可以将带轮工作面制得粗糙些。(　　　)

8. 为保证 V 带传动具有一定的传动能力,通常要求小带轮的包角 $\alpha_1 \geqslant 120°$。(　　　)

9. 带轮的轮槽角 φ 应小于 V 带横截面楔角 θ。(　　　)

10. 在同样的张紧力下,平带传动较 V 带传动能产生更大的摩擦力。(　　　)

11. 一组 V 带中发现其中有一根已不能使用,只要换上一根新带即可。(　　　)

二、单项选择题

1. 带传动在正常工作时产生弹性滑动,是因为(　　　)。

A. 包角 α_1 太小　　　　　　　　　　B. 初拉力 F_0 太小

C. 紧边与松边拉力不等　　　　　　　D. 传动过载

2. V 带传动的张紧轮应布置在(　　　)且靠近大带轮处。

A. 松边内侧　　　B. 松边外侧　　　C. 紧边内侧　　　D. 紧边外侧

3. 若 V 带传动的传动比 $i=4$,从动轮直径 $d_{d2}=400$ mm,则主动轮直径 d_{d1} 等于(　　　)。

A. 1600 mm　　　B. 100 mm　　　C. 400 mm　　　D. 300 mm

4. 带传动中所固有的特性是(　　　),是不可避免的。

A. 疲劳破坏　　　B. 打滑　　　　C. 弹性滑动　　　D. 松弛

5. 带传动的主要失效形式是(　　　)。

A. 磨损和疲劳点蚀　　　　　　　　　B. 磨损和胶合

C. 胶合和打滑　　　　　　　　　　　D. 疲劳拉断和打滑

6. V 带传动主要是依靠(　　　)传递运动和动力。

A. 带的紧边拉力　　　　　　　　　　B. 带的松边拉力

C. 带的预紧力   D. 带和带轮接触面间的摩擦力

7. 带传动采用张紧轮的目的是(　　)。

A. 减轻带的弹性滑动   B. 调整带的初拉力

C. 改变带的运动方向   D. 延长带的寿命

8. 在带传动中,可以使小带轮包角 α_1 增大的方法是(　　)。

A. 增大小带轮直径 d_{d1} B. 减小小带轮直径 d_{d1}

C. 增大大带轮直径 d_{d2} D. 减小中心距 a

9. 带传动的中心距过大,将会引起的不良现象是(　　)。

A. 带会产生抖动   B. 带易磨损

C. 带易产生疲劳损坏   D. 小带轮包角 α_1 过小

10. V 带传动设计中,限制小带轮的最小直径主要是为了(　　)。

A. 使结构紧凑   B. 限制弯曲应力

C. 保证带和带轮接触面有足够的摩擦力   D. 限制小带轮的包角 α_1

11. V 带传动的工作面是(　　)。

A. 带的顶面   B. 带的底面   C. 带的两个侧面   D. 不确定

三、设计计算题

1. 设计某木工机械用普通 V 带传动。已知电动机额定功率 $P=4$ kW,转速 $n_1=1420$ r/min,传动比 $i=2.6$,每天工作 16 h,载荷较平稳,空载启动。

2. 某机床的电动机与主轴之间采用普通 V 带传动。已知电动机额定功率 $P=7.5$ kW,转速 $n_1=1440$ r/min,传动比 $i=2.1$,两班制工作,载荷较平稳,空载启动。根据机床结构,要求带传动的中心距不大于 800 mm。试设计该 V 带传动。

四、带式输送机传动装置设计(续)

依据带式输送机传动装置运动和动力参数的设计数据,参照本项目的"任务实施",完成以下设计任务:①选择带的型号;②确定带轮基准直径 d_{d1}、d_{d2};③确定带的基准长度 L_d 和带的根数 z;④验算带速 v 和小带轮包角 α_1;⑤计算初拉力 F_0 和压力 F_Q。

带式输送机减速器内传动零件的分析及设计

本项目通过对带式输送机减速器内齿轮传动的分析及设计，使学生熟悉齿轮传动的类型、应用及传动特性，掌握圆柱齿轮传动的设计计算方法，初步具备设计圆柱齿轮传动的能力。

◀ 任务 1 计算渐开线标准直齿圆柱齿轮的几何尺寸 ▶

【任务引入】

图 7-1(a)所示为某国产机床传动系统中的一对标准直齿圆柱齿轮传动，需更换一个损坏的大齿轮，如图 7-1(b)所示。测得其齿数 $z=24$，齿顶圆直径 $d_a=77.95$ mm，正常齿制，试求齿轮的模数和主要几何尺寸。

【任务分析】

齿轮传动是机械传动中最重要、应用最广泛的一种传动形式，由主动齿轮 1 和从动齿轮 2 组成（见图7-1(a)），依靠两齿轮轮齿间的啮合传递运动和动力。该任务是计算渐开线标准直齿圆柱齿轮的几何尺寸。

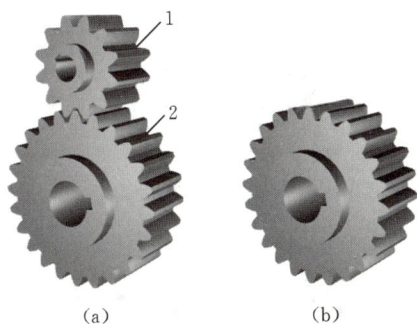

图 7-1 机床传动系统中的齿轮传动

【相关知识】

一、齿轮传动的类型及特点

1. 齿轮传动的类型

齿轮传动按照齿轮两轴线的相对位置可分为两轴线平行、两轴线相交和两轴线交错三种；按轮齿的齿向可分为直齿、斜齿、人字齿和曲齿四种。常见齿轮传动的分类及名称如图 7-2 所示。

按照轮齿齿廓曲线的形状，齿轮传动又可分为渐开线齿轮传动、圆弧齿轮传动、摆线齿轮传动等，以下仅讨论应用最广泛的渐开线齿轮传动。

按照工作条件的不同，齿轮传动可分为开式齿轮传动和闭式齿轮传动。开式齿轮传动的齿轮外露，易落入灰尘和杂物，润滑不良，齿面易磨损，多用于低速传动和不重要的场合；闭式齿轮传动的齿轮封闭在有润滑油的箱体内，可保证良好的润滑条件并满足工作要求，应用广泛。

（a）直齿外啮合圆柱齿轮传动　　（b）直齿内啮合圆柱齿轮传动　　（c）齿轮齿条传动

（d）斜齿圆柱齿轮传动　　（e）人字齿圆柱齿轮传动　　（f）直齿圆锥齿轮传动

（g）曲线齿圆锥齿轮传动　　（h）交错轴斜齿轮传动　　（i）蜗杆传动

图 7-2　齿轮传动的类型

按照齿廓表面硬度的不同，齿轮传动可分为软齿面（硬度≤350 HBW）齿轮传动和硬齿面（硬度＞350 HBW）齿轮传动两种。

2. 齿轮传动的特点

齿轮传动与其他机械传动相比，主要有以下优点：①可传递空间任意两轴间的运动；②瞬时传动比恒定不变；③传递的功率大（可达 100000 kW），速度范围广（圆周速度可达 300 m/s），传动效率高；④工作可靠，齿轮寿命长；⑤结构紧凑。

齿轮传动的主要缺点有：①制造和安装精度要求较高，成本高；②不适宜远距离两轴之间的传动。

二、渐开线齿廓

1. 渐开线的形成

如图 7-3 所示，当一直线 BK 沿半径为 r_b 的圆做纯滚动时，直线上任一点 K 的轨迹曲线 AK 称为该圆的渐开线。该圆称为渐开线的基圆，半径用 r_b 表示。直线 BK 称为渐开线的发生线。角度 θ_K 称为渐开线上 K 点的展角。

2. 渐开线的性质

由渐开线的形成过程可知，渐开线有如下性质：

118

（1）发生线在基圆上滚过的长度等于基圆上被滚过的弧长，即 $BK = \overset{\frown}{BA}$。

（2）渐开线上任一点 K 的法线 BK 必与基圆相切。切点 B 为渐开线上 K 点的曲率中心，BK 为 K 点的曲率半径。

（3）渐开线的形状取决于基圆的大小。如图 7-4 所示，基圆越小，渐开线越弯曲；基圆越大，渐开线越平直。当基圆半径趋于无穷大时，渐开线为直线。

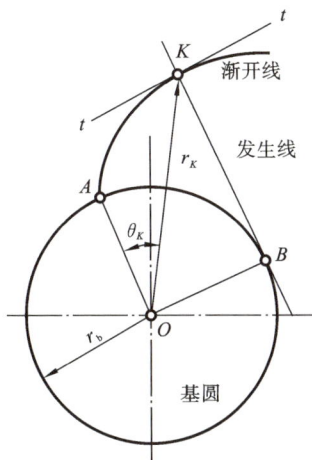

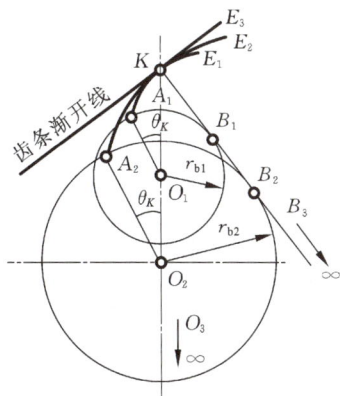

图 7-3　渐开线的形成　　　　图 7-4　基圆大小对渐开线形状的影响

（4）基圆内无渐开线。因渐开线是从基圆开始向外伸展的。

（5）渐开线上各点的压力角不相等。离基圆越远的点，其压力角越大；离基圆越近的点，压力角越小。

如图 7-3 所示，当齿轮传动时，渐开线上 K 点法向压力 F_n 的方向与速度 v_K 方向之间所夹的锐角 α_K 称为 K 点的压力角。由图可知

$$\cos\alpha_K = \frac{r_b}{r_K} \qquad (7\text{-}1)$$

式中，r_K 为 K 点到轮心 O 的距离，称为向径。

因 r_b 为定值，r_K 为变值，故 α_K 随 r_K 的增大而增大。当 $r_K = r_b$ 时，则 $\alpha_K = 0°$，即渐开线在基圆上的压力角等于零。

三、渐开线标准直齿圆柱齿轮的基本参数及几何尺寸计算

1. 齿轮各部分的名称

图 7-5 所示为渐开线直齿圆柱齿轮的一部分，轮齿两侧齿廓是形状相同、方向相反的渐开线曲面，相邻两轮齿之间的空间称为齿槽。渐开线齿轮的各部分名称及符号如下。

（1）齿顶圆　过齿轮各轮齿顶部的圆，其直径和半径分别用 d_a 和 r_a 表示。

（2）齿根圆　过齿轮各齿槽底部的圆，其直径和半径分别用 d_f 和 r_f 表示。

（3）齿厚　在任意半径 r_k 的圆周上，同一轮齿两侧齿廓间的弧长称为该圆上的齿厚，用 s_k 表示。

（4）齿槽宽　在任意半径 r_k 的圆周上，相邻两轮齿间的齿槽弧长称为该圆上的齿槽

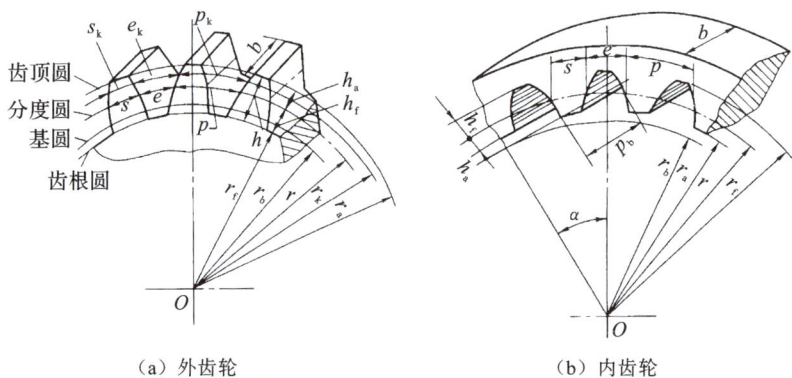

（a）外齿轮　　　　　　　　　　（b）内齿轮

图 7-5　齿轮各部分的名称

宽，用 e_k 表示。

（5）齿距　在任意半径 r_k 的圆周上，相邻两轮齿同侧齿廓间的弧长称为该圆上的齿距，用 p_k 表示，$p_k=s_k+e_k$。

（6）分度圆　在齿顶圆与齿根圆之间、齿厚与齿槽宽相等的圆，是设计齿轮的基圆，其直径和半径分别用 d 和 r 表示。分度圆上的齿厚、齿槽宽和齿距分别用 s、e 和 p 表示，且 $s=e$。

（7）齿顶高　轮齿在分度圆与齿顶圆之间的部分称为齿顶。分度圆与齿顶圆之间的径向距离称为齿顶高，用 h_a 表示。

（8）齿根高　轮齿在分度圆与齿根圆之间的部分称为齿根。分度圆与齿根圆之间的径向距离称为齿根高，用 h_f 表示。

（9）全齿高　齿顶圆与齿根圆之间的径向距离，用 h 表示，$h=h_a+h_f$。

（10）齿宽　轮齿的轴向宽度，用 b 表示。

2. 渐开线齿轮的基本参数

1）齿数 z

在齿轮整个圆周上均匀分布的轮齿总数称为齿数，用 z 表示。

2）模数 m

齿轮分度圆的周长可用分度圆直径 d、齿距 p、齿数 z 表示为

$$\pi d=pz$$

则

$$d=\frac{p}{\pi}z$$

式中，π 为无理数。为便于齿轮的设计、制造和测量，将 $\frac{p}{\pi}$ 规定为简单有理数并标准化，称为齿轮的模数，用 m 表示，单位为 mm，即

$$m=\frac{p}{\pi} \tag{7-2}$$

所以

$$d=mz \tag{7-3}$$

我国规定的标准模数系列如表 7-1 所示。

表 7-1 标准模数系列（摘自 GB/T 1357—2008）   单位:mm

第一系列	1 1.25 1.5 2 2.5 3 4 5 6 8 10 12 16 20 25 32 40 50
第二系列	1.125 1.375 1.75 2.25 2.75 3.5 4.5 5.5 (6.5) 7 9 11 14 18 22 28 36 45

注:1. 本表适用于渐开线圆柱齿轮,对斜齿轮是指法向模数。

　2. 优先选用第一系列,括号内的模数尽可能不用。

模数是齿轮的一个重要参数,是齿轮所有几何尺寸计算的基础。模数越大,齿轮的尺寸越大,其轮齿的抗弯曲能力越强。齿轮尺寸与模数的关系如图 7-6 所示。

3）压力角 α

由于渐开线齿廓在不同的圆周上压力角不同,生产中通常使用的压力角是指分度圆上的压力角 α。为便于设计、制造,国家标准将齿轮分度圆上的压力角规定为标准值,称为标准压力角,其值为 $\alpha = 20°$。由此可见,分度圆是齿轮上具有标准模数和标准压力角的圆。

压力角是决定齿轮齿廓形状的主要参数。当分度圆半径不变时,压力角减小,则基圆半径增大,轮齿的齿顶变宽,齿根变窄,其承载能力降低,因此,小压力角齿轮的承载能力较小;压力角增大时,基圆半径减小,轮齿的齿顶变窄,齿根变厚,其承载能力增大,但传动较费力,因此,大压力角齿轮虽然承载能力较高,但在传递转矩相同的情况下,轴承的负荷增大,仅在特殊情况下使用。不同压力角时轮齿的形状如图 7-7 所示。

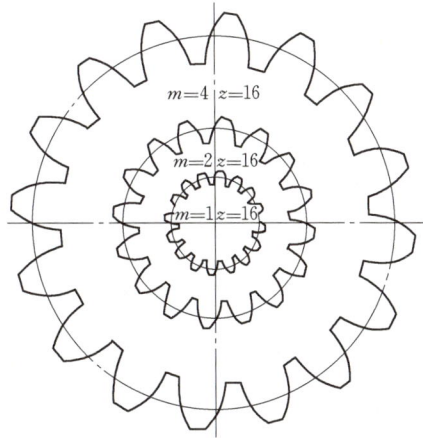

图 7-6 齿轮尺寸与模数的关系

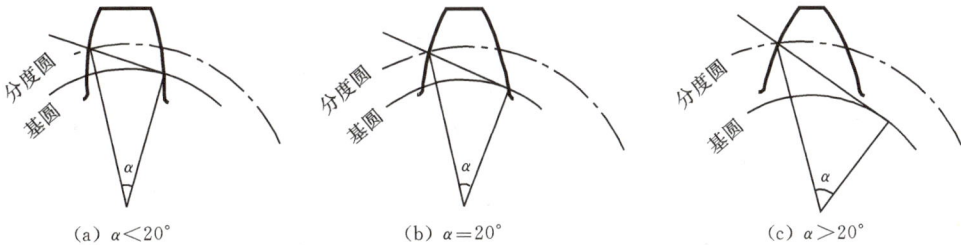

(a) $\alpha < 20°$　　　(b) $\alpha = 20°$　　　(c) $\alpha > 20°$

图 7-7 不同压力角时轮齿的形状

4）齿顶高系数 h_a^* 和顶隙系数 c^*

标准齿轮的齿顶高和齿根高由下式确定

$$h_a = h_a^* m \tag{7-4}$$

$$h_f = h_a^* m + c = (h_a^* + c^*)m \tag{7-5}$$

式中,h_a^*、c^* 分别为齿顶高系数和顶隙系数。我国标准规定:正常齿制 $h_a^* = 1$,$c^* = 0.25$;短齿制 $h_a^* = 0.8$,$c^* = 0.3$;c 为顶隙,是指一对齿轮相互啮合时,一个齿轮的齿顶与另一齿轮的槽底之间的径向间隙,如图 7-8 所示,顶隙用以避

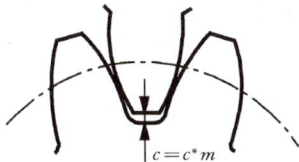

图 7-8 齿顶顶隙

免两齿轮啮合时相碰撞,并能储存润滑油,有利于齿轮的润滑。

3. 标准直齿圆柱齿轮的几何尺寸计算

模数 m、压力角 α、齿顶高系数 h_a^*、顶隙系数 c^* 均为标准值,且分度圆上 $s=e$ 的齿轮称为标准齿轮。标准直齿圆柱齿轮几何尺寸的计算公式如表 7-2 所示。

表 7-2　标准直齿圆柱齿轮几何尺寸的计算公式

名称	符号	计算公式	
		外齿轮	内齿轮
齿顶高	h_a	$h_a=h_a^* m$	
齿根高	h_f	$h_f=(h_a^*+c^*)m$	
全齿高	h	$h=h_a+h_f=(2h_a^*+c^*)m$	
齿厚	s	$s=p/2=\pi m/2$	
齿槽宽	e	$e=p/2=\pi m/2$	
齿距	p	$p=\pi m$	
基圆直径	d_b	$d_b=d\cos\alpha=mz\cos\alpha$	
分度圆直径	d	$d=mz$	
齿顶圆直径	d_a	$d_a=d+2h_a=(z+2h_a^*)m$	$d_a=d-2h_a=(z-2h_a^*)m$
齿根圆直径	d_f	$d_f=d-2h_f=(z-2h_a^*-2c^*)m$	$d_f=d+2h_f=(z+2h_a^*+2c^*)m$
标准中心距	a	$a=m(z_1+z_2)/2$	$a=m(z_2-z_1)/2$

【任务实施】

国产机床,齿轮压力角 $\alpha=20°$,正常齿制,$h_a^*=1$,$c^*=0.25$。

1. 求齿轮的模数

由表 7-2 中的公式得

$$m=\frac{d_a}{z+2h_a^*}=\frac{77.95}{24+2\times1} \text{ mm}=2.998 \text{ mm}$$

查表 7-1 并圆整为标准值,取 $m=3$ mm。

2. 计算主要尺寸

$$d=mz=3\times24 \text{ mm}=72 \text{ mm}$$

$$d_a=m(z+2)=3\times(24+2) \text{ mm}=78 \text{ mm}$$

$$d_f=m(z-2.5)=3\times(24-2.5) \text{ mm}=64.5 \text{ mm}$$

$$d_b=d\cos\alpha=72\times\cos20° \text{ mm}=67.66 \text{ mm}$$

$$p=\pi m=3.14\times3 \text{ mm}=9.42 \text{ mm}$$

$$s=e=\frac{\pi m}{2}=\frac{3.14\times3}{2} \text{ mm}=4.71 \text{ mm}$$

任务 2 分析渐开线直齿圆柱齿轮的传动特性

【任务引入】

在技术改造中拟使用两个现成的标准直齿圆柱齿轮。已测得齿数 $z_1 = 22$，$z_2 = 98$，小齿轮齿顶圆直径 $d_{a1} = 240$ mm，大齿轮的全齿高 $h_2 = 22.5$ mm，试判断这两个齿轮能否正确啮合。

【任务分析】

一对齿轮传动必须保证主、从动轮匀角速度转动，否则将会产生惯性力，影响齿轮的强度和寿命。渐开线齿廓能实现定传动比传动，但并不意味着任何两个渐开线齿轮都能装配起来配对使用并正确地啮合传动。该任务是要分析一对渐开线直齿圆柱齿轮能够正确啮合传动应满足的条件。

【相关知识】

一、渐开线齿廓的啮合特性

1. 传动比为定值

如图 7-9 所示，两基圆半径分别为 r_{b1}、r_{b2} 的一对渐开线齿廓 E_1、E_2 在任一点 K 啮合，过 K 点作两齿廓的公法线 N_1N_2，N_1N_2 与两轮的连心线 O_1O_2 交于点 C，称为节点。分别以 O_1、O_2 为圆心，以 O_1C、O_2C 为半径画两个相切的圆，称为节圆，两轮节圆半径分别用 r_1' 和 r_2' 表示。根据渐开线的性质，公法线 N_1N_2 必同时与两轮的基圆相切，即为两轮基圆的内公切线。由于齿轮传动时两基圆的大小和位置均不变，且同一方向的内公切线只有一条，因此，不论两齿廓在何处接触，过接触点的公法线都是同一条直线 N_1N_2，即 N_1N_2 与两轮的连心线 O_1O_2 的交点 C 为定点。

因为 $\triangle O_1N_1C \backsim \triangle O_2N_2C$，故得传动比的公式

$$i_{12} = \frac{\omega_1}{\omega_2} = \frac{O_2C}{O_1C} = \frac{r_2'}{r_1'} = \frac{r_{b2}}{r_{b1}} = 常数 \qquad (7-6)$$

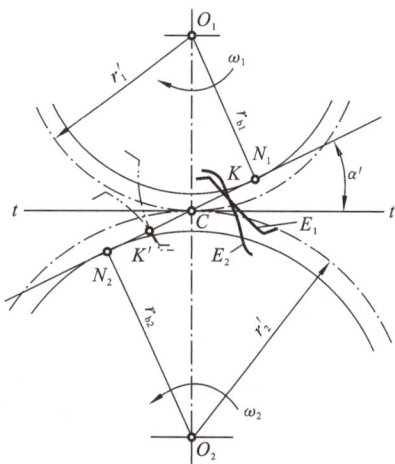

图 7-9 渐开线齿廓的啮合

由上式可知，一对渐开线齿轮的传动比等于两基圆半径的比值，恒为定值。

2. 中心距可分性

一对齿轮节圆与分度圆重合的安装称为标准安装，标准安装时的中心距称为标准中心距。

当一对渐开线齿轮加工制成后，其基圆半径不再改变，因而即使两齿轮的中心距出于制造、安装误差和轴承磨损等原因略有改变，也不会影响其传动比。渐开线齿轮传动的这一特性称为中心距可分性（见图 7-10）。这一特性给齿轮的制造、安装和使用带来了

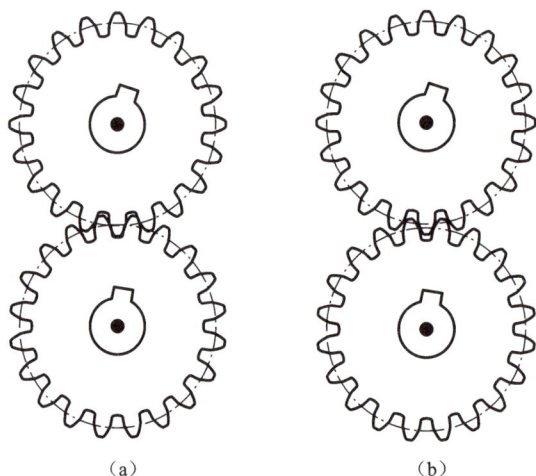

（a）　　　　　　　　　　　（b）

图 7-10　中心距可分性

很大的方便,也是渐开线齿轮传动得到广泛应用的重要原因。

3. 齿廓间的正压力方向不变

由于一对渐开线齿廓无论在哪一点接触,接触点的公法线总是同一直线 N_1N_2,说明一对渐开线齿廓从开始啮合到脱离接触,所有的啮合点均在直线 N_1N_2 上,即直线 N_1N_2 是两齿廓啮合点的轨迹,故称直线 N_1N_2 为啮合线。

两齿廓啮合传动时,如不计齿廓间的摩擦力,齿廓间作用的正压力方向沿啮合点的公法线方向,而公法线与啮合线 N_1N_2 重合,故知渐开线齿轮在传动过程中,两齿廓间的正压力方向恒定不变,有利于齿轮平稳地传动。

二、渐开线直齿圆柱齿轮的正确啮合条件

图 7-11 所示为一对渐开线直齿圆柱齿轮啮合传动。设两相邻齿同侧齿廓与啮合线

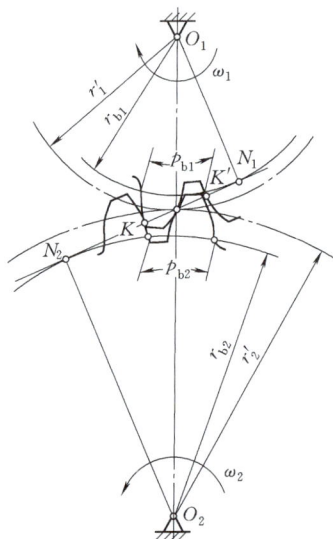

图 7-11　渐开线直齿圆柱
齿轮啮合传动

N_1N_2 的交点分别为 K 和 K',线段 KK' 的长度称为齿轮的法向齿距,用 p_n 表示。

如前所述,一对渐开线齿轮在传动时,它们的齿廓啮合点都应位于啮合线 N_1N_2 上,即前一对轮齿在啮合线上 K 点啮合时,后一对轮齿应在啮合线上另一点 K' 啮合。显然,要使两轮正确啮合,它们的法向齿距必须相等,即

$$p_{n1} = p_{n2} \qquad (7\text{-}7)$$

否则,前对轮齿在 K 点啮合时,后对轮齿不是产生间隙,就是产生干涉而被卡住,均不能正确啮合。

由渐开线的性质可知,齿轮的法向齿距 p_n 等于齿轮基圆上的齿距 p_b,故式(7-7)可写成

$$p_{b1} = p_{b2} \qquad (7\text{-}8)$$

而

$$p_b = \frac{\pi d_b}{z} = \frac{\pi d \cos\alpha}{z} = \pi m \cos\alpha$$

故有

$$m_1\cos\alpha_1 = m_2\cos\alpha_2$$

式中，m_1、m_2 为两齿轮的模数；α_1、α_2 为两齿轮的压力角。

由于渐开线齿轮的模数和压力角都已标准化，所以要满足上式，则应使

$$\left.\begin{array}{c} m_1 = m_2 = m \\ \alpha_1 = \alpha_2 = \alpha \end{array}\right\} \tag{7-9}$$

即一对渐开线直齿圆柱齿轮的正确啮合条件是：两齿轮的模数和压力角必须分别相等。

于是，一对渐开线齿轮的传动比可表示为

$$i_{12} = \frac{\omega_1}{\omega_2} = \frac{r_{b2}}{r_{b1}} = \frac{d_{b2}}{d_{b1}} = \frac{d_2}{d_1} = \frac{z_2}{z_1} \tag{7-10}$$

三、渐开线齿轮的连续传动条件

齿轮传动是依靠两轮的轮齿依次啮合而实现的。如图 7-12 所示，上部的齿轮为主动轮，下部的齿轮为从动轮，齿轮的啮合是从主动轮的齿根推动从动轮的齿顶开始的。因此，一对齿廓的初始啮合点是从动轮的齿顶圆与啮合线 N_1N_2 的交点 B_2。随着齿轮的传动，当啮合点移动到主动轮的齿顶圆与啮合线的交点 B_1 时，两轮齿即将脱离接触，故 B_1 为两齿廓的啮合终止点。线段 B_1B_2 是啮合点的实际轨迹，称为实际啮合线段。显然，齿顶圆越大，B_1、B_2 点越接近 N_1、N_2点，但因基圆内无渐开线，故实际啮合线段的 B_1、B_2 点不可能超过极限点 N_1、N_2。线段 N_1N_2 是理论上可能得到的最长啮合线段，称为理论啮合线段。

为了使一对渐开线齿轮能够连续传动，必须保证前一对轮齿在啮合终止点 B_1 即将脱离接触时，后一对轮齿刚好在啮合起始点 B_2 进入啮合状态，否则主动轮需继续转过一定角度后，后一对轮齿才进入啮合。这样，齿轮传动的啮合过程出现中断，并产生冲击。为此，实际啮合线段应大于或至少等于齿轮的法向齿距，即

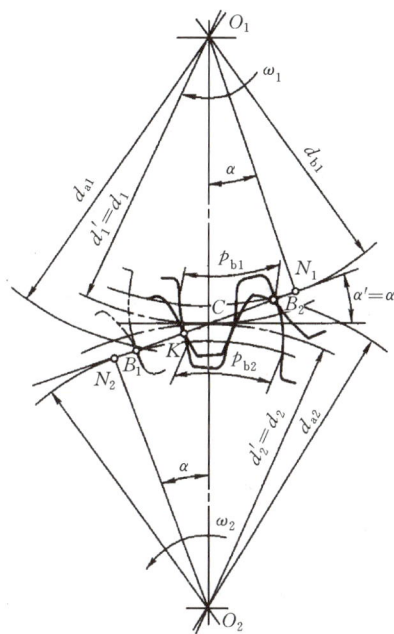

图 7-12 渐开线齿轮的连续传动条件

$$B_1B_2 \geqslant B_2K$$

由渐开线的性质可知，齿轮的法向齿距 B_2K 等于基圆齿距 p_b，则齿轮的连续传动条件为

$$B_1B_2 \geqslant p_b \tag{7-11}$$

通常把实际啮合线段 B_1B_2 与基圆齿距 p_b 的比值称为齿轮传动的重合度，用 ε 表示。则齿轮连续传动的条件为

$$\varepsilon = \frac{B_1B_2}{p_b} \geqslant 1 \tag{7-12}$$

重合度 ε 越大，表示同时参与啮合的轮齿对数越多，传动越平稳，每对轮齿承受的载荷也越小，齿轮的承载能力越高。理论上只要 ε＝1 就能保证连续传动，但考虑到齿轮制造和安装等误差，实际应使 ε＞1。在一般机械传动中，重合度 ε 通常为 1.1～1.4。

【任务实施】

因两个齿轮均为标准直齿圆柱齿轮，故齿轮压力角相等，即 $\alpha_1=\alpha_2=20°$。正常齿制，$h_a^*=1,c^*=0.25$。

1. 求小齿轮的模数 m_1

$$d_{a1}=(z_1+2h_a^*)m_1$$

$$m_1=\frac{d_{a1}}{z_1+2h_a^*}=\frac{240}{22+2\times1}\text{ mm}=10\text{ mm}$$

查表 7-1，小齿轮模数 $m_1=10$ mm 为标准值。

2. 求大齿轮的模数 m_2

$$h_2=(2h_a^*+c^*)m_2$$

$$m_2=\frac{h_2}{2h_a^*+c^*}=\frac{22.5}{2\times1+0.25}\text{ mm}=10\text{ mm}$$

查表 7-1，大齿轮的模数 $m_2=10$ mm 为标准值。

两个齿轮的模数相等，即 $m_1=m_2=10$ mm。

满足渐开线直齿圆柱齿轮的正确啮合条件，可以配对使用。

任务3 分析渐开线齿轮的切齿原理及根切现象

【任务引入】

现有 2 个标准齿轮：$m_1=4$ mm，$z_1=25$；$m_2=4$ mm，$z_2=50$。试分析这两个齿轮能否用同一把铣刀加工？又能否用同一把滚刀加工？

【任务分析】

渐开线齿轮的加工方法有很多，如铸造、模锻、热轧、切削等，生产中常用的是切削加工方法。根据切削加工方法的不同，加工齿轮的轮齿时选用的刀具与齿轮的模数和齿数有关。该任务是分析轮齿加工时刀具的选用原则。

【相关知识】

一、渐开线齿轮的切齿原理

轮齿的切削加工方法按其原理可分为仿形法和展成法两类。

1. 仿形法

仿形法是在普通铣床上，用轴向剖面形状与被切齿轮齿槽形状完全相同的成形铣刀进行铣削加工。常用的刀具有盘形铣刀（见图 7-13）和指状铣刀（见图 7-14）两种。

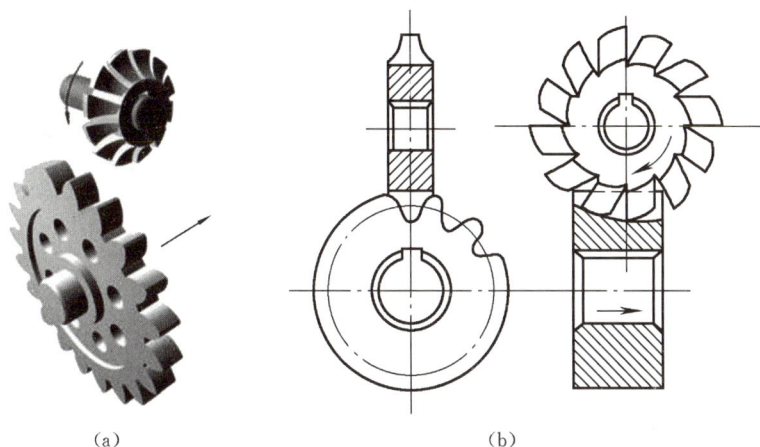

盘形铣刀
加工齿轮

指状铣刀
加工齿轮

(a)   (b)

图 7-13 盘形铣刀切制齿轮

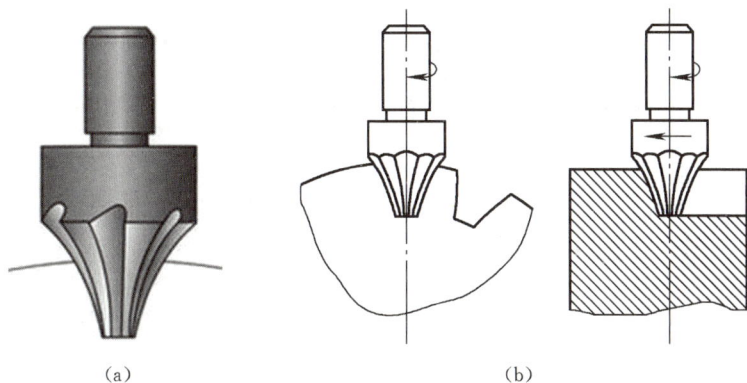

(a)   (b)

图 7-14 指状铣刀切制齿轮

铣齿时铣刀绕自身轴线旋转,同时齿轮毛坯沿其轴线方向移动。铣完一个齿槽后,轮坯退回原位,然后用分度头将轮坯转过 $360°/z$ 的角度,再铣第二个齿槽,直至铣出全部齿槽。

由于渐开线齿廓形状取决于基圆大小,而基圆直径 $d_b = mz\cos\alpha$,故当模数 m 和压力角 α 一定时,基圆大小随齿数 z 的变化而变化,齿廓形状也随之而不同。因此,对模数和压力角相同而齿数不同的齿轮,要想加工精确的渐开线齿廓,则对应每一个齿数的齿轮就需要准备一把铣刀,而这在实际生产中是不经济、不现实的。生产中在加工相同模数和压力角的齿轮时,一般只备有 8 把铣刀,每把铣刀铣削一定齿数范围的齿轮。各号铣刀切制齿轮的齿数范围如表 7-3 所示。

表 7-3 各号铣刀切制齿轮的齿数范围

铣刀刀号	1	2	3	4	5	6	7	8
齿数范围	12~13	14~16	17~20	21~25	26~34	35~54	55~134	≥135

由于用一把铣刀加工几种齿数的齿轮,其齿轮的齿廓具有一定的误差,因此用仿形法加工的齿轮精度较低;又因加工过程不连续,故生产效率低,不宜成批生产。但因切齿

方法简单,不需要专用机床,所以仿形法适用于修配、小批量及精度要求不高的齿轮加工。

2. 展成法

展成法是目前齿轮加工中最常用的一种方法,它是利用一对齿轮互相啮合时其两轮齿廓互为包络线的原理加工齿轮。加工时刀具和轮坯之间的对滚运动与一对齿轮互相啮合传动完全相同,在对滚过程中,刀具逐渐切削出渐开线齿廓。

1)插齿

图 7-15 所示为用齿轮插刀加工齿轮的情形,齿轮插刀是一个具有切削刃的渐开线外齿轮。插齿时,插刀与轮坯严格按一对齿轮啮合关系做旋转运动,此即展成运动,同时插刀沿轮坯轴线方向做上下往复切削运动。为了防止插刀退刀时划伤已加工的齿廓表面,在退刀时,轮坯还需做小距离的让刀运动。另外,为了切出轮齿的整个高度,插刀还需要向轮坯中心移动,做径向进给运动。

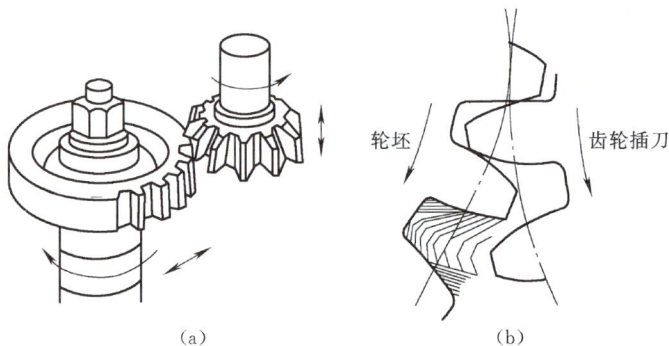

(a)　　　　　　　　　　　　(b)

图 7-15　齿轮插刀加工齿轮

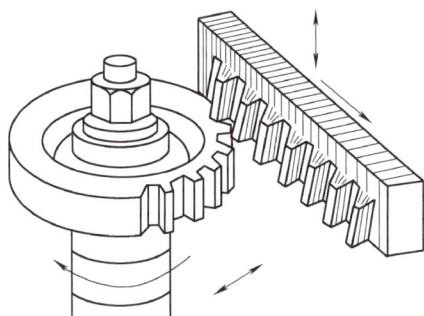

图 7-16　齿条插刀加工齿轮

当齿轮插刀的齿数增加到无穷多时,其基圆半径增至无穷大,插刀的渐开线齿廓变成直线齿廓,则齿轮插刀变为齿条插刀。图 7-16 所示为用齿条插刀加工齿轮的情形。加工时,轮坯以等角速度 ω 转动,齿条插刀以速度 $v=r\omega$ 移动,相当于齿条与齿轮的啮合传动。

插齿加工的精度较高,但因是间断切削,故生产效率较低。

2)滚齿

图 7-17 所示为用齿轮滚刀加工齿轮的情形。滚刀形状犹如一个开了纵向沟槽而形成刀刃的螺杆,轴向截面为一齿条。当滚刀与轮坯分别绕各自轴线转动时,在垂直于轮坯轴线并通过滚刀轴线的主剖面内,相当于齿条与齿轮的啮合传动。同时,滚刀还沿轮坯轴线做进给运动,以便切出整个齿宽。

滚刀加工是连续切削,生产效率较高,应用广泛。

用展成法加工齿轮时,只要刀具与被加工齿轮的模数和压力角相同,不管被加工齿轮的齿数是多少,都可以用同一把刀具来加工,这给生产带来了很大的方便,且生产效率高,因此展成法得到了广泛的应用。

(a)   (b)

齿轮滚刀
加工齿轮

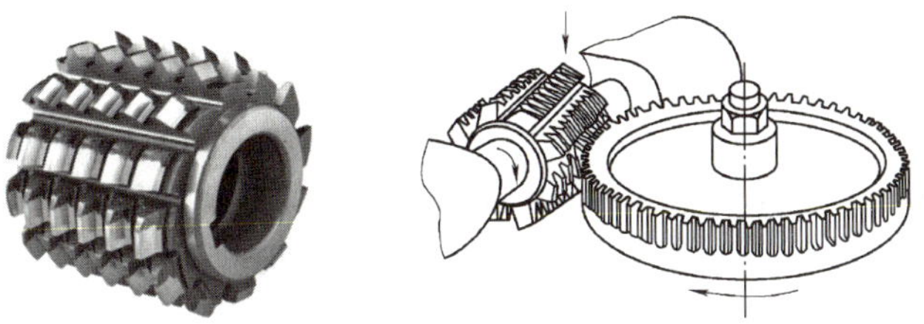

图 7-17 齿轮滚刀加工齿轮

二、渐开线齿廓的根切现象与最少齿数

1. 根切现象

用展成法加工齿数较少的齿轮时,若刀具的齿顶线与啮合线的交点超过理论啮合线极限点 N,则被加工齿轮根部附近的渐开线齿廓将被切去一部分,这种现象称为根切,如图 7-18 所示。

轮齿的根切使齿根厚度变薄,渐开线齿廓变短,大大削弱了轮齿的抗弯曲强度,而且使重合度减小,从而影响传动的平稳性,因此应尽量避免根切现象的产生。

2. 不根切的最少齿数

在用齿条插刀加工标准外齿轮时,齿条插刀的分度线与轮坯的分度圆相切。如图 7-19 所示,要避免根切,就必须使刀具的齿顶线不超过 N 点,即满足以下几何条件

$$NQ \geqslant h_a^* m$$

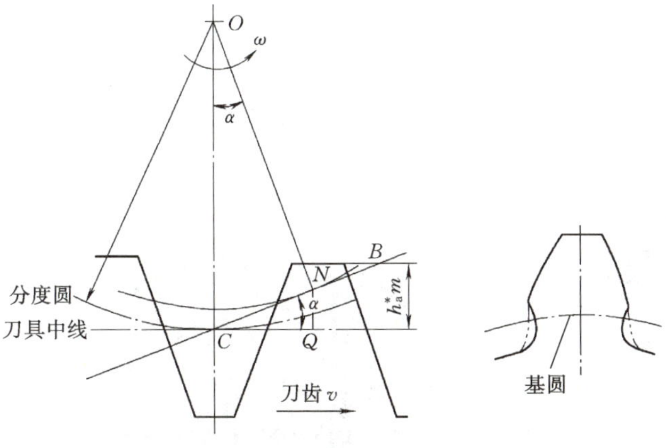

(a)   (b)

图 7-18 根切的产生与轮齿的根切现象   图 7-19 避免根切的条件

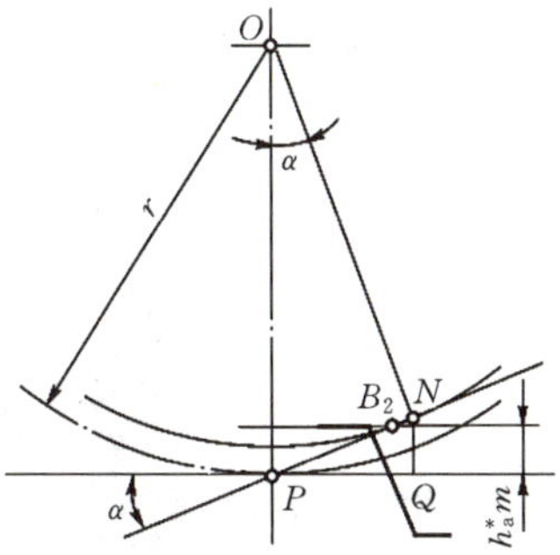

由图 7-19 可知,

$$NQ = PN\sin\alpha = OP\sin^2\alpha = \frac{mz}{2}\sin^2\alpha$$

代入上式得

$$\frac{mz}{2}\sin^2\alpha \geqslant h_a^* m$$

则

$$z \geqslant \frac{2h_a^*}{\sin^2\alpha}$$

因此,切削标准齿轮时,为了保证不产生根切现象,被切齿轮的最少齿数为

$$z_{\min} = \frac{2h_a^*}{\sin^2\alpha} \tag{7-13}$$

对于正常齿制标准直齿圆柱齿轮,$\alpha = 20°$,$h_a^* = 1$,$z_{\min} = 17$。若允许有微量根切,则实际最少齿数可取 14。

【任务实施】

齿轮 1 的齿数 $z_1 = 25$,由表 7-3 可知,齿轮 1 铣削加工时应选用 4 号铣刀,而齿轮 2 的齿数 $z_2 = 50$,齿轮 2 铣削加工时应选用 6 号铣刀,因此齿轮 1 与齿轮 2 不能用同一把铣刀进行加工。

滚齿加工时,只要两齿轮的模数和压力角相同,就可以用同一把滚刀进行加工。两个齿轮均为标准齿轮,压力角 $\alpha_1 = \alpha_2 = 20°$,模数 $m_1 = m_2 = 4$ mm,因此,两个齿轮能用同一把滚刀加工。

任务 4　设计减速器标准直齿圆柱齿轮传动

【任务引入】

图 7-20(a)所示为带式输送机传动简图,图 7-20(b)所示为该输送机采用的一级直齿圆柱齿轮减速器。已知减速器输入轴(高速轴)的功率 $P_1 = 3.55$ kW,转速 $n_1 = 338$ r/min,输入转矩 $T_1 = 100.3$ N·m,传动比 $i = 4.43$。两班制工作,机器单向运转,载荷较平稳,输送带速度允许工作误差为 $\pm 5\%$。设计计算输送机减速器中的直齿圆柱齿轮传动。

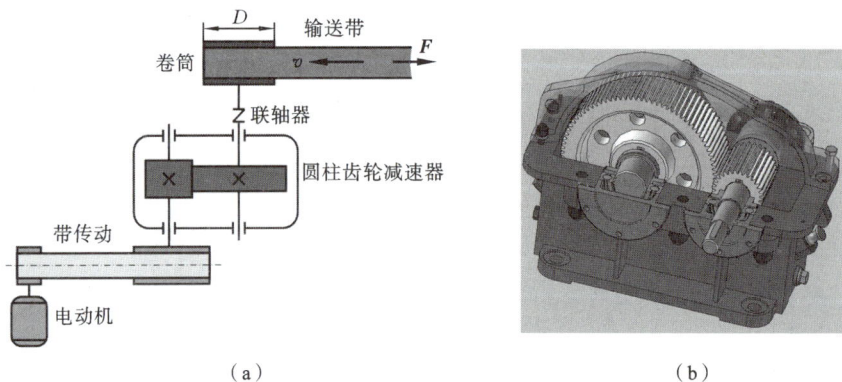

（a）　　　　　　　　　　（b）

图 7-20　带式输送机传动简图与一级直齿圆柱齿轮减速器

【任务分析】

齿轮传动设计的主要内容有:根据使用要求,选择齿轮的类型、材料、精度、润滑方式

和润滑剂;确定齿轮的基本参数、结构形式和几何尺寸;绘制齿轮的零件图。

【相关知识】

一、齿轮传动的失效形式及设计准则

齿轮传动不仅要求平稳,而且还要求有足够的承载能力。为计算齿轮的承载能力,必须对齿轮的受载特点、失效形式等进行分析,并由此制定齿轮传动的设计准则。

1. 齿轮传动的失效形式

齿轮传动是依靠轮齿的啮合来传递运动和动力的,轮齿失效是齿轮传动的主要失效形式,常见的轮齿失效形式有以下 5 种。

1) 轮齿折断

齿轮工作时,其根部的弯曲应力最大,并且在齿根的过渡圆角处存在较大的应力集中。当交变的齿根弯曲应力超过材料的弯曲疲劳极限应力且多次重复作用后,齿根处受拉一侧就会产生疲劳裂纹,随着裂纹的逐渐扩展,轮齿会产生疲劳折断,如图 7-21 所示。

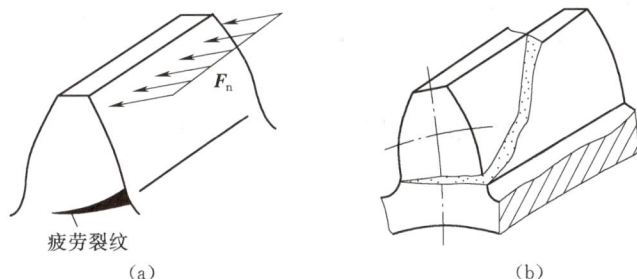

图 7-21 轮齿折断

提高轮齿抗折断能力的措施有:增大齿根过渡圆角半径,以减小应力集中;对齿根表面进行喷丸、滚压等强化处理;采用适当的热处理,以提高齿芯材料的韧性;增大轴及支承的刚度,以减轻齿面局部过载的程度。

2) 齿面点蚀

齿轮传动工作时,齿面接触处将产生脉动循环变化的接触应力。当齿面接触应力超过材料的接触疲劳极限应力且在接触应力的反复作用下,首先在靠近节线的齿根表面出现微小的疲劳裂纹,随着疲劳裂纹的逐渐扩展,齿面金属微粒脱落而形成麻点状凹坑,这种现象称为齿面点蚀,如图 7-22 所示。发生点蚀后,齿廓形状遭破坏,齿轮在啮合过程中产生冲击和噪声,造成传动的不平稳。

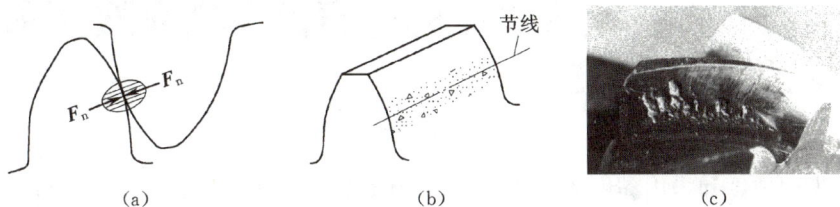

图 7-22 齿面点蚀

一般闭式齿轮传动中的软齿面较易发生点蚀失效。在开式齿轮传动中,由于齿面磨损严重,一般不出现点蚀。

提高齿面抗点蚀能力的措施有提高齿面硬度、降低齿面粗糙度、增大润滑油的黏度等。

3) 齿面胶合

在高速、重载齿轮传动中,齿面间压力大,相对滑动速度大,摩擦发热多,使啮合点处瞬时温度过高,润滑失效,导致两齿面金属直接接触并互相粘连,其中较软齿面的金属沿滑动方向被撕开而出现条状伤痕,这种现象称为齿面胶合,如图 7-23 所示。

提高齿面抗胶合能力的措施有提高齿面硬度、降低齿面粗糙度、采用抗胶合能力强的润滑油等。

4) 齿面磨损

在齿轮传动中,当啮合齿面间落入灰尘、砂粒、铁屑等磨料性物质时,齿面被逐渐磨损,这种磨损称为磨粒磨损。齿面磨损后,齿廓形状被破坏,从而引起冲击、振动和噪声,磨损严重时还会因齿厚减薄而发生轮齿折断。图 7-24 所示为齿面磨损。

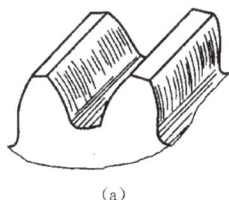

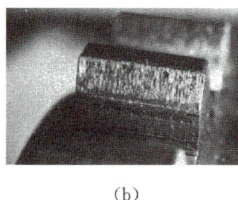

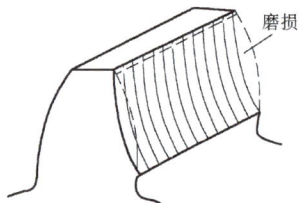

图 7-23 齿面胶合

图 7-24 齿面磨损

磨粒磨损主要发生在开式齿轮传动中。采用闭式齿轮传动、提高齿面硬度、降低齿面粗糙度及采用清洁的润滑油等,均可减轻齿面磨损程度。

5) 齿面塑性变形

当齿面较软、载荷较大时,轮齿表层材料将沿着摩擦力方向产生塑性流动,这种现象称为塑性变形,如图 7-25 所示。齿面塑性变形常发生在低速、重载、频繁启动和过载的传动中。塑性变形后的齿轮,齿廓曲线改变,传动精度下降。

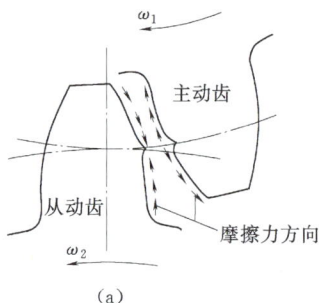

图 7-25 齿面塑性变形

提高齿面硬度和采用黏度较高的润滑油,都有助于防止或减轻齿面的塑性变形。

2. 设计准则

齿轮传动的失效形式有很多,但在某一具体的工程实际中,它们并不可能同时发生。

对于一般用途的齿轮传动,通常只针对轮齿折断和齿面点蚀分别做齿根弯曲疲劳强度及齿面接触疲劳强度计算。

对于闭式软齿面(硬度≤350 HBW)齿轮传动,其主要失效形式是齿面点蚀,故通常按齿面接触疲劳强度进行设计,然后再按齿根弯曲疲劳强度进行校核;对闭式硬齿面(硬度>350 HBW)齿轮传动,其主要失效形式是轮齿折断,故按齿根弯曲疲劳强度进行设计,然后再按齿面接触疲劳强度进行校核。

对于开式齿轮传动,其主要失效形式是齿面磨损。目前对齿面磨损尚无成熟的设计计算方法,通常只按齿根弯曲疲劳强度进行设计,确定齿轮的模数,然后再考虑磨损因素,将求得的模数增大 10%～20%。

二、齿轮材料的基本要求、齿轮常用材料及热处理

1. 齿轮材料的基本要求

由轮齿的失效形式可知,在选择齿轮材料时,应满足的基本要求有:

(1) 齿面应有足够的硬度,以抵抗齿面磨损、点蚀、胶合以及塑性变形等;

(2) 齿芯应有足够的强度和较好的韧性,以抵抗齿根折断和冲击载荷;

(3) 应有良好的加工工艺性能及热处理性能,使之便于加工且便于提高其力学性能。

2. 齿轮常用材料及热处理

制造齿轮的常用材料有锻钢、铸钢、铸铁和非金属材料等。

1)锻钢

由于锻钢具有强度高、韧性好、耐冲击、便于制造、便于热处理等优点,除尺寸过大或结构形状复杂的齿轮外,大多数齿轮都采用锻钢制造。锻钢齿轮按齿面硬度可分为以下两种。

(1) 软齿面齿轮。

软齿面齿轮的齿面硬度≤350 HBW,常用中碳钢和中碳合金钢,如 45 钢、40Cr、35SiMn 等材料,轮坯经过调质或正火后进行切齿,精度一般为 8 级,精切时可达 7 级。这种齿轮制造简单、生产效率高,适用于强度、速度要求不高的一般机械传动。

当大、小齿轮均为软齿面时,考虑到小齿轮齿根厚度较小,抗弯曲能力较差,转速较高,其齿面接触承载次数多,因此,在选择齿轮材料及热处理方法时,应使小齿轮的齿面硬度比大齿轮的齿面硬度高 20～50 HBW,以使两齿轮的轮齿接近等强度。

(2) 硬齿面齿轮。

硬齿面齿轮的齿面硬度>350 HBW,常用的材料为中碳钢或中碳合金钢,经表面淬火处理,硬度可达 40～55 HRC。若采用低碳钢或低碳合金钢,如 20 钢、20Cr、20CrMnTi等,齿面需渗碳淬火,其硬度可达 56～62 HRC。齿轮通常是在调质后切齿,然后进行表面硬化处理,最后进行磨齿等精加工,精度可达 5 级或 4 级。这种齿轮承载能力强、精度高,适用于高速、重载及结构要求紧凑的传动。

2)铸钢

当齿轮直径大于 500 mm 时,轮坯不宜锻造,可采用铸钢,常用材料为 ZG310-570、ZG340-640 等。其毛坯在切削加工前常进行正火处理,以消除残余应力和硬度不均现象。

3）铸铁

灰铸铁齿轮的加工性能及抗点蚀、抗胶合性能均较好，但抗弯强度较低，耐磨性能、抗冲击性能差，常用于低速、轻载、工作平稳的开式齿轮传动。常用材料有 HT200、HT300 等。

球墨铸铁的力学性能和抗冲击能力比灰铸铁高，可代替铸钢铸造大直径齿轮，常用的有 QT500-5、QT600-2 等。

4）非金属材料

对高速、轻载及精度要求不高的齿轮传动，为了降低噪声，可采用塑料、夹布胶木等非金属材料制作小齿轮。由于导热性差，大齿轮仍用锻钢或铸铁制造，以利于散热。

常用齿轮材料及其力学性能如表 7-4 所示。

表 7-4 常用齿轮材料及其力学性能

材料类别	材料牌号	热处理	力学性能				应用范围
			硬度	抗拉强度 σ_b/MPa	屈服极限 σ_s/MPa	疲劳极限 σ_{-1}/MPa	
优质碳素钢	35	正火	150～180 HBW	500	320	240	一般传动
		调质	190～230 HBW	650	350	270	
	45	正火	170～200 HBW	610～700	360	260～300	
		调质	220～250 HBW	750～900	450	320～360	
		整体淬火	40～45 HRC	1000	750	430～450	体积小的闭式齿轮传动、重载、无冲击
		表面淬火	45～50 HRC	750	450	320～360	体积小的闭式齿轮传动、重载、有冲击
合金钢	35SiMn	调质	200～260 HBW	750	500	380	一般传动
	40Cr 42SiMn 40MnB	调质	250～280 HBW	900～1000	800	450～500	
		整体淬火	45～50 HRC	1400～1600	1000～1100	550～650	体积小的闭式齿轮传动、重载、无冲击
		表面淬火	50～55 HRC	1000	850	500	体积小的闭式齿轮传动、重载、有冲击
	20Cr 20SiMn 20MnB	渗碳淬火	56～62 HRC	800	650	420	冲击载荷
	20CrMnTi 20MnVB	渗碳淬火	56～62 HRC	1100	850	525	高速、中载、大冲击
	12CrNi3	渗碳淬火	56～62 HRC	950	—	500～550	
铸钢	ZG270-500	正火	140～176 HBW	500	270	230	$v<6～7$ m/s 的一般传动
	ZG310-570	正火	160～210 HBW	570	310	240	
	ZG340-640	正火	180～210 HBW	640	340	260	

续表

材料类别	材料牌号	热处理	力学性能				应用范围
			硬度	抗拉强度 σ_b/MPa	屈服极限 σ_s/MPa	疲劳极限 σ_{-1}/MPa	
铸铁	HT200	—	170～230 HBW	200	—	100～120	$v<3$ m/s 的不重要传动
	HT300		190～250 HBW	300		130～50	
	QT400-15	正火	156～200 HBW	400	300	200～220	$v<4～5$ m/s 的一般传动
	QT600-3	正火	200～270 HBW	600	420	240～260	

三、渐开线标准直齿圆柱齿轮传动的受力分析

1. 轮齿的受力分析

为了计算轮齿的强度、设计轴和轴承,必须首先确定作用在轮齿上的力。齿轮传动一般均加以润滑,故啮合轮齿间的摩擦力通常很小,计算轮齿受力时,一般不考虑摩擦力的影响。

图 7-26 所示为标准直齿圆柱齿轮传动的受力情况。齿轮 1 为主动轮,齿轮 2 为从动轮,其齿廓在节点 C 接触,若忽略齿面间的摩擦力,则轮齿之间仅有沿啮合点公法线方向的法向力 F_n。F_n 在分度圆上可分解为两个正交分力,即圆周力 F_t 和径向力 F_r。

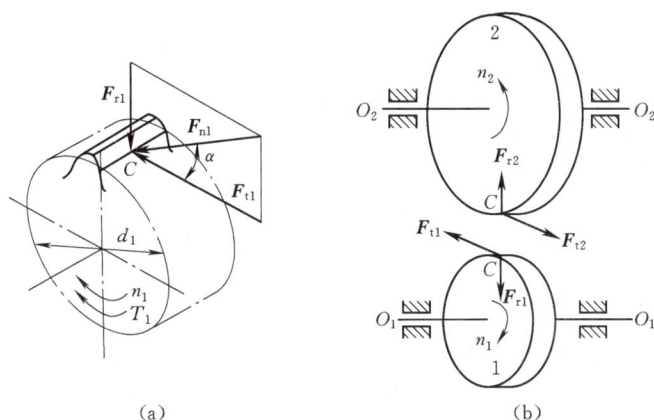

(a)　　　　　　　　　　　(b)

图 7-26　标准直齿圆柱齿轮传动的受力情况

根据力平衡条件可得出作用在主动轮上的力为

圆周力　　　　　　　　　　　$$F_{t1}=\frac{2T_1}{d_1}$$

径向力　　　　　　　　　　　$$F_{r1}=F_{t1}\tan\alpha$$　　　　　(7-14)

法向力　　　　　　　　　　　$$F_{n1}=\frac{F_{t1}}{\cos\alpha}$$

式中,T_1 为主动轮传递的转矩(N·mm),$T_1=9.55\times10^6\times\dfrac{P_1}{n_1}$,$P_1$ 为主动轮传递的功率

(kW)，n_1 为主动轮的转速（r/min）；d_1 为主动轮的分度圆直径（mm）；α 为分度圆压力角，$\alpha = 20°$。

作用在主动轮和从动轮上的各力均等值反向。圆周力 F_t 的方向，在主动轮上与其转动方向相反，在从动轮上与其转动方向相同；径向力 F_r 的方向分别沿半径指向齿轮中心，如图 7-26(b) 所示。

2. 轮齿的计算载荷

上述轮齿上的法向力 F_n 为名义载荷。在实际传动中，由于原动机和工作机的工作特性不同，会产生附加的动载荷。齿轮、轴和轴承等存在制造、安装误差，以及受载时变形等，使载荷沿齿宽方向分布不均匀，造成载荷局部集中，会使齿轮所受实际载荷比名义载荷大。因此，计算齿轮强度时，通常用计算载荷 F_{nc} 代替名义载荷 F_n，即

$$F_{nc} = KF_n \tag{7-15}$$

式中，K 为载荷系数，其值由表 7-5 查取。

表 7-5　载荷系数 K

工作机械	载荷特性	原动机		
		电动机	多缸内燃机	单缸内燃机
均匀加料的运输机和加料机、轻型卷扬机、发电机、机床辅助传动	工作平稳、轻微冲击	1～1.2	1.2～1.6	1.6～1.8
不均匀加料的运输机和加料机、重型卷扬机、球磨机、机床主传动	中等冲击	1.2～1.6	1.6～1.8	1.9～1.21
冲床、钻机、轧机、破碎机、挖掘机	大的冲击	1.6～1.8	1.8～2.0	2.2～2.4

注：斜齿、圆周速度低、精度高、齿宽系数小、齿轮在两轴承间对称布置时取小值。直齿、圆周速度高、精度低、齿宽系数大、齿轮在两轴承间不对称布置及悬臂布置时取大值。

四、标准直齿圆柱齿轮传动的强度计算

1. 齿面接触疲劳强度计算

计算齿面接触疲劳强度的目的是防止齿面点蚀失效。齿面点蚀与两齿面接触应力的大小有关。而齿面点蚀常发生在节线附近，故通常以节点处的接触应力（见图 7-27）为计算依据。因此，防止齿面点蚀的强度条件为节点处最大接触应力小于或等于齿轮材料的许用接触应力，即

$$\sigma_H \leqslant [\sigma_H]$$

根据弹性力学接触应力的公式，可推出齿面接触疲劳强度的校核公式为

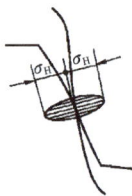

图 7-27　齿面接触应力

$$\sigma_H = 3.52 Z_E \sqrt{\frac{KT_1(u \pm 1)}{bd_1^2 u}} \leqslant [\sigma_H] \tag{7-16}$$

式中，Z_E 为材料的弹性系数（$\sqrt{MPa}$），其值如表 7-6 所示；K 为载荷系数，见表 7-5；T_1 为小齿轮传递的转矩（N·mm）；u 为齿数比，$u = z_2/z_1$，减速传动时 $u = i$，增速传动时 u

$=\dfrac{1}{i}$;"+"号用于外啮合,"−"号用于内啮合;b 为轮齿的宽度(mm);d_1 为小齿轮分度圆直径(mm);$[\sigma_H]$为齿轮材料的许用接触应力(MPa)。

表 7-6　材料的弹性系数 Z_E　　　　　　　单位:$\sqrt{\text{MPa}}$

小齿轮材料	大齿轮材料			
	锻钢	铸钢	球墨铸铁	灰铸铁
锻钢	189.8	188.9	181.4	162.0
铸钢	—	188.0	180.5	161.4
球墨铸铁	—	—	173.9	156.6
灰铸铁	—	—	—	143.7

为了便于设计计算,引入齿宽系数 $\psi_d = b/d_1$ 并代入上式,可得齿面接触疲劳强度的设计公式为

$$d_1 \geqslant \sqrt[3]{\dfrac{KT_1(u\pm 1)}{\psi_d u}\left(\dfrac{3.52Z_E}{[\sigma_H]}\right)^2} \tag{7-17}$$

由上述两式可以看出,齿轮传动的齿面接触疲劳强度取决于齿轮的直径 d 或中心距 a 的大小,而与模数 m 和齿数 z 无直接关系,即使 m 和 z 变化,只要 d 不变,接触强度也不变。

当两齿轮材料都选用锻钢时,由表 7-6 查得 $Z_E = 189.8\ \sqrt{\text{MPa}}$,将其分别代入校核公式(7-16)和设计公式(7-17),可得一对钢齿轮的校核公式为

$$\sigma_H = 668\sqrt{\dfrac{KT_1(u\pm 1)}{bd_1^2 u}} \leqslant [\sigma_H] \tag{7-18}$$

设计公式为

$$d_1 \geqslant 76.43\sqrt[3]{\dfrac{KT_1(u\pm 1)}{\psi_d u [\sigma_H]^2}} \tag{7-19}$$

应用上述公式时应注意,一对齿轮啮合时两齿面的接触应力相等,即 $\sigma_{H1} = \sigma_{H2}$,但许用接触应力$[\sigma_H]_1$、$[\sigma_H]_2$ 与两齿轮材料及齿面硬度有关,故一般不相等。为使两齿轮同时满足接触强度要求,进行强度计算时,代入公式(7-19)的$[\sigma_H]$应选取$[\sigma_H]_1$ 与$[\sigma_H]_2$ 中的较小值。

许用接触应力按下式计算

$$[\sigma_H] = \dfrac{\sigma_{H\lim}}{S_H} \tag{7-20}$$

式中,S_H 为齿面接触疲劳强度的安全系数,其值由表 7-7 查取;$\sigma_{H\lim}$ 为试验齿轮的接触疲劳极限,用各种材料的齿轮试验测得,其值由图 7-28 查取。

表 7-7　安全系数 S_H 和 S_F

安全系数	软齿面(≤350 HBW)	硬齿面(>350 HBW)	重要传动齿轮、渗碳淬火齿轮或铸造齿轮
S_H	1.0~1.1	1.1~1.2	1.3
S_F	1.3~1.4	1.4~1.6	1.6~2.2

（a）　　　　　　　（b）　　　　　　　（c）

（d）　　　　　　　（e）

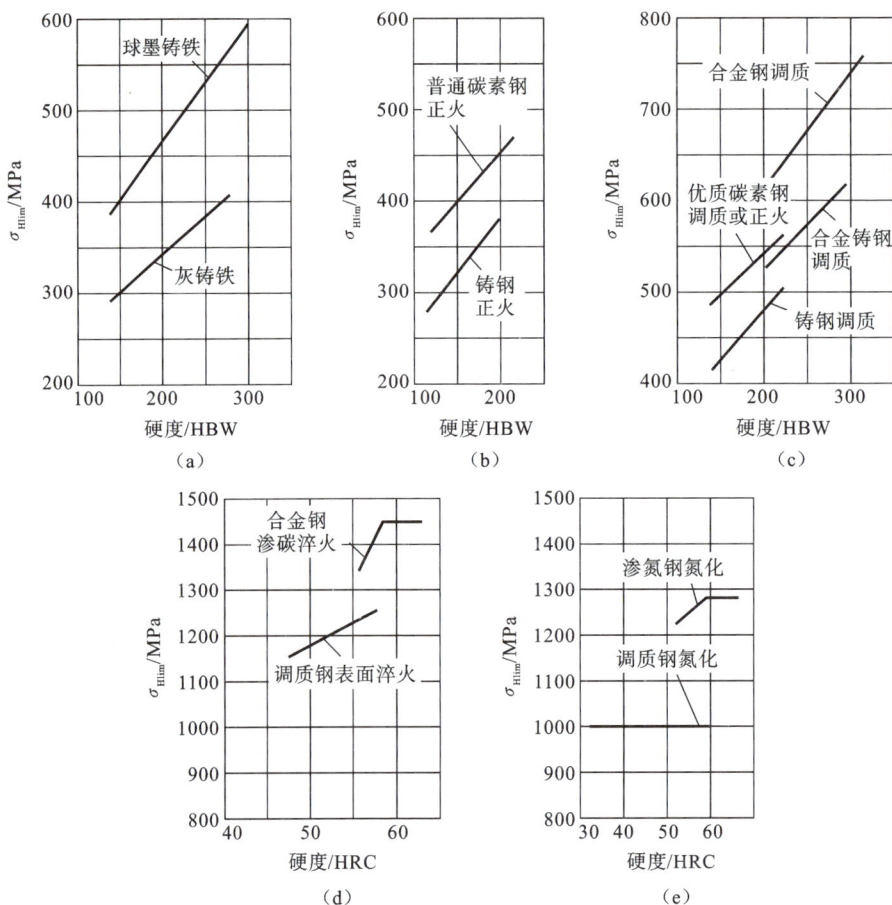

图 7-28　齿轮的接触疲劳极限 σ_{Hlim}

2. 齿根弯曲疲劳强度计算

计算齿根弯曲疲劳强度的目的是防止轮齿折断。轮齿的疲劳折断主要和齿根弯曲应力的大小有关。为保证轮齿具有足够的弯曲疲劳强度，应使齿根的最大弯曲应力 σ_F 小于或等于齿轮材料的许用弯曲应力 $[\sigma_F]$，即

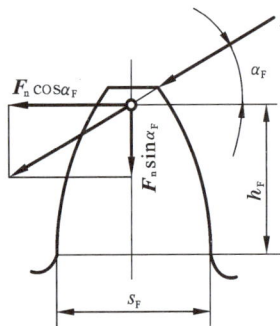

$$\sigma_F \leqslant [\sigma_F]$$

为简化计算和使传动安全可靠，通常假设全部载荷 F_n 由一对轮齿承受，且作用于齿顶，如图 7-29 所示，此时齿根处产生的弯曲应力最大。计算时将轮齿看作悬臂梁，则轮齿根部为危险截面。

图 7-29　齿根危险截面

根据材料力学弯曲应力的公式，可推出齿根弯曲疲劳强度的校核公式为

$$\sigma_F = \frac{2KT_1}{bm^2z_1}Y_F Y_S \leqslant [\sigma_F] \qquad (7-21)$$

式中，Y_F 为齿形系数，对于标准齿轮，仅取决于齿数，其值查表 7-8；Y_S 为应力修正系数，考虑齿根圆角处的应力集中以及齿根危险截面上压应力的影响，其值查表 7-8；m 为齿轮模数（mm）；z_1 为小齿轮齿数；$[\sigma_F]$ 为齿轮材料的许用弯曲应力（MPa）。

表 7-8 标准外齿轮的齿形系数 Y_F 及应力修正系数 Y_S

z	17	18	19	20	21	22	23	24	25	26	27	28	29
Y_F	2.97	2.91	2.85	2.80	2.76	2.72	2.69	2.65	2.62	2.60	2.57	2.55	2.53
Y_S	1.52	1.53	1.54	1.55	1.56	1.57	1.575	1.58	1.59	1.595	1.60	1.61	1.62
z	30	35	40	45	50	60	70	80	90	100	150	200	∞
Y_F	2.52	2.45	2.40	2.35	2.32	2.28	2.24	2.22	2.20	2.18	2.14	2.12	2.06
Y_S	1.625	1.65	1.67	1.68	1.70	1.73	1.75	1.77	1.78	1.79	1.83	1.865	1.97

为了便于设计计算,引入齿宽系数 $\psi_d = b/d_1$ 并代入上式,可得齿根弯曲疲劳强度的设计公式为

$$m \geqslant 1.26 \sqrt[3]{\frac{KT_1 Y_F Y_S}{\psi_d z_1^2 [\sigma_F]}} \qquad (7\text{-}22)$$

由上述两式可以看出,齿轮传动的齿根弯曲疲劳强度取决于齿轮的模数。模数越大,则弯曲强度越高。

应用上述公式时应注意,通常两个相啮合齿轮的齿数不相同,故齿形系数 Y_F 和应力修正系数 Y_S 都不相等,而且两齿轮的材料、硬度一般不相同,其许用弯曲应力 $[\sigma_F]_1$、$[\sigma_F]_2$ 也不相等。因此,必须分别校核两齿轮的齿根弯曲疲劳强度,即满足 $\sigma_{F1} \leqslant [\sigma_F]_1$ 和 $\sigma_{F2} \leqslant [\sigma_F]_2$。在设计计算时,应将两齿轮的 $\dfrac{Y_F Y_S}{[\sigma_F]}$ 值进行比较,取其中较大值代入式(7-22)中计算,且将求得的模数圆整为表 7-1 中的标准值。

许用弯曲应力按下式计算

$$[\sigma_F] = \frac{\sigma_{Flim}}{S_F} \qquad (7\text{-}23)$$

式中,σ_{Flim} 为当失效概率为 1‰ 时,齿轮材料在持久寿命期内的齿根弯曲疲劳极限,其值由图 7-30 查取。需要说明的是,图中 σ_{Flim} 是单向运转的试验值,对于长期双向运转的齿轮传动,应将图中 σ_{Flim} 值乘 0.7 修正;S_F 为齿根弯曲疲劳强度的安全系数,其值由表 7-7 查取。

五、标准直齿圆柱齿轮传动的设计计算

1. 设计参数的选择

1)齿数 z

齿数多则重合度大、传动平稳,且能改善传动质量、减少磨损。若分度圆直径不变,增加齿数使模数减小,可减少切齿的加工量。但模数减小,会导致轮齿的弯曲强度降低。具体设计时,在保证弯曲强度的前提下,应取较多的齿数。

对于闭式软齿面齿轮传动,其承载能力主要取决于齿面接触疲劳强度,齿轮的弯曲强度总是足够的,因此齿数可取多些,推荐取 $z_1 = 20 \sim 40$。

对于闭式硬齿面齿轮传动及开式齿轮传动,其承载能力主要取决于齿根弯曲疲劳强度,模数宜选大些,齿数宜选少些,从而控制齿轮传动尺寸,推荐取 $z_1 = 17 \sim 20$。

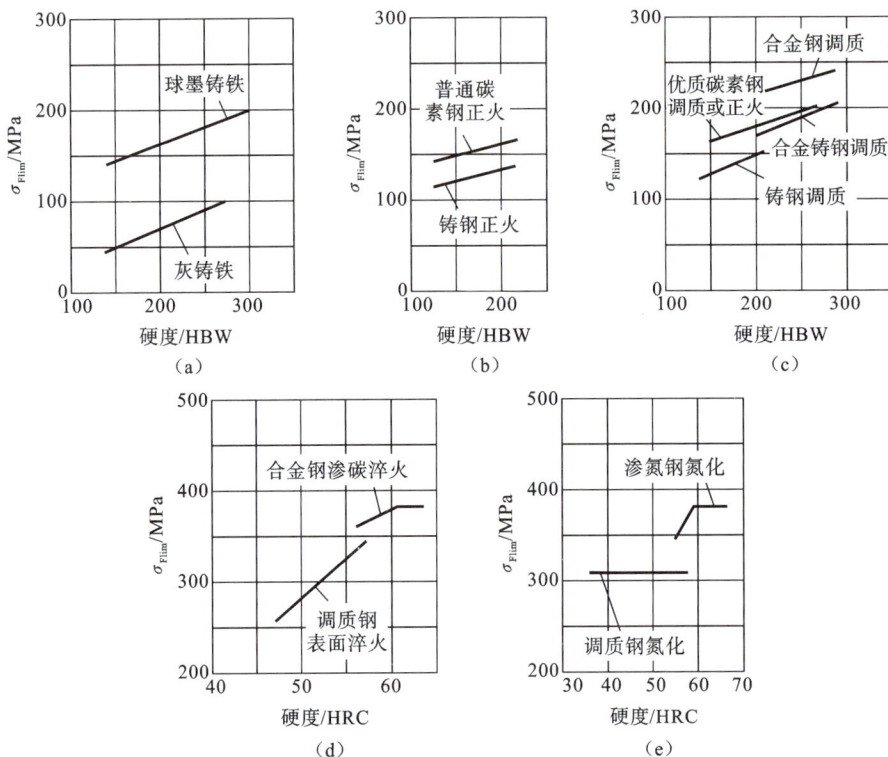

图 7-30 齿根弯曲疲劳极限 σ_{Flim}

2) 模数 m

模数 m 的大小影响轮齿的弯曲强度,一般由强度计算确定,要求圆整为标准值,传递动力的齿轮 $m \geq 2$ mm。

3) 齿宽系数 ψ_d

齿宽系数 $\psi_d = b/d_1$,当 d_1 一定时,增大齿宽系数必然增大齿宽,可提高齿轮的承载能力。但齿宽越大,载荷沿齿宽的分布越不均匀,易造成偏载,从而降低齿轮的传动能力。圆柱齿轮的齿宽系数 ψ_d 的推荐值由表 7-9 选取。

表 7-9 齿宽系数 ψ_d

齿轮相对于轴承的位置	齿面硬度	
	软齿面(≤350 HBW)	硬齿面(>350 HBW)
对称布置	0.8~1.4	0.4~0.9
不对称布置	0.6~1.2	0.3~0.6
悬臂布置	0.3~0.4	0.2~0.25

注:1. 直齿圆柱齿轮取较小值,斜齿圆柱齿轮取较大值。

2. 载荷平稳、轴刚度较大的齿轮取较大值;变载荷、轴刚度较小的齿轮取较小值。

4) 齿宽 b

在一般精度的圆柱齿轮减速器中,为补偿加工和装配的误差,应使小齿轮齿宽比大齿轮的齿宽宽 5~10 mm,即取 $b_2 = \psi_d d_1$,小齿轮齿宽 $b_1 = b_2 + (5~10)$。齿宽 b_1 和 b_2 最好圆整为尾数为 0 或 5 的整数。强度校核公式中的齿宽 $b=b_2$。

5）齿数比 u

一对齿轮传动的齿数比 u 不宜过大，否则大、小齿轮的尺寸相差悬殊，增大了传动装置的尺寸，且小齿轮相对大齿轮磨损严重。一般取单级圆柱齿轮传动的齿数比 $u \leqslant 5$，最大可达 7；当 $u>7$ 时，应采用两级或多级齿轮传动。

2. 齿轮精度等级的选择

齿轮传动的工作性能、承载能力和使用寿命都与齿轮的制造精度有关。精度高时，制造成本高；精度低时，齿轮传动性能变差，齿轮寿命变短。因此，在设计齿轮传动时，应合理选择齿轮的精度等级。GB/T 10095.1—2022、GB/T 10095.2—2023 对渐开线圆柱齿轮规定了 0～12 共 13 个精度等级，其中 0 级精度最高，12 级精度最低。齿轮精度等级的选择应根据齿轮传动的用途、工作条件、传递的功率、圆周速度的大小以及其他技术、经济指标等要求来确定。6 级是高精度等级，用于高速、分度等要求高的齿轮传动，一般机械中常用 7～8 级，对精度要求不高的低速齿轮可使用 9～12 级。

常用齿轮精度等级及其应用如表 7-10 所示。

表 7-10 常用齿轮精度等级及其应用

精度等级	圆周速度（m/s）			应用举例
	直齿圆柱齿轮	斜齿圆柱齿轮	直齿锥齿轮	
6 级 （高精度）	≤15	≤30	≤9	高速重载的齿轮传动，如机床、飞机和汽车中的重要齿轮，分度机构的齿轮，高速减速的齿轮等
7 级 （较高精度）	≤10	≤20	≤6	高速中载或中速重载的齿轮传动，如机床和汽车变速器的齿轮，标准系列减速器中的齿轮
8 级 （普通精度）	≤5	≤9	≤3	一般机械中的齿轮传动，如机床、汽车和拖拉机中一般的齿轮，起重机械中的齿轮，农业机械中的重要齿轮等
9 级 （低精度）	≤3	≤6	≤2.5	低速重载的齿轮，低精度机械中的齿轮等

3. 齿轮传动设计计算的步骤

（1）根据题目提供的工况条件，确定传动形式，选定合适的齿轮材料和热处理方法，查表确定相应的许用应力；

（2）根据设计准则，设计计算 d_1 或 m；

（3）选择齿轮的主要参数；

（4）计算主要几何尺寸；

（5）根据设计准则校核齿根弯曲疲劳强度或齿面接触疲劳强度；

（6）校核齿轮的圆周速度，选择齿轮传动的精度等级和润滑方式等；

（7）绘制齿轮零件工作图。

【任务实施】

1. 选择齿轮材料，确定许用应力

（1）选择齿轮材料。

小齿轮选用45钢调质，硬度为220～250 HBW，取为230 HBW；大齿轮选用45钢正火，硬度为170～200 HBW，取为190 HBW。

（2）确定许用接触应力。

由图7-28中优质碳素钢调质或正火图线，按齿面硬度查得两齿轮的接触疲劳极限分别为

$$\sigma_{Hlim1}=560\ MPa,\quad \sigma_{Hlim2}=530\ MPa$$

由表7-7查得安全系数 $S_H=1.1$。

许用接触应力

$$[\sigma_H]_1=\frac{\sigma_{Hlim1}}{S_H}=\frac{560}{1.1}\ MPa=509\ MPa$$

$$[\sigma_H]_2=\frac{\sigma_{Hlim2}}{S_H}=\frac{530}{1.1}\ MPa=482\ MPa$$

（3）确定许用弯曲应力。

由图7-30中优质碳素钢调质或正火图线，按齿面硬度查得两齿轮的弯曲疲劳极限分别为

$$\sigma_{Flim1}=195\ MPa,\quad \sigma_{Flim2}=180\ MPa$$

由表7-7查得安全系数 $S_F=1.4$。

许用弯曲应力

$$[\sigma_F]_1=\frac{\sigma_{Flim1}}{S_F}=\frac{195}{1.4}\ MPa=139\ MPa$$

$$[\sigma_F]_2=\frac{\sigma_{Flim2}}{S_F}=\frac{180}{1.4}\ MPa=129\ MPa$$

因齿面硬度小于350 HBW，属软齿面，按齿面接触疲劳强度设计，再校核齿根弯曲疲劳强度。

2. 按齿面接触疲劳强度设计

因两齿轮材料均选用锻钢，且齿轮传动为外啮合，故

$$d_1\geqslant 76.43\sqrt[3]{\frac{KT_1(u+1)}{\psi_d u[\sigma_H]^2}}$$

（1）载荷系数 K。

查表7-5，取 $K=1.1$。

（2）小齿轮转矩 T_1。

$$T_1=1.003\times10^5\ N\cdot mm$$

（3）齿数比 u。

减速传动，$u=i=4.43$。

（4）齿宽系数 ψ_d。

因单级圆柱齿轮传动为对称布置，且齿轮齿面为软齿面，由表7-9选取 $\psi_d=1$。

(5) 许用接触应力$[\sigma_H]$。

取$[\sigma_H]_1$、$[\sigma_H]_2$中的较小值，$[\sigma_H]=[\sigma_H]_2=482$ MPa，则

$$d_1 \geqslant 76.43 \sqrt[3]{\frac{KT_1(u+1)}{\psi_d u [\sigma_H]^2}} = 76.43 \times \sqrt[3]{\frac{1.1 \times 1.003 \times 10^5 \times (4.43+1)}{1 \times 4.43 \times 482^2}} \text{ mm}$$

$$= 63.8 \text{ mm}$$

3. 确定齿轮的基本参数

(1) 选择齿数。

闭式软齿面齿轮传动，$z_1=20 \sim 40$，取 $z_1=32$。

则大齿轮齿数$z_2 = i \times z_1 = 4.43 \times 32 = 141.8$，取 $z_2=142$。

(2) 确定模数。

$$m = \frac{d_1}{z_1} = \frac{63.8}{32} \text{ mm} = 1.99 \text{ mm}$$

由表 7-1，取标准模数 $m=2$ mm。

4. 计算传动的主要几何尺寸

(1) 计算分度圆、齿顶圆、齿根圆的直径。

$$d_1 = mz_1 = 2 \times 32 \text{ mm} = 64 \text{ mm}$$

$$d_2 = mz_2 = 2 \times 142 \text{ mm} = 284 \text{ mm}$$

$$d_{a1} = (z_1 + 2h_a^*)m = (32+2) \times 2 \text{ mm} = 68 \text{ mm}$$

$$d_{a2} = (z_2 + 2h_a^*)m = (142+2) \times 2 \text{ mm} = 288 \text{ mm}$$

$$d_{f1} = (z_1 - 2h_a^* - 2c^*)m = (32-2.5) \times 2 \text{ mm} = 59 \text{ mm}$$

$$d_{f2} = (z_2 - 2h_a^* - 2c^*)m = (142-2.5) \times 2 \text{ mm} = 279 \text{ mm}$$

(2) 计算中心距。

$$a = \frac{m(z_1+z_2)}{2} = \frac{2 \times (32+142)}{2} \text{ mm} = 174 \text{ mm}$$

(3) 计算齿宽。

$$b_2 = \psi_d d_1 = 1 \times 64 \text{ mm} = 64 \text{ mm}$$

圆整后取 $b_2=65$ mm，则 $b_1 = b_2 + 5 = 70$ mm。

5. 校核齿根弯曲疲劳强度

$$\sigma_F = \frac{2KT_1}{bm^2 z_1} Y_F Y_S \leqslant [\sigma_F]$$

(1) 齿形系数Y_F。

由 $z_1=32$ 和 $z_2=142$，查表 7-8，采用插值法，得 $Y_{F1}=2.49$，$Y_{F2}=2.15$。

(2) 应力修正系数Y_S。

由 $z_1=32$ 和 $z_2=142$，查表 7-8，采用插值法，得 $Y_{S1}=1.64$，$Y_{S2}=1.82$。

(3) 校核齿根弯曲应力。

$$\sigma_{F1} = \frac{2KT_1}{bm^2 z_1} Y_{F1} Y_{S1} = \frac{2 \times 1.1 \times 1.003 \times 10^5}{65 \times 2^2 \times 32} \times 2.49 \times 1.64 \text{ MPa}$$

$$= 108.3 \text{ MPa} < [\sigma_F]_1 = 139 \text{ MPa}$$

$$\sigma_{F2} = \sigma_{F1} \frac{Y_{F2} Y_{S2}}{Y_{F1} Y_{S1}} = 108.3 \times \frac{2.15 \times 1.82}{2.49 \times 1.64} \text{ MPa} = 103.8 \text{ MPa} < [\sigma_F]_2 = 129 \text{ MPa}$$

齿根弯曲强度校核合格。

6. 确定齿轮的精度等级

齿轮的圆周速度

$$v = \frac{\pi d_1 n_1}{60 \times 1000} = \frac{\pi \times 64 \times 338}{60 \times 1000} \text{ m/s} = 1.13 \text{ m/s}$$

因 $v = 1.13$ m/s < 5 m/s，由表7-10可知，选用8级精度。

7. 计算齿轮之间的作用力

圆周力

$$F_t = \frac{2T_1}{d_1} = \frac{2 \times 1.003 \times 10^5}{64} \text{ N} = 3134 \text{ N}$$

径向力

$$F_r = F_t \tan\alpha = 3134 \times \tan 20° \text{ N} = 1141 \text{ N}$$

将齿轮的计算结果列于表7-11中，以便后续设计计算时查用。

表 7-11　输送机减速器中直齿圆柱齿轮传动的计算结果

类别	材料	齿数 z	模数 m /mm	分度圆直径 d/mm	齿顶圆直径 d_a/mm	齿根圆直径 d_f/mm	齿宽 b/mm	中心距 a/mm	精度等级
主动轮1	45钢调质	32	2	64	68	59	70	174	8级
从动轮2	45钢正火	142		284	288	279	65		

8. 验算齿轮传动的转速误差

现已确定两齿轮的齿数为：$z_1 = 32$，$z_2 = 142$。则其实际传动比 i 为

$$i = \frac{z_2}{z_1} = \frac{142}{32} = 4.44$$

从动轮的实际转速为

$$n_2 = \frac{n_1}{i} = \frac{338}{4.44} \text{ r/min} = 76.1 \text{ r/min}$$

从动轮的转速误差率为

$$\Delta n_2 = \left| \frac{76.1 - 76.4}{76.4} \times 100\% \right| = 0.39\% < 5\%$$

在 $\pm 5\%$ 以内，为允许值。

至此，带式输送机传动系统各轴的运动和动力参数应将表6-10的计算结果加以修正，如表7-12所示。

表 7-12　传动系统各轴的运动和动力参数计算结果（一）

参数	轴名			
	电动机轴	Ⅰ轴	Ⅱ轴	Ⅲ轴（卷筒轴）
功率 P/kW	3.7	3.55	3.41	3.34
转速 n/(r/min)	960	338	76.1	76.1
转矩 T/(N·m)	36.81	100.3	427.93	419.15
传动比 i	2.84		4.44	1

◀ 任务5 设计计算齿轮的结构尺寸 ▶

【任务引入】

图 7-20 所示为带式输送机传动简图与一级直齿圆柱齿轮减速器。已知主动轮 1 和从动轮 2 的齿顶圆直径分别为 $d_{a1}=68$ mm，$d_{a2}=288$ mm，齿轮的圆周速度 $v=1.13$ m/s。设计计算齿轮的结构尺寸，选择齿轮传动的润滑方式和润滑剂。

【任务分析】

通过齿轮传动的强度和简单几何尺寸计算，只能确定基本参数和一些主要尺寸，而轮缘、轮辐、轮毂等结构形式和尺寸，需要通过结构设计来确定。齿轮的结构设计主要包括选择合理适用的结构形式，根据工艺要求及经验公式确定齿轮的轮毂、轮辐、轮缘等结构尺寸及绘制齿轮的零件工作图等。

【相关知识】

一、齿轮的结构设计

齿轮的结构形式主要由齿轮的几何尺寸、毛坯、材料、加工工艺、使用要求及经济性等因素确定。通常先按齿轮直径选择适宜的结构形式，然后再根据推荐的经验公式进行结构设计。常用的齿轮结构形式有以下几种。

1. 实心式齿轮

当齿轮的齿顶圆直径 $d_a \leqslant 200$ mm 时，可采用实心式结构，如图 7-31(a)所示。这种结构形式的齿轮常用锻钢制造。

2. 齿轮轴

当圆柱齿轮的齿顶圆直径与相配轴的直径相差较小，即从齿根至键槽底部的距离 Y $\leqslant 2.5$ m 时(见图 7-31(b))，应将齿轮与轴制成一体，称为齿轮轴，如图 7-32 所示。

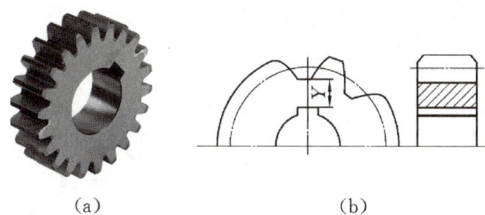

(a)   (b)

图 7-31 实心式齿轮

图 7-32 齿轮轴

3. 腹板式齿轮

当齿轮的齿顶圆直径 $d_a = 200 \sim 500$ mm 时，可采用腹板式结构，如图 7-33 所示。这种结构的齿轮一般多用锻钢制造，其结构尺寸由图中的经验公式确定。有些不重要的铸造齿轮也可以做成腹板式结构。

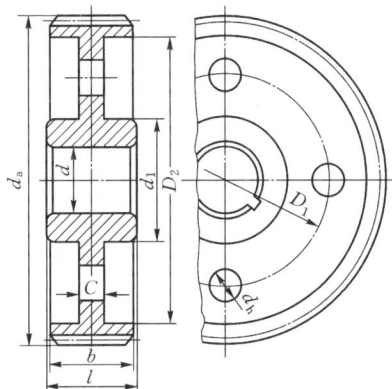

$d_1=1.6d$; $D_2=d_a-(10\sim12)m_n$; $D_1=0.5(D_2+d_1)$;
$d_h=0.25(D_2-d_1)$; $C=0.3b$; $l=(1.2\sim1.3)d\geqslant b$

(a) (b)

图 7-33 腹板式齿轮

4. 轮辐式齿轮

当齿轮的齿顶圆直径 $d_a>500$ mm 时,齿轮毛坯常用铸造方法,可采用轮辐式结构,如图7-34所示。这种结构的齿轮常采用铸钢或铸铁制造,其结构尺寸由图中的经验公式确定。

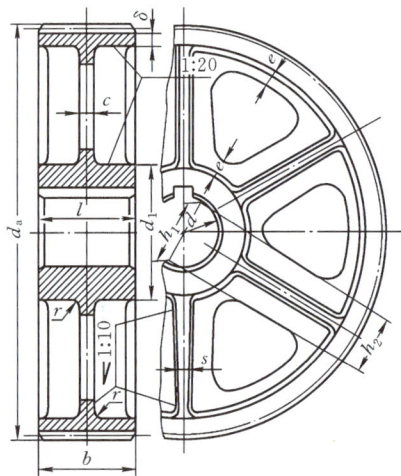

$d_1=1.6d$(铸钢); $d_1=1.8d$(铸铁); $h_1=0.8d$;
$h_2=0.8h_1$; $c=0.2h_1$; $\delta=(2.5\sim4)m_n\geqslant8$ mm;
$s=h_1/6\geqslant10$ mm; $l=(1.2\sim1.5)d\geqslant b$; $e=0.8\delta$

(a) (b)

图 7-34 轮辐式齿轮

二、齿轮传动的润滑

润滑对于齿轮传动十分重要。润滑不仅可以减小摩擦、减轻磨损,同时还可以起到冷却、防锈、降低噪声、改善齿轮的工作状况、延缓轮齿失效和延长齿轮使用寿命等作用。

146

1. 润滑方式

闭式齿轮传动的润滑方式有浸油润滑和喷油润滑两种。一般根据齿轮圆周速度的大小确定。

1）浸油润滑

当齿轮的圆周速度 $v \leqslant 12$ m/s 时，通常将大齿轮浸入油池中进行润滑，如图 7-35（a）所示。齿轮传动时把润滑油带到啮合区的齿面上，同时也将油甩到齿轮箱壁上，有利于散热。齿轮浸入油中的深度至少为 10 mm，转速低时可浸深一些，但浸入过深则会增大运动阻力并使油温升高。在多级齿轮传动中，对于未浸入油池内的齿轮，可采用带油轮将油带到未浸入油池内的齿轮齿面上，如图 7-35（b）所示。油池内的润滑油应保持一定的深度和储量，一般齿顶圆到油池底面的距离以 40～50 mm 为宜。

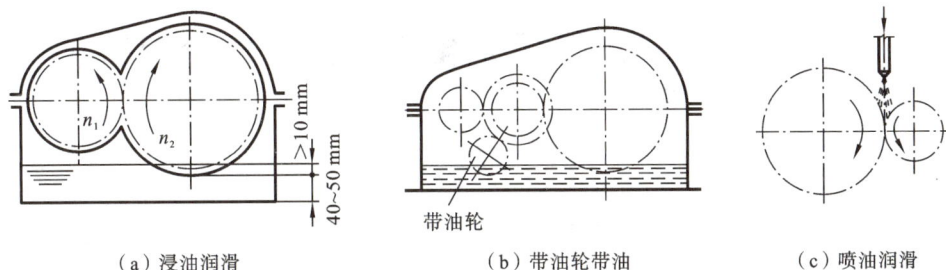

（a）浸油润滑　　　　　　　　（b）带油轮带油　　　　　　　　（c）喷油润滑

图 7-35　齿轮润滑

2）喷油润滑

当齿轮的圆周速度 $v > 12$ m/s 时，由于圆周速度大，齿轮搅油剧烈，且黏附在齿廓面上的油易被甩掉，因此不宜采用浸油润滑，而应采用喷油润滑，即用油泵将具有一定压力的润滑油直接喷到啮合的齿面上，如图 7-35（c）所示。

对于开式齿轮传动，由于其传动速度较低，通常采用人工定期加润滑油的方式。

2. 润滑油的选择

选择润滑油时，先根据齿轮传动的工作条件、齿轮的材料及圆周速度由表 7-13 查得运动黏度值，再根据选定的黏度确定润滑油的牌号。

表 7-13　齿轮传动润滑油黏度推荐值

齿轮材料	强度极限 σ_b/MPa	圆周速度 v/(m/s)						
		<0.5	0.5～1	1～2.5	2.5～5	5～12.5	12.5～25	>25
		运动黏度 ν/(mm²/s)(40 ℃)						
塑料、铸铁、青铜	—	350	220	150	100	80	55	—
钢	450～1000	500	350	220	150	100	80	55
	1000～1250	500	500	350	220	150	100	80
渗碳或表面淬火的钢	1250～1580	900	500	500	350	220	150	100

注：对于多级齿轮传动，应采用各级圆周速度的平均值来选取润滑油黏度。

齿轮浸油润滑

齿轮带油轮润滑

齿轮喷油润滑

【任务实施】

1. 齿轮结构的设计

因小齿轮的齿根圆直径比较小,故初定为齿轮轴结构。

因大齿轮的齿顶圆直径 200 mm$<d_{a2}<$500 mm,故采用腹板式结构。由于轴的直径尺寸尚未确定,故齿轮的其他结构尺寸暂时无法确定。待轴的结构尺寸设计完成后,再设计计算大齿轮的结构尺寸。

2. 选择润滑方式和润滑油

因减速器为闭式齿轮传动,且齿轮圆周速度 $v<$12 m/s,故采用浸油润滑。根据 $v=$1.13 m/s,查表 7-13,选润滑油的黏度为 220 mm²/s。

任务6 设计减速器标准斜齿圆柱齿轮传动

【任务引入】

图 7-36 所示为带式输送机传动简图与一级斜齿圆柱齿轮减速器。已知减速器输入轴(高速轴)的功率 $P_1=3.55$ kW,转速 $n_1=338$ r/min,输入转矩 $T_1=100.3$ N·m,传动比 $i=4.43$。两班制工作,机器单向运转,载荷较平稳,输送带速度允许工作误差为±5%。设计计算输送机减速器中的斜齿圆柱齿轮传动。

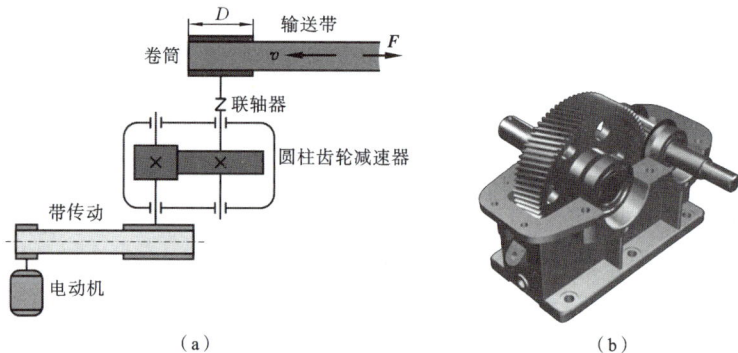

图 7-36 带式输送机传动简图与一级斜齿圆柱齿轮减速器

【任务分析】

斜齿圆柱齿轮的传动设计与直齿圆柱齿轮的传动设计相似,其主要设计内容有:根据使用要求,选择齿轮的材料、精度、润滑方式和润滑油;确定齿轮的基本参数、结构形式和几何尺寸;绘制齿轮的零件图。

【相关知识】

一、斜齿圆柱齿轮齿廓曲面的形成及啮合特点

由于圆柱齿轮是有一定宽度的,所以轮齿的齿廓沿轴线方向形成一渐开线曲面。直

齿圆柱齿轮齿廓曲面的形成如图 7-37(a)所示,当与基圆相切的发生面沿基圆柱做纯滚动时,发生面上与齿轮轴线相平行的直线 KK 所展开的渐开面,即为直齿圆柱齿轮的齿廓曲面。

斜齿圆柱齿轮齿廓曲面的形成如图 7-37(b)所示,当发生面沿基圆柱做纯滚动时,其上与圆柱轴线成一倾斜角 β_b 的斜直线 KK 所展开的渐开螺旋面,即为斜齿圆柱齿轮的齿廓曲面,β_b 称为基圆柱上的螺旋角。

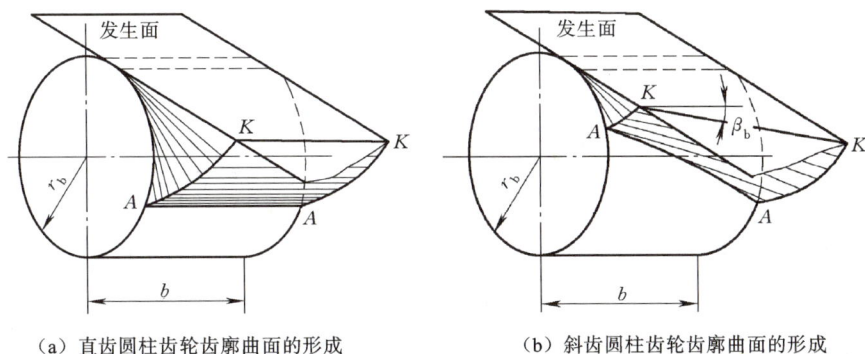

（a）直齿圆柱齿轮齿廓曲面的形成　　　　　（b）斜齿圆柱齿轮齿廓曲面的形成

图 7-37　齿轮齿廓曲面的形成

由齿廓曲面的形成过程可知,直齿圆柱齿轮在啮合过程中,齿面的接触线均为与齿轮轴线平行的等宽直线,如图 7-38(a)所示。轮齿是沿整个齿宽同时进入啮合,再同时退出啮合,从而使轮齿的受力沿齿宽突然加上或卸下,因此传动的平稳性差,容易引起冲击、振动和噪声,不适用于高速和重载的传动。

一对平行轴斜齿圆柱齿轮啮合传动时,斜齿轮的齿廓是逐渐进入啮合,再逐渐退出啮合的。如图 7-38(b)所示,斜齿轮齿面接触线是一系列与轴线成夹角 β_b 的斜线,接触线的长度由零逐渐增加,到某一位置后又逐渐缩短,直至脱离接触,轮齿受力不是突然加上或卸下,因此斜齿轮传动平稳,承载能力大,适用于高速和大功率的传动。

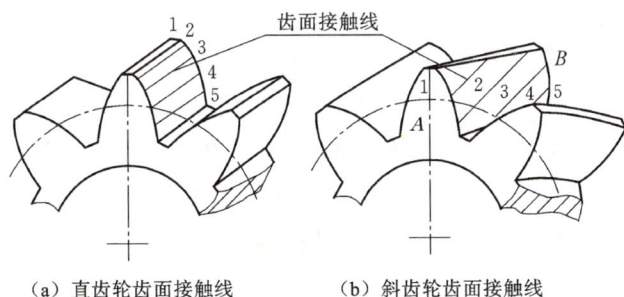

（a）直齿轮齿面接触线　　　　　（b）斜齿轮齿面接触线

图 7-38　圆柱齿轮齿面接触线

二、斜齿圆柱齿轮的基本参数及几何尺寸计算

斜齿轮的齿廓曲面为渐开线螺旋面。垂直于斜齿轮轴线的平面称为端面,垂直于分度圆柱面上螺旋线的平面称为法面,斜齿轮的端面齿形是标准渐开线。斜齿轮的端面和法面上有不同的参数。

1. 螺旋角 β

图 7-39 所示为斜齿圆柱齿轮分度圆柱面展开图，螺旋线展开成一直线，该直线与齿轮轴线的夹角 β 称为斜齿圆柱齿轮在分度圆柱面上的螺旋角，简称斜齿轮的螺旋角。

螺旋角是反映斜齿轮特征的一个重要参数。β 越大，轮齿越倾斜，传动的平稳性也就越好，工作时产生的轴向力也就越大。一般机械中取 $\beta=8°\sim20°$，而对噪声有特殊要求的齿轮，β 还要大一些，如小轿车齿轮可取 $\beta=35°\sim37°$。

斜齿轮按其轮齿的旋向，可分为左旋和右旋两种，如图 7-40 所示。

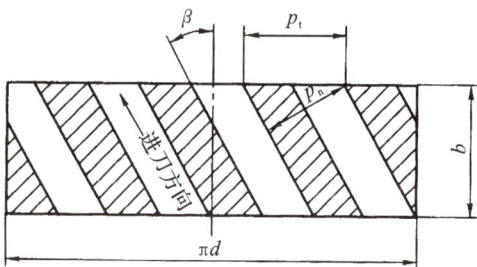

图 7-39 斜齿圆柱齿轮分度圆柱面展开图

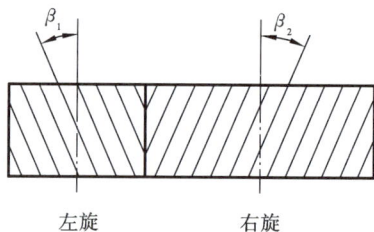

图 7-40 斜齿轮轮齿的旋向

2. 模数

如图 7-39 所示，p_t 为端面齿距，p_n 为法向齿距，m_t 为端面模数，m_n 为法向模数。由图中的几何关系可得

$$p_n=p_t\cos\beta \tag{7-24}$$

因 $p=\pi m$，故斜齿轮的法向模数 m_n 和端面模数 m_t 之间的关系为

$$m_n=m_t\cos\beta \tag{7-25}$$

3. 压力角

斜齿轮的法向压力角和端面压力角分别表示为 α_n 和 α_t，如图 7-41 所示，由图中的几何关系推导可得

$$\tan\alpha_n=\tan\alpha_t\cos\beta \tag{7-26}$$

4. 齿顶高系数和顶隙系数

斜齿轮的齿顶高和齿根高，不论从端面还是从法面来看都是相等的，顶隙也相等，即 $h_{an}^* m_n=h_{at}^* m_t$，$c_n^* m_n=c_t^* m_t$，将式(7-25)代入即得

$$\begin{cases} h_{at}^*=h_{an}^*\cos\beta \\ c_t^*=c_n^*\cos\beta \end{cases} \tag{7-27}$$

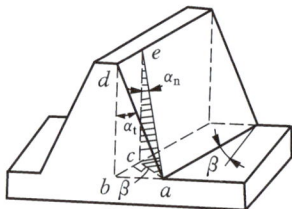

图 7-41 斜齿轮的法向压力角和端面压力角的关系

用成形铣刀或滚刀加工斜齿轮时，刀具沿轮齿的螺旋线方向进给，故其法面内的参数与刀具的参数相同，故一般规定法面内的参数为标准参数，即 $\alpha_n=20°$，$h_{an}^*=1$，$c_n^*=0.25$，法向模数 m_n 按表 7-1 取标准值。

5. 几何尺寸计算

因一对斜齿圆柱齿轮的啮合在端面上相当于一对直齿圆柱齿轮的啮合，故将斜齿圆柱齿轮的端面参数代入直齿圆柱齿轮的几何尺寸计算公式，即可得到斜齿圆柱齿轮端面的相应几何尺寸，其计算公式如表 7-14 所示。

表 7-14 外啮合标准斜齿圆柱齿轮的几何尺寸计算

名称	符号	计算公式
分度圆直径	d	$d=m_{\mathrm{t}}z=m_{\mathrm{n}}z/\cos\beta$
齿顶高	h_{a}	$h_{\mathrm{a}}=h_{\mathrm{an}}^{*}m_{\mathrm{n}}=m_{\mathrm{n}}$
齿根高	h_{f}	$h_{\mathrm{f}}=(h_{\mathrm{an}}^{*}+c^{*})m_{\mathrm{n}}=1.25m_{\mathrm{n}}$
全齿高	h	$h=h_{\mathrm{a}}+h_{\mathrm{f}}=2.25m_{\mathrm{n}}$
齿顶圆直径	d_{a}	$d_{\mathrm{a}}=d+2h_{\mathrm{a}}=m_{\mathrm{n}}\left(\dfrac{z}{\cos\beta}+2\right)$
齿根圆直径	d_{f}	$d_{\mathrm{f}}=d-2h_{\mathrm{f}}=m_{\mathrm{n}}\left(\dfrac{z}{\cos\beta}-2.5\right)$
标准中心距	a	$a=\dfrac{1}{2}(d_1+d_2)=\dfrac{1}{2}m_{\mathrm{t}}(z_1+z_2)=\dfrac{m_{\mathrm{n}}(z_1+z_2)}{2\cos\beta}$

三、斜齿圆柱齿轮的正确啮合条件

一对斜齿圆柱齿轮的正确啮合条件为

$$\begin{cases} m_{\mathrm{n1}}=m_{\mathrm{n2}}=m_{\mathrm{n}} \\ \alpha_{\mathrm{n1}}=\alpha_{\mathrm{n2}}=\alpha_{\mathrm{n}} \\ \beta_1=\pm\beta_2 \end{cases} \tag{7-28}$$

式中,"一"号用于外啮合,表示两斜齿轮旋向相反;"＋"号用于内啮合,表示两斜齿轮旋向相同。

四、斜齿圆柱齿轮的当量齿数

用仿形法加工斜齿轮,在选择刀具和进行斜齿轮的强度计算时,必须知道斜齿轮的当量齿数。

若一直齿圆柱齿轮的齿廓形状近似于斜齿圆柱齿轮的法面齿廓形状,则该直齿圆柱齿轮称为斜齿圆柱齿轮的当量齿轮,其齿数称为斜齿圆柱齿轮的当量齿数,用 z_{v} 表示,计算公式为

$$z_{\mathrm{v}}=\frac{z}{\cos^3\beta} \tag{7-29}$$

式中,z 为斜齿轮的实际齿数。

标准斜齿圆柱齿轮不发生根切的最少齿数 $z_{\min}$ 可由其当量直齿轮的最少齿数 z_{vmin} 求出

$$z_{\min}=z_{\mathrm{vmin}}\cos^3\beta=17\cos^3\beta \tag{7-30}$$

由式(7-30)可知,标准斜齿轮不发生根切的最少齿数比标准直齿轮少,其结构比直齿轮紧凑。

五、斜齿圆柱齿轮的强度计算

1. 轮齿的受力分析

图 7-42(a)所示为斜齿圆柱齿轮传动中主动轮的受力情况。若接触面的摩擦力忽略不计,轮齿受到的法向力 F_{n} 可分解为三个互相垂直的分力。

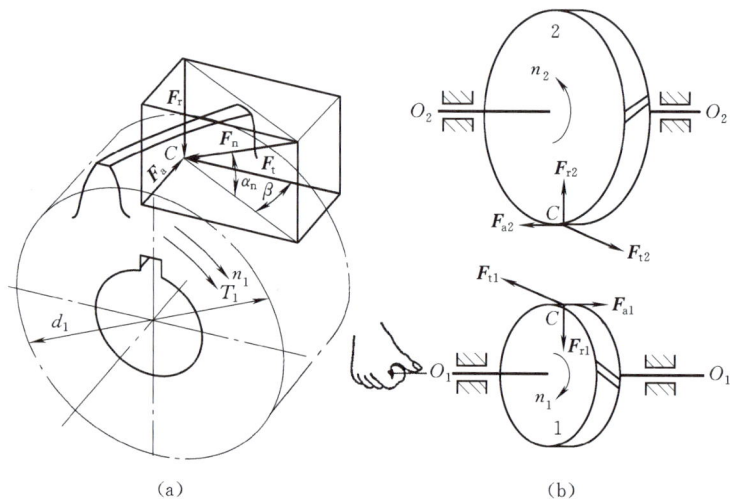

图 7-42　斜齿圆柱齿轮传动中主动轮的受力情况

圆周力

径向力

轴向力

$$F_{t1} = \frac{2T_1}{d_1}$$

$$F_{r1} = \frac{F_{t1}\tan\alpha_n}{\cos\beta}$$

$$F_{a1} = F_{t1}\tan\beta$$

$$(7\text{-}31)$$

式中，T_1 为主动轮传递的转矩（N·m）；d_1 为主动轮分度圆直径（mm）；α_n 为法向压力角，$\alpha_n = 20°$；β 为分度圆柱上的螺旋角。

如图 7-42(b)所示，圆周力 F_t 的方向，在主动轮上与其转动方向相反，在从动轮上与其转动方向相同。两轮的径向力 F_r 的方向分别指向各自的轮心。轴向力的方向，则与齿轮的转向和轮齿的螺旋方向有关，可用主动轮左、右手法则来判定，即主动轮右旋用右手、左旋用左手，握住齿轮轴线，四指弯曲方向为主动轮的转向，则大拇指的指向即为主动轮上轴向力 F_{a1} 的方向，从动轮上的轴向力 F_{a2} 与 F_{a1} 大小相等、方向相反。

2. 齿面接触疲劳强度计算

校核公式为

$$\sigma_H = 3.17Z_E\sqrt{\frac{KT_1(u\pm1)}{bd_1^2 u}} \leqslant [\sigma_H] \qquad (7\text{-}32)$$

设计公式为

$$d_1 \geqslant \sqrt[3]{\frac{KT_1(u\pm1)}{\psi_d u}\left(\frac{3.17Z_E}{[\sigma_H]}\right)^2} \qquad (7\text{-}33)$$

公式中各符号的意义、单位和确定方法与直齿圆柱齿轮传动的相同。

3. 齿根弯曲疲劳强度计算

校核公式为

$$\sigma_F = \frac{1.6KT_1}{bm_n d_1}Y_F Y_S = \frac{1.6KT_1\cos\beta}{bm_n^2 z_1}Y_F Y_S \leqslant [\sigma_F] \qquad (7\text{-}34)$$

设计公式为

$$m_n \geqslant 1.17\sqrt[3]{\frac{KT_1\cos^2\beta}{\psi_d z_1^2[\sigma_F]}Y_F Y_S} \qquad (7\text{-}35)$$

式中，m_n 为法向模数（mm）；β 为螺旋角。Y_F、Y_S 应按斜齿轮的当量齿数 z_v 查表 7-8。

在应用公式（7-34）和公式（7-35）时应注意，由于大、小齿轮的 σ_F 与 $[\sigma_F]$ 均不可能相等，故进行轮齿的齿根弯曲疲劳强度校核时，大、小齿轮应分别进行校核。设计计算时应将 $\dfrac{Y_{F1}Y_{S1}}{[\sigma_F]_1}$ 和 $\dfrac{Y_{F2}Y_{S2}}{[\sigma_F]_2}$ 两比值中的较大值代入上式，并将求得的法向模数 m_n 按表 7-1 圆整为标准模数。

【任务实施】

1. 选择齿轮材料，确定许用应力

（1）选择齿轮材料。

小齿轮选用 45 钢调质，硬度为 220～250 HBW，取为 230 HBW；大齿轮选用 45 钢正火，硬度为 170～200 HBW，取为 190 HBW。

（2）确定许用接触应力。

由图 7-28 中优质碳素钢调质或正火图线，按齿面硬度查得两齿轮的接触疲劳极限分别为

$$\sigma_{Hlim1}=560 \text{ MPa}, \quad \sigma_{Hlim2}=530 \text{ MPa}$$

由表 7-7 查得安全系数 $S_H=1.1$。

许用接触应力

$$[\sigma_H]_1=\frac{\sigma_{Hlim1}}{S_H}=\frac{560}{1.1}\text{ MPa}=509 \text{ MPa}$$

$$[\sigma_H]_2=\frac{\sigma_{Hlim2}}{S_H}=\frac{530}{1.1}\text{ MPa}=482 \text{ MPa}$$

（3）确定许用弯曲应力。

由图 7-30 中优质碳素钢调质或正火图线，按齿面硬度查得两齿轮的弯曲疲劳极限分别为

$$\sigma_{Flim1}=195 \text{ MPa}, \quad \sigma_{Flim2}=180 \text{ MPa}$$

由表 7-7 查得安全系数 $S_F=1.4$。

许用弯曲应力

$$[\sigma_F]_1=\frac{\sigma_{Flim1}}{S_F}=\frac{195}{1.4}\text{ MPa}=139 \text{ MPa}$$

$$[\sigma_F]_2=\frac{\sigma_{Flim2}}{S_F}=\frac{180}{1.4}\text{ MPa}=129 \text{ MPa}$$

因齿面硬度小于 350 HBW，属软齿面，按齿面接触疲劳强度设计，再校核齿根弯曲疲劳强度。

2. 按齿面接触疲劳强度设计

因齿轮传动为外啮合，故

$$d_1\geqslant\sqrt[3]{\frac{KT_1(u+1)}{\phi_d u}\left(\frac{3.17Z_E}{[\sigma_H]}\right)^2}$$

（1）载荷系数 K。

查表 7-5，斜齿轮取小值，取 $K=1$。

（2）小齿轮转矩 T_1。

$$T_1 = 1.003 \times 10^5 \text{ N} \cdot \text{mm}$$

（3）齿数比 u。

减速传动，$u = i = 4.43$。

（4）齿宽系数 ψ_d。

因单级圆柱齿轮传动为对称布置，且齿轮齿面为软齿面，查表 7-9，斜齿轮取较大值，选取 $\psi_d = 1.3$。

（5）材料弹性系数 Z_E。

两齿轮均为 45 钢，查表 7-6 得弹性系数 $Z_E = 189.8 \sqrt{\text{MPa}}$。

（6）许用接触应力 $[\sigma_H]$。

取 $[\sigma_H]_1$、$[\sigma_H]_2$ 中的较小值，$[\sigma_H] = [\sigma_H]_2 = 482$ MPa，则

$$d_1 \geqslant \sqrt[3]{\frac{1 \times 1.003 \times 10^5 \times (4.43+1)}{1.3 \times 4.43} \times \left(\frac{3.17 \times 189.8}{482}\right)^2} \text{ mm} = 52.8 \text{ mm}$$

3. 确定齿轮的基本参数

（1）初选螺旋角 $\beta = 12°$。

（2）选择齿数。

闭式软齿面齿轮传动，$z_1 = 20 \sim 40$，取 $z_1 = 27$。

则大齿轮齿数 $z_2 = i \times z_1 = 4.43 \times 27 = 119.6$，取 $z_2 = 120$。

（3）确定法向模数。

$$m_n = \frac{d_1}{z_1} \cos\beta = \frac{52.8}{27} \times \cos 12° \text{ mm} = 1.91 \text{ mm}$$

查表 7-1，取标准模数 $m_n = 2$ mm。

4. 计算传动的主要几何尺寸

（1）确定中心距 a。

$$a = \frac{m_n(z_1 + z_2)}{2\cos\beta} = \frac{2 \times (27 + 120)}{2 \times \cos 12°} \text{ mm} = 150.3 \text{ mm}$$

中心距取整数，$a = 150$ mm。

（2）修正螺旋角 β。

$$\beta = \arccos \frac{m_n(z_1 + z_2)}{2a} = \arccos \frac{2 \times (27 + 120)}{2 \times 150} = 11°28'43''$$

（3）计算分度圆、齿顶圆、齿根圆的直径。

$$d_1 = \frac{m_n z_1}{\cos\beta} = \frac{2 \times 27}{\cos 11°28'43''} \text{ mm} = 55.102 \text{ mm}$$

$$d_2 = \frac{m_n z_2}{\cos\beta} = \frac{2 \times 120}{\cos 11°28'43''} \text{ mm} = 244.898 \text{ mm}$$

$$d_{a1} = d_1 + 2h_a = (55.102 + 2 \times 2) \text{ mm} = 59.102 \text{ mm}$$

$$d_{a2} = d_2 + 2h_a = (244.898 + 2 \times 2) \text{ mm} = 248.898 \text{ mm}$$

$$d_{f1} = d_1 - 2h_f = (55.102 - 2 \times 1.25 \times 2) \text{ mm} = 50.102 \text{ mm}$$

$$d_{f2} = d_2 - 2h_f = (244.898 - 2 \times 1.25 \times 2) \text{ mm} = 239.898 \text{ mm}$$

（4）计算齿宽。

$$b_2 = \psi_d d_1 = 1.3 \times 55.102 \text{ mm} = 71.6 \text{ mm}$$

圆整后取 $b_2=70$ mm，则 $b_1=b_2+5=75$ mm。

5. 校核齿根弯曲疲劳强度

$$\sigma_F=\frac{1.6KT_1\cos\beta}{bm_n^2z_1}Y_FY_S\leqslant[\sigma_F]$$

（1）计算当量齿数。

$$z_{v1}=\frac{z_1}{\cos^3\beta}=\frac{27}{\cos^3 11°28'43''}=28.7\approx29$$

$$z_{v2}=\frac{z_2}{\cos^3\beta}=\frac{120}{\cos^3 11°28'43''}=127.5\approx128$$

（2）齿形系数 Y_F。

由 $z_{v1}=29$ 和 $z_{v2}=128$，查表 7-8，得 $Y_{F1}=2.53$；采用插值法，求得 $Y_{F2}=2.16$。

（3）应力修正系数 Y_S。

由 $z_{v1}=29$ 和 $z_{v2}=128$，查表 7-8，得 $Y_{S1}=1.62$；采用插值法，求得 $Y_{S2}=1.81$。

（4）校核齿根弯曲应力。

$$\sigma_{F1}=\frac{1.6KT_1\cos\beta}{bm_n^2z_1}Y_{F1}Y_{S1}=\frac{1.6\times1\times1.003\times10^5\times\cos11°28'43''}{70\times2^2\times27}\times2.53\times1.62\ \text{MPa}$$

$$=85.3\ \text{MPa}<[\sigma_F]_1=139\ \text{MPa}$$

$$\sigma_{F2}=\sigma_{F1}\frac{Y_{F2}Y_{S2}}{Y_{F1}Y_{S1}}=85.3\times\frac{2.16\times1.81}{2.53\times1.61}\ \text{MPa}=81.4\ \text{MPa}<[\sigma_F]_2=129\ \text{MPa}$$

齿根弯曲强度校核合格。

6. 确定齿轮的精度等级

齿轮的圆周速度

$$v=\frac{\pi d_1 n_1}{60\times1000}=\frac{\pi\times55.102\times338}{60\times1000}\ \text{m/s}=0.98\ \text{m/s}$$

因 $v=0.98$ m/s<5 m/s，查表 7-10，选用 8 级精度。

7. 计算齿轮之间的作用力

圆周力

$$F_t=\frac{2T_1}{d_1}=\frac{2\times1.003\times10^5}{55.102}\ \text{N}=3641\ \text{N}$$

径向力

$$F_r=\frac{F_t\tan\alpha_n}{\cos\beta}=\frac{3641\times\tan20°}{\cos11°28'43''}\ \text{N}=1352\ \text{N}$$

轴向力

$$F_a=F_t\tan\beta=3641\times\tan11°28'43''\ \text{N}=739\ \text{N}$$

将齿轮的计算结果列于表 7-15 中，以便后续设计计算时查用。

表 7-15 输送机减速器中斜齿圆柱齿轮传动的计算结果

类别	材料	齿数 z	法向模数 m_n/mm	螺旋角 β	分度圆直径 d/mm	齿顶圆直径 d_a/mm	齿根圆直径 d_f/mm	齿宽 b/mm	中心距 a/mm	精度等级
主动轮 1	45 钢调质	27	2	11°28'43''	55.102	59.102	50.102	75	150	8 级
从动轮 2	45 钢正火	120			244.898	248.898	239.898	70		

8．齿轮结构的设计

因小齿轮的齿根圆直径比较小，故初定为齿轮轴结构。

因大齿轮的齿顶圆直径 200 mm＜d_{a2}＜500 mm，故采用腹板式结构。由于轴的直径尺寸尚未确定，故齿轮的其他结构尺寸暂时无法确定。待轴的结构尺寸设计完成后，再设计计算大齿轮的结构尺寸。

9．选择润滑方式和润滑油

因减速器为闭式齿轮传动，且齿轮的圆周速度 v＜12 m/s，故采用浸油润滑。根据 v＝0.98 m/s，查表 7-13，选润滑油的黏度为 350 mm²/s。

10．验算齿轮传动的转速误差

现已确定两齿轮的齿数为：z_1＝27，z_2＝120。则其实际传动比 i 为

$$i=\frac{z_2}{z_1}=\frac{120}{27}=4.44$$

从动轮的实际转速为

$$n_2=\frac{n_1}{i}=\frac{338}{4.44}\ \text{r/min}=76.1\ \text{r/min}$$

从动轮的转速误差率为

$$\Delta n_2=\left|\frac{76.1-76.4}{76.4}\times100\%\right|=0.39\%＜5\%$$

在±5％以内，为允许值。

至此，带式输送机传动系统各轴的运动和动力参数应将表 6-10 的计算结果加以修正，如表 7-16 所示。

表 7-16　传动系统各轴的运动和动力参数计算结果（二）

参数	轴名			
	电动机轴	Ⅰ轴	Ⅱ轴	Ⅲ轴（卷筒轴）
功率 P/kW	3.7	3.55	3.41	3.34
转速 n/(r/min)	960	338	76.1	76.1
转矩 T/(N·m)	36.81	100.3	427.93	419.15
传动比 i	2.84		4.44	1

🔑 知识扩展 ////

1．直齿圆锥齿轮传动

圆锥齿轮传动用于传递两相交轴之间的运动和动力。圆锥齿轮的轮齿分布在一个圆锥体上，从大端到小端逐渐减小。直齿圆锥齿轮传动见图 7-43。为了测量和计算方便，通常取圆锥齿轮大端的参数为标准值。

圆锥齿轮有直齿和曲齿两种类型，其中直齿圆锥齿轮应用较广。直齿圆锥齿轮易于制造，工作时振动和噪声较大，适用于低速、轻载传动。曲齿圆锥齿轮传动平稳、承载能力强，常用于高速、重载传动，但其设计和制造较复杂。

有关直齿圆锥齿轮的强度计算可查阅《机械设计手册》。

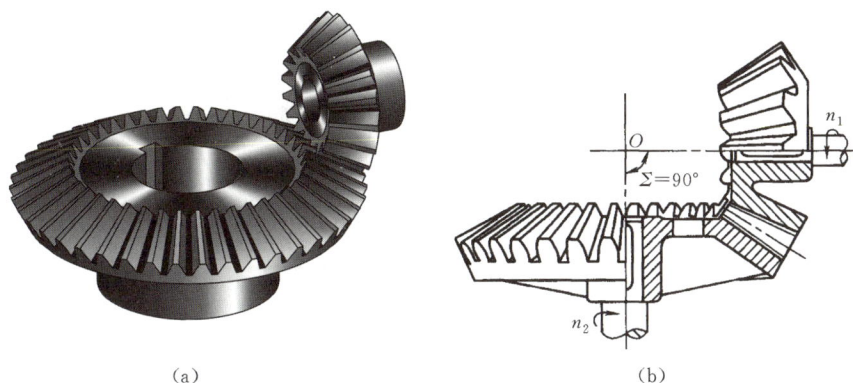

(a)   (b)

图 7-43 直齿圆锥齿轮传动

2. 蜗杆传动

蜗杆传动是一种应用广泛的机械传动形式,用于传递空间两交错轴之间的运动和动力,一般两轴交错角为 90°。如图 7-44 所示,蜗杆传动由蜗杆和蜗轮组成,一般为蜗杆主动、蜗轮从动,具有自锁性,做减速运动。蜗杆传动广泛应用于各种机械和仪表中。

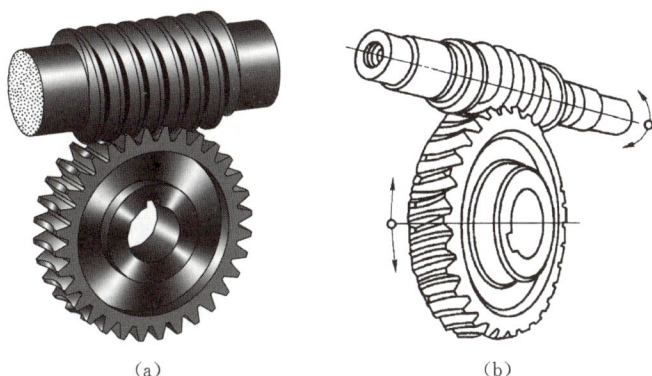

(a)   (b)

图 7-44 蜗杆传动

蜗杆的外形为圆柱形,并带有螺纹,有右旋和左旋之分,分别称为右旋蜗杆和左旋蜗杆。蜗杆上只有一条螺旋线的称为单头蜗杆,即蜗杆转一周,蜗轮转过一个齿;若蜗杆上有两条螺旋线,则称为双头蜗杆,即蜗杆转一周,蜗轮转过两个齿,依次类推。设蜗杆头数为 z_1(z_1 一般取 1、2、4、6),蜗轮齿数为 z_2,则蜗杆传动的传动比为

$$i = \frac{n_1}{n_2} = \frac{z_2}{z_1} \tag{7-36}$$

式中,n_1、n_2 分别为蜗杆、蜗轮的转速(r/min)。

根据蜗杆的转动方向和螺旋线旋向,蜗轮和蜗杆的转向关系用左、右手定则判断。如图7-45所示,当蜗杆为右旋时,则用右手定则判断(左旋用左手)。用手握住蜗杆的轴线,四指弯曲方向与蜗杆转动方向相同,大拇指的反方向即是蜗轮在节点处圆周速度 v_2 的方向。

蜗杆传动具有以下特点:

(1) 传动比大、结构紧凑。一般动力传动中,$i = 10 \sim 80$;在分度机构或手动机构中,i

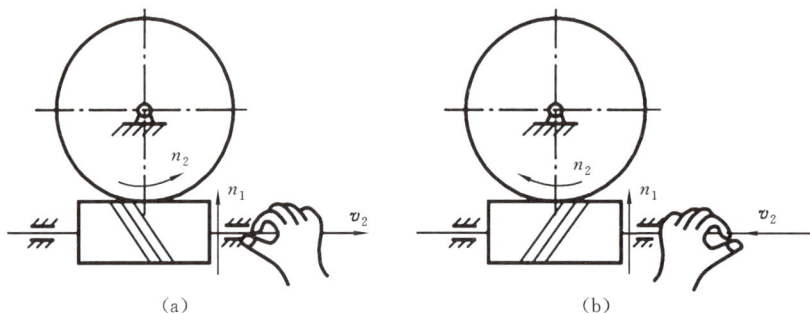

图 7-45　蜗轮的转动方向判断

可达 300;若主要是传递运动,则 i 可达 1000。

(2)传动平稳。由于蜗杆上的齿是连续不断的螺旋齿,蜗轮轮齿和蜗杆是逐渐进入啮合又逐渐退出啮合的,同时啮合的齿数较多,所以传动平稳、噪声小。

(3)具有自锁性。当蜗杆的螺旋线升角很小时,蜗杆只能带动蜗轮转动,而蜗轮不能带动蜗杆转动。

(4)传动效率较低。由于蜗杆与蜗轮齿面间相对滑动速度很大,摩擦与磨损严重,因而发热量大,传动效率较低。传动效率一般为 0.7~0.9,当蜗杆传动具有自锁性时,效率小于 0.5。

(5)蜗轮的造价较高。为了减轻齿面的磨损及防止胶合,蜗轮一般多用青铜制造,造价较高。

由上述特点可知,蜗杆传动适用于传动比大、传递功率不大且不长期连续运转的场合。

素质培养

港珠澳大桥——世界奇迹背后的中国智慧

港珠澳大桥(见图 7-46)跨越伶仃洋,东接香港,西接珠海、澳门,是"一国两制"下粤港澳三地首次合作共建的超大型跨海交通工程,被誉为"新世界七大奇迹之一",工程规模、建设条件及技术难度均为世界罕见。桥隧全长 55 km,其中主桥 29.6 km,海底隧道 6.75 km;桥面为双向六车道高速公路,设计速度 100 km/h;工程项目总投资额 1269 亿元。该大桥集岛、隧、桥于一体,是世界上最长的跨海大桥,是中国建设史上里程最长、投资最多、施工难度最大的跨海桥梁,创造了沉管隧道"最长、最大跨径、最大埋深、最大体量"的世界纪录,涵盖了当今世界岛、隧、桥多项尖端科技,是当今世界最具挑战性的工程之一,对促进香港、澳门和珠江三角洲地区经济的进一步发展具有重要的战略意义。

2009 年 12 月 15 日,港珠澳大桥主体建造工程开工建设;2017 年 7 月 7 日,港珠澳大桥实现了主体工程全线贯通;2018 年 10 月 23 日举行开通仪式。

2017 年 5 月 2 日 5 时 50 分,海底隧道的沉管接头开始安装,若采用欧洲百年不变的施工方式,完成这项安装要 4 个多月。在新方法的指导下,工程技术人员仅仅经过 16 个多小时就完成了重达 6000 多吨的港珠澳大桥沉管隧道最后接头的吊装沉放。在水下 30 m

图7-46 港珠澳大桥

处,对接的最大误差只有2.6 mm,最小误差是0.8 mm,这是全世界最小的误差,史无前例。港珠澳大桥沉管需要埋到水下40多米深处,第一次做到了海底隧道"滴水不漏"。

港珠澳大桥的建设难度巨大,施工条件极为复杂,从设计到建成历时14年,我国工程技术人员攻克一个又一个技术难题,完成了这项前所未有的挑战,获得了400多项技术专利、7项世界之最,整体设计和关键技术全部自主研发,为世界海底隧道工程技术领域提供了独特及宝贵的经验。

一座大桥,连接三地,被称为一座圆梦桥、同心桥、自信桥、复兴桥。这不仅是一座地理意义上的大桥,更是一条沟通三地情感的纽带,车流在这里交错,来来往往,不分你我。

练习与实训

一、判断题

1. 渐开线齿轮上,基圆直径一定比齿根圆直径小。（　　）

2. 一对直齿圆柱齿轮正确啮合的条件是:两轮齿的大小、形状都相同。（　　）

3. 齿轮传动设计时,小齿轮的齿面硬度最好比大齿轮的齿面硬度高20～50 HBW。（　　）

4. 齿轮传动标准安装时分度圆与节圆重合。（　　）

5. 单个齿轮的节圆和分度圆是齿顶圆与齿根圆中间的标准圆。（　　）

6. 硬齿面齿轮传动,模数宜选大些,齿数宜选少些,从而控制齿轮传动尺寸。（　　）

7. 齿轮相对于轴承位置对称布置,齿宽系数宜取小些。（　　）

8. 一对齿轮传动中,大、小齿轮的齿面接触应力相等,而接触强度不一定相等。（　　）

9. 平行轴斜齿圆柱齿轮的端面模数为标准值。（　　）

10. 小轿车齿轮,一般取螺旋角 $\beta = 35° \sim 37°$。（　　）

二、单项选择题

1. 常用来传递空间两交错轴运动的是（　　）传动。

A. 直齿圆柱齿轮　　B. 直齿圆锥齿轮　　C. 斜齿圆柱齿轮　　D. 蜗杆蜗轮

2. 齿轮上具有标准模数和标准压力角的圆是（　　　）。

A. 分度圆　　　　B. 基圆　　　　C. 齿根圆　　　　D. 齿顶圆

3. 渐开线齿轮的齿廓曲线形状取决于（　　　）的大小。

A. 分度圆　　　　B. 基圆　　　　C. 齿根圆　　　　D. 齿顶圆

4. 一渐开线标准直齿圆柱齿轮，$m=2$ mm，$z=18$，则其分度圆直径是（　　　）。

A. 36 mm　　　　B. 40 mm　　　　C. 31 mm　　　　D. 18 mm

5. 渐开线标准齿轮的根切现象发生在（　　　）时。

A. 模数较大　　　　B. 模数较小　　　　C. 齿数较少　　　　D. 齿数较多

6. 一对渐开线标准直齿圆柱齿轮要正确啮合，一定相等的是（　　　）。

A. 直径　　　　B. 宽度　　　　C. 齿数　　　　D. 模数

7. 一般参数的闭式软齿面齿轮传动最可能出现的失效形式是（　　　）。

A. 轮齿折断　　　　B. 齿面点蚀　　　　C. 齿面胶合　　　　D. 齿面磨损

8. 标准直齿圆柱齿轮不发生根切的最小齿数为（　　　）。

A. 10　　　　B. 17　　　　C. 24　　　　D. 40

9. 标准直齿圆柱齿轮，若基圆直径比齿根圆直径大，则其齿数为（　　　）。

A. $z>42$　　　　B. $z\leqslant42$　　　　C. $z<42$　　　　D. $z>17$

10. 在圆柱齿轮传动中，常使小齿轮齿宽略大于大齿轮齿宽，其目的是（　　　）。

A. 提高小齿轮齿面接触强度　　　　B. 提高小齿轮齿根弯曲强度

C. 补偿安装误差，保证全齿宽接触　　　　D. 减少小齿轮载荷分布不均

11. 斜齿圆柱齿轮与直齿圆柱齿轮比较，其特有的参数是（　　　）。

A. 模数　　　　B. 压力角　　　　C. 螺旋角　　　　D. 齿数

12. 一对外啮合斜齿圆柱齿轮传动，除模数、压力角必须相等外，螺旋角应满足（　　　）。

A. $\beta_1=\beta_2$　　　　B. $\beta_1=-\beta_2$　　　　C. $\beta_1+\beta_2=90°$　　　　D. $\beta_1+\beta_2=45°$

13. 标准斜齿圆柱齿轮传动中，齿形系数 Y_F 的数值应按（　　　）查取。

A. 法向模数 m_n　　　　B. 齿宽 b　　　　C. 实际齿数 z　　　　D. 当量齿数 z_v

三、简答题

1. 当正常齿制的渐开线标准直齿圆柱齿轮的齿根圆与基圆重合时，齿数是多少？ 当齿数大于该数值时，基圆与齿根圆哪个大？

2. 为何要使小齿轮比配对大齿轮宽 5～10 mm？

3. 齿轮的失效形式有哪些？ 采取什么措施可避免失效发生？

4. 齿面接触疲劳强度与哪些参数有关？ 当接触强度不够时，采取什么措施提高接触强度？

四、设计计算题

1. 已知一个标准直齿圆柱齿轮的模数 $m=2$ mm，压力角 $\alpha=20°$，齿顶高系数 $h_a^*=1$，顶隙系数 $c^*=0.25$，齿数 $z=20$，求：①齿轮的主要几何尺寸；②齿轮在基圆、齿顶圆处渐开线上的压力角。

2. 已知一对外啮合标准直齿圆柱齿轮传动，中心距 $a=200$ mm，传动比 $i=3$，压力角 $\alpha=20°$，齿顶高系数 $h_a^*=1$，顶隙系数 $c^*=0.25$，模数 $m=5$ mm。试计算两轮的几何尺寸。

3. 已知一对标准斜齿圆柱齿轮传动，$z_1=25$，$z_2=100$，$m_n=4$ mm，$\beta=15°$，$\alpha=20°$，计算这对斜齿轮的主要几何尺寸。

4. 试设计一单级减速器中的直齿圆柱齿轮传动。已知传递的功率 $P=4$ kW，转速 $n_1=450$ r/min，传动比 $i=3.5$。两班制工作，机器单向运转，载荷较平稳，使用寿命 5 年。

5. 已知某单级直齿圆柱齿轮减速器的输入功率 $P=10$ kW，主动轴转速 $n_1=970$ r/min，单向运转，载荷平稳，齿轮模数 $m=3$ mm，$z_1=24$，$z_2=96$，小齿轮齿宽 $b_1=80$ mm，大齿轮齿宽 $b_2=75$ mm，小齿轮材料 40Cr 调质，大齿轮材料 45 钢调质。试校核此对齿轮的强度。

6. 试设计单级直齿圆柱齿轮减速器中的齿轮传动。已知传递的功率 $P=7.5$ kW，小齿轮转速 $n_1=970$ r/min，大齿轮转速 $n_2=250$ r/min；电动机驱动，单向运转，载荷较平稳；小齿轮齿数已选定，$z_1=25$，材料选 45 钢调质，硬度 210 HBW，大齿轮材料 45 钢正火，硬度 180 HBW。

五、带式输送机传动装置设计(续)

依据带式输送机传动装置运动和动力参数修正后的设计数据，参照本项目的任务实施，完成以下设计任务：①直齿圆柱齿轮传动设计；②斜齿圆柱齿轮传动设计。

汽车变速和差速机构的分析及计算

本项目通过对汽车变速机构、差速机构的分析,使学生掌握定轴轮系、行星轮系和复合轮系传动比的计算方法以及确定主、从动轮转向关系,初步具备分析和计算轮系传动比的能力。

◀ 任务 1　分析汽车变速机构 ▶

【任务引入】

图 8-1 所示为汽车变速器结构示意图和传动简图。轴Ⅰ为输入轴,轴Ⅱ为输出轴,齿轮 1 和 2 为长啮合齿轮,通过操纵各挡同步器,可以使输出轴Ⅱ获得五种前进转速、一种倒车转速。各齿轮齿数为 $z_1=20,z_2=35,z_3=18,z_4=37,z_5=23,z_6=32,z_7=28,z_8=$

汽车变
速器

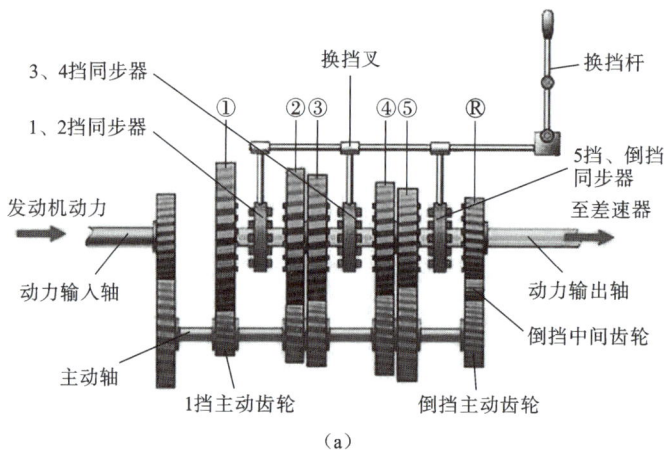

（a）

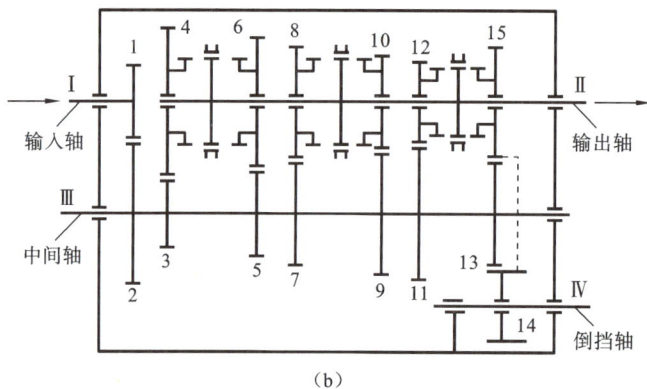

（b）

图 8-1　汽车变速器结构示意图和传动简图

$27, z_9 = 33, z_{10} = 22, z_{11} = 36, z_{12} = 19, z_{13} = 14, z_{15} = 27$。若已知 I 轴的转速 $n_1 = 1000$ r/min，列出变速器的变速传动路线，并求出各挡传动比及输出轴 II 的各挡转速和转向。

【任务分析】

由一对齿轮组成的机构是齿轮传动最基本、最简单的形式，但在实际的机械工程中，为了满足各种不同的工作要求，仅用一对齿轮传动是不够的，常采用一系列互相啮合的齿轮将输入轴和输出轴连接起来。这种由一系列互相啮合的齿轮组成的传动系统称为齿轮系，简称轮系。轮系在汽车的变速器、主减速器、差速器等总成上有效地实现了动力传递、变速、差速等功能。汽车传动系统示意图如图 8-2 所示。该任务是计算汽车变速器各挡传动比及输出轴的各挡转速和转向。

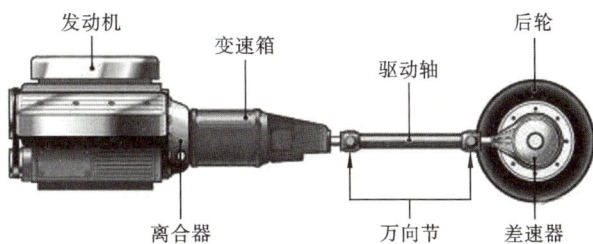

图 8-2　汽车传动系统示意图

汽车传动系统

【相关知识】

一、轮系的分类

如果轮系中各齿轮的轴线互相平行，则称为平面齿轮系，否则称为空间齿轮系。

根据轮系运转时齿轮的轴线位置相对于机架是否固定，又可将轮系分为定轴轮系、行星轮系和复合轮系三类。

1. 定轴轮系

在传动时，所有齿轮的轴线位置相对于机架都固定不变的轮系称为定轴轮系，如图 8-3 所示。定轴轮系是最基本的轮系，应用最广。定轴轮系又可分为平面定轴轮系（见图 8-3(a)）和空间定轴轮系（见图 8-3(b)）两种。

平面定轴轮系

空间定轴轮系

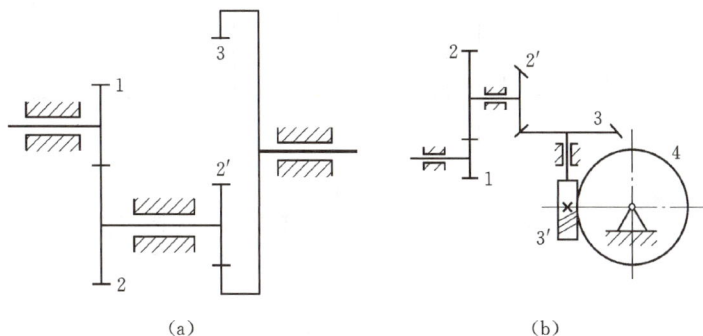

(a)　　　　　　　　　　　(b)

图 8-3　定轴轮系

2. 行星轮系

在传动时,轮系中一个或几个齿轮的轴线位置相对于机架不是固定的,而是绕着其他定轴齿轮的轴线回转,这种轮系称为行星轮系,如图 8-4 所示。

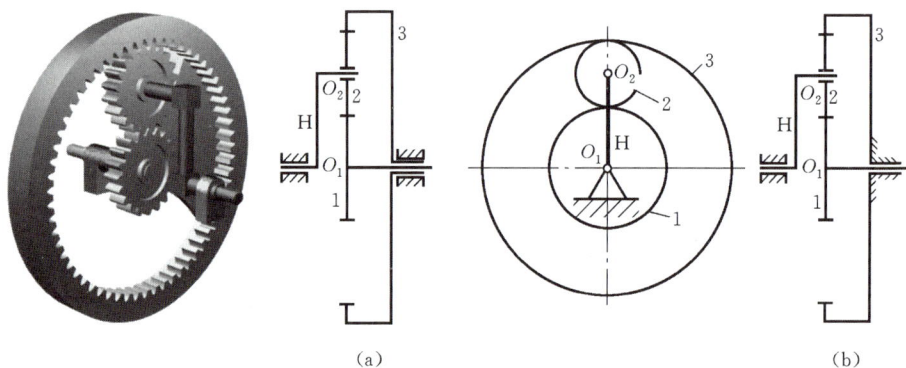

(a)   (b)

图 8-4　行星轮系

齿轮 1、3 和构件 H 均绕固定的互相重合的轴线转动,齿轮 2 安装在构件 H 上,与齿轮 1、3 相啮合。当构件 H 转动时,齿轮 2 既绕自身轴线 O_2 自转,又随构件 H 绕齿轮 1 的固定几何轴线 O_1 公转,故称齿轮 2 为行星轮;齿轮 1 和齿轮 3 称为太阳轮或中心轮;构件 H 称为行星架(又称系杆或转臂)。显然,行星轮系中行星架与两太阳轮的几何轴线必须重合,否则无法运动。

行星轮系按其自由度的不同可分为两类:若齿轮 3 或齿轮 1 固定,即只有一个太阳轮能转动,机构的自由度为 1,工作时只需一个原动件,则称其为简单行星轮系(见图 8-4 (b));若齿轮 1、3 均绕固定轴线转动,即两个太阳轮都可以转动,机构的自由度为 2,工作时需要两个原动件,则称其为差动轮系(见图 8-4(a))。

3. 复合轮系

既包含定轴轮系,又包含行星轮系(见图 8-5(a)),或者只包含几个基本行星轮系(见图 8-5(b)),这种轮系称为复合轮系。

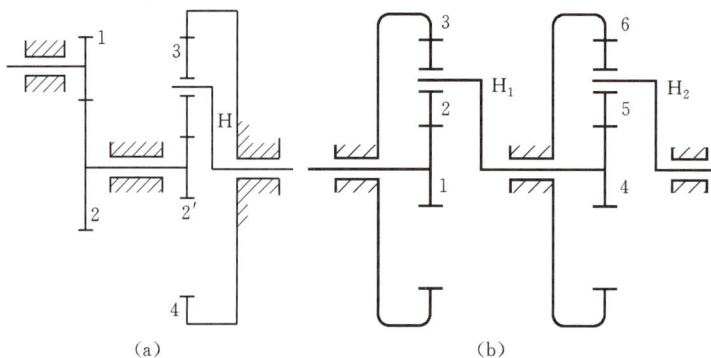

(a)   (b)

图 8-5　复合轮系

二、定轴轮系传动比的计算

1. 轮系的传动比

轮系中首齿轮 1 与末齿轮 k 的角速度或转速之比,称为轮系的传动比,用 i_{1k} 表示。

$$i_{1k}=\frac{\omega_1}{\omega_k}=\frac{n_1}{n_k} \tag{8-1}$$

式中,ω_1、n_1 分别为主动轮 1 的角速度(rad)和转速(r/min);ω_k、n_k 分别为从动轮 k 的角速度(rad)和转速(r/min)。

轮系传动比的计算包括计算传动比的大小和确定首、末轮的转向关系。

2. 一对齿轮的传动比

1) 传动比的大小

无论是圆柱齿轮、锥齿轮,还是蜗杆蜗轮传动,其传动比均可用下式表示

$$i_{12}=\frac{n_1}{n_2}=\frac{z_2}{z_1} \tag{8-2}$$

式中,1 为主动轮,2 为从动轮。

2) 主、从动轮之间的转向关系

(1) 画箭头法。

各种类型的齿轮传动,主、从动轮的转向关系均可用标箭头的方法确定。

一对圆柱齿轮传动,两轮轴线平行。外啮合传动时,两轮转向相反,故表示其转向的箭头方向相对或相背,如图 8-6(a)所示;内啮合传动时,两轮的转向相同,故表示其转向的箭头方向相同,如图 8-6(b)所示。

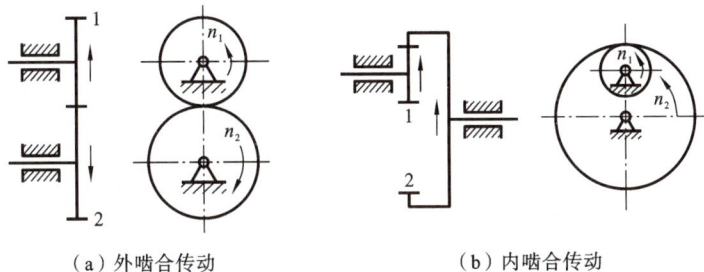

(a) 外啮合传动　　　　　　　　　(b) 内啮合传动

图 8-6　圆柱齿轮传动转向关系

一对圆锥齿轮传动,两轴线相交,表示两轮转向的箭头应同时指向或同时背离啮合点,如图 8-7 所示。

蜗杆蜗轮传动,两轴线在空间相交成 $90°$,蜗杆与蜗轮之间的转向关系按左(右)手定则确定,同样可用画箭头方法表示,如图 8-8 所示。

(2) "±"号法。

对于圆柱齿轮传动,从动轮与主动轮的转向关系可直接用传动比公式表示,即

$$i_{12}=\frac{n_1}{n_2}=\pm\frac{z_2}{z_1} \tag{8-3}$$

其中,"+"号表示主、从动轮转向相同,用于内啮合;"−"号表示主、从动轮转向相反,用于外啮合。

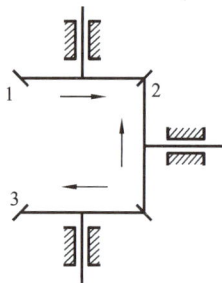

图 8-7　圆锥齿轮传动转向关系

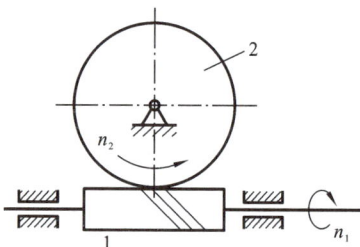

图 8-8　蜗杆蜗轮传动转向关系

对圆锥齿轮传动和蜗杆蜗轮传动,由于主、从动轮的运动不在同一平面内,不能说转向相同或相反,因此不能用"±"号法确定其转向关系,只能用画箭头法确定。

3. 平面定轴轮系传动比的计算

图 8-9 所示为圆柱齿轮传动的定轴轮系,各齿轮轴线平行。齿轮 1 为首轮,齿轮 5 为

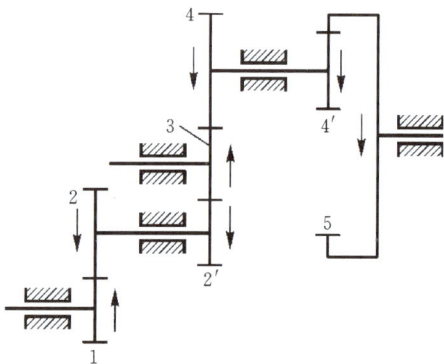

图 8-9　平面定轴轮系传动比分析

末轮,则轮系传动比为 $i_{15}=\dfrac{n_1}{n_5}$。设各齿轮齿数分别为 z_1、z_2、$z_{2'}$、z_3、z_4、$z_{4'}$、z_5,轮系中各对啮合齿轮的传动比为

$$i_{12}=\frac{n_1}{n_2}=-\frac{z_2}{z_1}$$

$$i_{2'3}=\frac{n_{2'}}{n_3}=-\frac{z_3}{z_{2'}}$$

$$i_{34}=\frac{n_3}{n_4}=-\frac{z_4}{z_3}$$

$$i_{4'5}=\frac{n_{4'}}{n_5}=\frac{z_5}{z_{4'}}$$

将各对齿轮的传动比连乘,可得

$$i_{12}\cdot i_{2'3}\cdot i_{34}\cdot i_{4'5}=\frac{n_1}{n_2}\cdot\frac{n_{2'}}{n_3}\cdot\frac{n_3}{n_4}\cdot\frac{n_{4'}}{n_5}=\left(-\frac{z_2}{z_1}\right)\cdot\left(-\frac{z_3}{z_{2'}}\right)\cdot\left(-\frac{z_4}{z_3}\right)\cdot\frac{z_5}{z_{4'}}$$

$$=(-1)^3\frac{z_2 z_4 z_5}{z_1 z_{2'} z_{4'}}$$

由于 $n_2=n_{2'}$,$n_4=n_{4'}$,故得

$$i_{15}=\frac{n_1}{n_5}=i_{12}\cdot i_{2'3}\cdot i_{34}\cdot i_{4'5}=(-1)^3\frac{z_2 z_4 z_5}{z_1 z_{2'} z_{4'}}$$

上式表明,该定轴轮系的传动比等于轮系中各对啮合齿轮传动比的连乘积,也等于各对啮合齿轮中所有从动轮齿数的连乘积与所有主动轮齿数连乘积之比。有 3 对齿轮外啮合,传动比为负值,表明首、末两轮转向相反。首、末两轮的转向关系也可用箭头在图上逐对标出,如图 8-9 所示。注意,同一轴上各轮的箭头方向应相同。

此外,该轮系中齿轮 3 同时与两个齿轮啮合,与齿轮 2′ 啮合时为从动轮,与齿轮 4 啮合时为主动轮,其齿数在上述计算式中消去,说明齿轮 3 的齿数并不影响传动比的大小,只起到改变从动轮转向的作用,这种齿轮称为惰轮。

将上述计算式推广,设齿轮 1 为首轮,齿轮 k 为末轮,则表示出首、末轮转向关系的

平面定轴轮系传动比的一般计算式为

$$i_{1k}=\frac{n_1}{n_k}=(-1)^m\frac{\text{所有从动轮齿数的连乘积}}{\text{所有主动轮齿数的连乘积}} \tag{8-4}$$

式中，m 表示轮系中外啮合齿轮的对数。当 m 为奇数时，传动比为负，表示首、末两轮转向相反；当 m 为偶数时，传动比为正，表示首、末两轮转向相同。

4. 空间定轴轮系传动比的计算

定轴轮系中含有圆锥齿轮、蜗杆蜗轮传动时，其传动比的大小可用下式计算

$$i_{1k}=\frac{n_1}{n_k}=\frac{\text{所有从动轮齿数的连乘积}}{\text{所有主动轮齿数的连乘积}} \tag{8-5}$$

由于各齿轮轴线不都互相平行，所以不能用 $(-1)^m$ 确定首、末齿轮的转向，只能在图上用画箭头的方法确定。

总之，画箭头法是确定定轴轮系从动轮转向普遍适用的基本方法。

【例 8-1】 一电动提升机的传动系统如图 8-10 所示。

已知 $z_1=18$，$z_2=39$，$z_{2'}=20$，$z_3=41$，$z_{3'}=2$（右旋），$z_4=50$，鼓轮直径 $D=200$ mm，鼓轮与蜗轮同轴。若 $n_1=1460$ r/min，转向如图所示。求：(1) 传动比 i_{14}；(2) 蜗轮的转速 n_4 和转向；(3) 重物 G 的运动速度和运动方向。

解 （1）传动比 i_{14}。

电动提升机传动系统是由圆柱齿轮、锥齿轮和蜗杆蜗轮组成的空间定轴轮系。其传动的大小按式(8-5)计算

$$i_{14}=\frac{n_1}{n_4}=\frac{z_2 z_3 z_4}{z_1 z_{2'} z_{3'}}=\frac{39\times41\times50}{18\times20\times2}=111$$

（2）蜗轮的转速 n_4 和转向。

蜗轮的转速 n_4 为

$$n_4=\frac{n_1}{i_{14}}=\frac{1460}{111}\text{ r/min}=13.2\text{ r/min}$$

蜗轮的转向用画箭头的方法确定，转向如图 8-10 所示。

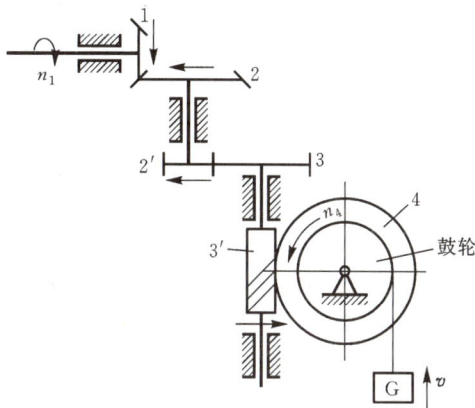

图 8-10　电动提升机传动系统

（3）重物 G 的运动速度和运动方向。

$$v=\frac{\pi D n_4}{60\times1000}=\frac{\pi\times200\times13.2}{60\times1000}\text{ m/s}=0.138\text{ m/s}$$

重物 G 的运动方向如图所示，向上运动。

【任务实施】

汽车变速器传动系统是由圆柱齿轮组成的平面定轴轮系。

1. 五种前进挡传动比及轴 Ⅱ 的各挡转速

第一挡传动路线为：齿轮 1—2—3—4。

传动比　　　　$i_{1挡}=\frac{n_{\text{I}}}{n_{\text{II}}}=(-1)^2\frac{z_2 z_4}{z_1 z_3}=\frac{35\times37}{20\times18}=3.6$

轴 Ⅱ 的转速　　$n_{\text{II}}=\frac{n_{\text{I}}}{i_{1挡}}=\frac{1000}{3.6}\text{ r/min}=278\text{ r/min}$

传动比为正值,轴Ⅱ与轴Ⅰ转向相同。

第二挡传动路线为:齿轮 1—2—5—6。

传动比
$$i_{2挡}=\frac{n_{\mathrm{I}}}{n_{\mathrm{II}}}=(-1)^2\frac{z_2 z_6}{z_1 z_5}=\frac{35\times32}{20\times23}=2.43$$

轴Ⅱ的转速
$$n_{\mathrm{II}}=\frac{n_{\mathrm{I}}}{i_{2挡}}=\frac{1000}{2.43}\ \mathrm{r/min}=412\ \mathrm{r/min}$$

传动比为正值,轴Ⅱ与轴Ⅰ转向相同。

第三挡传动路线为:齿轮 1—2—7—8。

传动比
$$i_{3挡}=\frac{n_{\mathrm{I}}}{n_{\mathrm{II}}}=(-1)^2\frac{z_2 z_8}{z_1 z_7}=\frac{35\times27}{20\times28}=1.69$$

轴Ⅱ的转速
$$n_{\mathrm{II}}=\frac{n_{\mathrm{I}}}{i_{3挡}}=\frac{1000}{1.69}\ \mathrm{r/min}=592\ \mathrm{r/min}$$

传动比为正值,轴Ⅱ与轴Ⅰ转向相同。

第四挡传动路线为:齿轮 1—2—9—10。

传动比
$$i_{4挡}=\frac{n_{\mathrm{I}}}{n_{\mathrm{II}}}=(-1)^2\frac{z_2 z_{10}}{z_1 z_9}=\frac{35\times22}{20\times33}=1.17$$

轴Ⅱ的转速
$$n_{\mathrm{II}}=\frac{n_{\mathrm{I}}}{i_{4挡}}=\frac{1000}{1.17}\ \mathrm{r/min}=855\ \mathrm{r/min}$$

传动比为正值,轴Ⅱ与轴Ⅰ转向相同。

第五挡传动路线为:齿轮 1—2—11—12。

传动比
$$i_{5挡}=\frac{n_{\mathrm{I}}}{n_{\mathrm{II}}}=(-1)^2\frac{z_2 z_{12}}{z_1 z_{11}}=\frac{35\times19}{20\times36}=0.92$$

轴Ⅱ的转速
$$n_{\mathrm{II}}=\frac{n_{\mathrm{I}}}{i_{5挡}}=\frac{1000}{0.92}\ \mathrm{r/min}=1087\ \mathrm{r/min}$$

传动比为正值,轴Ⅱ与轴Ⅰ转向相同。

2. 倒车挡传动比及轴Ⅱ的转速

倒车挡传动路线为:齿轮 1—2—13—14—15。

传动比
$$i_{倒挡}=\frac{n_{\mathrm{I}}}{n_{\mathrm{II}}}=(-1)^3\frac{z_2 z_{14} z_{15}}{z_1 z_{13} z_{14}}=-\frac{z_2 z_{15}}{z_1 z_{13}}=-\frac{35\times27}{20\times14}=-3.38$$

轴Ⅱ的转速
$$n_{\mathrm{II}}=\frac{n_{\mathrm{I}}}{i_{倒挡}}=\frac{1000}{3.38}\ \mathrm{r/min}=296\ \mathrm{r/min}$$

传动比为负值,轴Ⅱ与轴Ⅰ转向相反。

任务2　分析汽车差速机构

【任务引入】

图 8-11 所示为汽车后桥差速器的传动简图。齿轮 5 与传动轴固连,齿轮 4 活套在后车轮轴上,行星架 H 与齿轮 4 固连,齿轮 1、3 分别与左、右后车轮固连。若汽车后轮中心距为 $2L$,锥齿轮齿数 $z_1=z_2=z_3$,$z_5=14$,$z_4=42$,发动机传递给传动轴的转速 $n_5=1200$ r/min,方向如图 8-11(b)所示。求:(1)当汽车绕图示 P 点向左转弯时,若平均转弯半径

$r=10L$，求左后车轮转速 n_1 和右后车轮转速 n_3；（2）当汽车直线前进时，求两后车轮的转速 n_1 和 n_3。

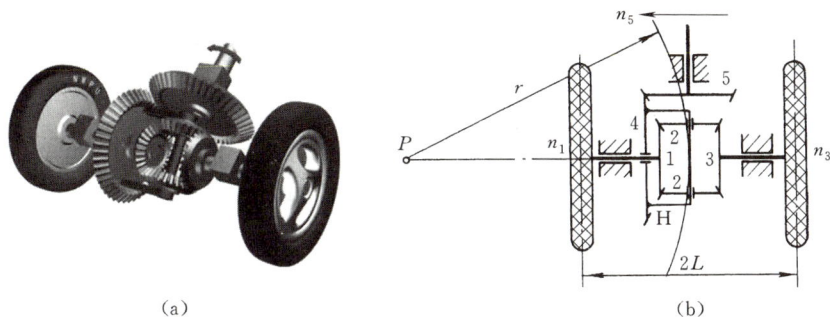

汽车后桥
差速器

（a） （b）

图 8-11　汽车后桥差速器的传动简图

【任务分析】

发动机的动力通过传动轴驱动锥齿轮 5，再带动锥齿轮 4，齿轮 5 和 4 组成空间定轴轮系。齿轮 4 上固连着行星架 H，锥齿轮 2 的轴线位置不固定，为行星轮，与行星轮 2 相啮合的锥齿轮 1、3 为太阳轮。故齿轮 1、2、3 和行星架 H 组成一个空间差动轮系。因此，组成汽车差速器的轮系为一空间复合轮系。该任务是通过计算复合轮系的传动比求汽车左转弯和直行时后车轮的转速。

【相关知识】

一、行星轮系传动比的计算

由于行星轮系中行星轮的轴线位置不固定，故其传动比不能直接用定轴轮系传动比的公式计算。可应用转化轮系的方法，先把行星轮系转化为定轴轮系，然后利用定轴轮系传动比的计算公式，求出行星轮系的传动比。

在图 8-12 所示的行星轮系中，设各轮和行星架的转速分别为 n_1、n_2、n_3 和 n_H。现假设给整个行星轮系加上一个与行星架 H 的转速 n_H 大小相等、转向相反且绕定轴线的公共转速（$-n_H$），则行星架 H 变为静止，而轮系中各构件之间的相对运动关系保持不变。于是，所有齿轮的几何轴线位置都固定不变，行星轮系便转化为假想的定轴轮系。这种

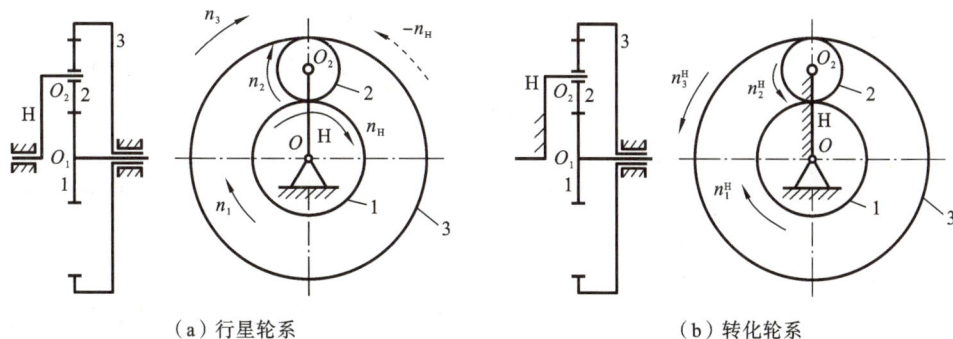

（a）行星轮系　　　　　　　　　　（b）转化轮系

图 8-12　行星轮系的转化

经过一定条件转化得到的假想定轴轮系称为原行星轮系的转化轮系。

转化轮系中，各构件的转速如表 8-1 所示。

表 8-1　各构件转化前后的转速

构件	行星轮系中的转速	转化轮系中的转速
太阳轮 1	n_1	$n_1^H = n_1 - n_H$
行星轮 2	n_2	$n_2^H = n_2 - n_H$
太阳轮 3	n_3	$n_3^H = n_3 - n_H$
行星架 H	n_H	$n_H^H = n_H - n_H = 0$

转化轮系中齿轮 1 与齿轮 3 的传动比可以根据定轴轮系传动比的计算公式得出

$$i_{13}^H = \frac{n_1^H}{n_3^H} = \frac{n_1 - n_H}{n_3 - n_H} = (-1)^1 \frac{z_2 z_3}{z_1 z_2} = -\frac{z_3}{z_1}$$

式中，"一"号表示齿轮 1 和齿轮 3 在转化轮系中的转向相反。由上式可知，若已知行星轮系中任意两个基本构件的转速（包括大小和方向），即可求出另一构件的转速（包括大小和方向），从而求得任意两个基本构件之间的传动比。

推广到一般情况，设齿轮 A 为主动轮，齿轮 k 为从动轮，行星架为 H，则行星轮系的转化轮系的传动比的一般计算公式为

$$i_{Ak}^H = \frac{n_A^H}{n_k^H} = \frac{n_A - n_H}{n_k - n_H} = \pm \frac{A \text{ 至 } k \text{ 间所有从动轮齿数的连乘积}}{A \text{ 至 } k \text{ 间所有主动轮齿数的连乘积}} \tag{8-6}$$

应用式（8-6）时必须注意：

（1）齿轮 A、齿轮 k 与行星架 H 三个构件的轴线必须重合或互相平行。齿轮 A、k 可以都是太阳轮，也可以一个是太阳轮，另一个是行星轮。

（2）$i_{Ak}^H \neq i_{Ak}$。i_{Ak}^H 表示转化轮系中齿轮 A 与齿轮 k 的转速之比；i_{Ak} 是行星轮系中齿轮 A 与齿轮 k 的绝对转速之比。

（3）n_A、n_k、n_H 均为代数值，既代表构件转速的大小，又代表构件的转向，在计算时必须代入表示其转向的正、负号。首先假定某一方向的转动为正值，则与其转向相反的即为负值。

（4）公式右边的"±"，由齿轮 A 与齿轮 k 在转化轮系中的转向关系确定，其确定方法与定轴轮系相同。

（5）待求构件的实际转向由计算结果的正、负号确定。

【例 8-2】　在图 8-12(a) 所示的行星轮系中，已知 $n_1 = 100$ r/min，$n_3 = 60$ r/min，n_1 与 n_3 转向相同；齿数 $z_1 = 30$，$z_2 = 20$，$z_3 = 70$，求：(1) n_H 与 n_2；(2) i_{1H} 与 i_{12}。

解　(1) 求 n_H 与 n_2 的数值及转向。

由式（8-6）得

$$i_{13}^H = \frac{n_1^H}{n_3^H} = \frac{n_1 - n_H}{n_3 - n_H} = (-1)^1 \frac{z_2 z_3}{z_1 z_2} = -\frac{z_3}{z_1}$$

取 n_1 的转向为正。n_3 与 n_1 的转向相同，故 n_3 也为正值。将已知数据代入上式得

$$\frac{100 - n_H}{60 - n_H} = -\frac{70}{30}$$

解得：$n_H = 72$ r/min。计算结果为正，表示 n_H 与 n_1 的转向相同。

列出 i_{12}^H 或 i_{23}^H 均可以求出 n_2。

又

$$i_{12}^H = \frac{n_1^H}{n_2^H} = \frac{n_1 - n_H}{n_2 - n_H} = -\frac{z_2}{z_1}$$

仍取 n_1 的转向为正。n_H 与 n_1 的转向相同，故 n_H 也为正值。将已知数据代入上式得

$$\frac{100 - 72}{n_2 - 72} = -\frac{20}{30}$$

解得：$n_2 = 30$ r/min。计算结果为正，表示 n_2 与 n_1 的转向相同。

（2）求 i_{1H} 与 i_{12}。

$$i_{1H} = \frac{n_1}{n_H} = \frac{100}{72} = 1.39$$

$$i_{12} = \frac{n_1}{n_2} = \frac{100}{30} = 3.33 \neq -\frac{z_2}{z_1}$$

【例 8-3】 图 8-13 所示为一大传动比行星轮系。已知各齿轮齿数为 $z_1 = 100$，$z_2 = 101$，$z_{2'} = 100$，$z_3 = 99$，求：（1）传动比 i_{H1}；（2）若 $z_1 = 99$，其他齿轮齿数不变时，求传动比 i_{H1}。

解 双联齿轮 2-2′ 为行星轮，H 为行星架，齿轮 1、3 为太阳轮。齿轮 3 固定，$n_3 = 0$。

（1）求 i_{H1}。

由式（8-6）得

$$i_{13}^H = \frac{n_1 - n_H}{n_3 - n_H} = (-1)^2 \frac{z_2 z_3}{z_1 z_{2'}}$$

将 $n_3 = 0$ 代入上式得

$$\frac{n_1 - n_H}{0 - n_H} = \frac{z_2 z_3}{z_1 z_{2'}} = \frac{101 \times 99}{100 \times 100}$$

$$\frac{n_1}{n_H} = 1 - \frac{101 \times 99}{100 \times 100} = \frac{1}{10000}$$

$$i_{H1} = \frac{n_H}{n_1} = 10000$$

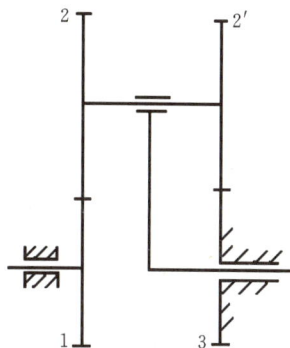
图 8-13 大传动比行星轮系

计算结果为正值，表明行星架 H 与齿轮 1 转向相同。当行星架 H 转 10000 转时，太阳轮 1 只能转 1 转，传动比很大，但效率很低。

（2）$z_1 = 99$，其他齿轮齿数不变。

$$\frac{n_1}{n_H} = 1 - \frac{z_2 z_3}{z_1 z_{2'}} = 1 - \frac{101 \times 99}{99 \times 100} = -\frac{1}{100}$$

$$i_{H1} = \frac{n_H}{n_1} = -100$$

计算结果为负值，表明行星架 H 与齿轮 1 转向相反。

由此结果可见，同一种结构形式的行星轮系，由于某一齿轮的齿数略有变化（本例中齿轮 1 的齿数仅减少一个），其传动比则会发生巨大变化，同时转向也会改变。

二、复合轮系传动比的计算

复合轮系是由定轴轮系和行星轮系或由几个基本行星轮系组成的复杂轮系，其传动

比不能单纯地按求定轴轮系或行星轮系传动比的方法进行计算。

计算复合轮系传动比的一般步骤如下。

1. 正确划分基本类型的轮系

由于计算定轴轮系和行星轮系传动比的方法不同,要计算复合轮系的传动比,须首先把轮系中的定轴轮系部分和行星轮系部分正确地区分开来。关键是划分出单个基本行星轮系。其方法如下:

(1) 首先找出轴线位置不固定的行星轮。

(2) 找出支承行星轮的行星架。应当注意,行星架不一定是简单的杆状。

(3) 找出与行星轮相啮合且绕固定轴线转动的太阳轮。

(4) 由行星轮、行星架和太阳轮构成单个基本行星轮系。需要指出的是,每个基本行星轮系只能含有1个行星架;而同一个行星架可能由几个不同的行星轮系共有。

找出所有的行星轮系后,剩下的就是定轴轮系。

2. 分别列出传动比计算式

按式(8-4)列出定轴轮系部分的传动比计算式;按式(8-6)列出行星轮系的转化轮系的传动比计算式。

3. 联立求解

找出定轴轮系部分与行星轮系部分之间的运动关系,并联立求解,解出待求的未知量。

【例 8-4】 图 8-14 所示的复合轮系中,已知各齿轮齿数为 $z_1 = z_{2'} = z_{3'} = 20$, $z_2 = z_3 = 40$, $z_5 = 80$,计算传动比 i_{1H}。

复合轮系

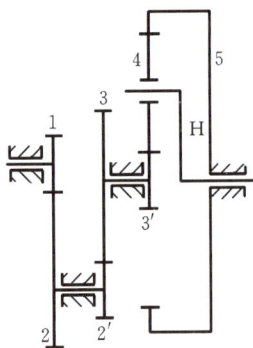

图 8-14　复合轮系

解　(1) 分析并划分轮系。

该轮系中,齿轮 4 的轴线位置不固定,是行星轮,与其相啮合的齿轮 3′、5 为太阳轮,H 为行星架,故齿轮 3′、4、5 和行星架 H 组成行星轮系;齿轮 1、2、2′ 和 3 组成定轴轮系。

(2) 列出定轴轮系传动比计算式。

定轴轮系中

$$i_{13} = \frac{n_1}{n_3} = (-1)^2 \frac{z_2 z_3}{z_1 z_{2'}} = (-1)^2 \times \frac{40 \times 40}{20 \times 20} = 4$$

$$n_1 = 4 n_3 \tag{a}$$

(3) 列出行星轮系的转化轮系的传动比计算式。

行星轮系中

$$i_{3'5}^{H} = \frac{n_{3'} - n_H}{n_5 - n_H} = -\frac{z_4 z_5}{z_{3'} z_4} = -\frac{z_5}{z_{3'}} = -\frac{80}{20} = -4$$

因齿轮 5 固定不动,故 $n_5 = 0$,将其代入上式得

$$\frac{n_{3'} - n_H}{0 - n_H} = -4$$

$$n_{3'} = 5 n_H \tag{b}$$

(4) 联立求解。

因齿轮 3、3′ 在同一轴上,故

$$n_3 = n_{3'} \tag{c}$$

联立式（a）、式（b）、式（c），解得

$$i_{1H} = \frac{n_1}{n_H} = 20$$

计算结果为正值，表明行星架 H 与齿轮 1 转向相同。

【任务实施】

（1）分别列出传动比计算式。

锥齿轮 5 和 4 组成空间定轴轮系，其传动比的大小为

$$i_{54} = \frac{n_5}{n_4} = \frac{z_4}{z_5} = \frac{42}{14} = 3$$

$$n_4 = \frac{n_5}{i_{54}} = \frac{1200}{3} \text{ r/min} = 400 \text{ r/min}$$

用画箭头的方法确定锥齿轮 4 的转向，如图 8-15 所示。

因行星架 H 固连在齿轮 4 上，故 $n_H = n_4 = 400$ r/min。

齿轮 1、2、3 和行星架 H 组成行星轮系，其转化轮系的传动比为

$$i_{13}^H = \frac{n_1 - n_H}{n_3 - n_H} = \frac{n_1 - 400}{n_3 - 400} = -\frac{z_3}{z_1} = -1$$

式中的"一"号表示齿轮 1、3 在转化轮系中的转向相反。整理得

$$n_1 + n_3 = 2n_H = 800 \text{ r/min} \tag{a}$$

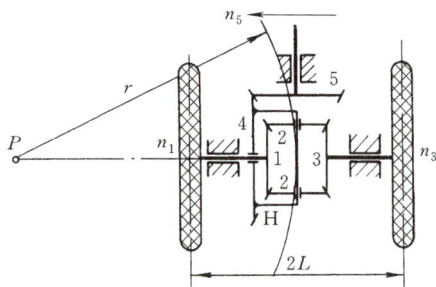

图 8-15 汽车后桥差速器

（2）当汽车向左转弯时，左、右后车轮的转速 n_1、n_3。

当汽车绕图示 P 点向左转弯时，由于右车轮的转弯半径比左车轮大，为了保证车轮与地面做纯滚动，以减少因轮胎与地面间的滑动摩擦而导致的磨损，就要求右车轮的转速比左车轮的转速高。当齿轮 5 为主动轮时，其转速比为

$$\frac{n_1}{n_3} = \frac{r - L}{r + L} = \frac{10L - L}{10L + L} = \frac{9}{11} \tag{b}$$

联立求解（a）、（b）两式得

$$n_1 = \frac{r - L}{r} n_H = \frac{10L - L}{10L} n_H = \frac{9}{10} n_H = 360 \text{ r/min}$$

$$n_3 = \frac{r + L}{r} n_H = \frac{10L + L}{10L} n_H = \frac{11}{10} n_H = 440 \text{ r/min}$$

计算结果为正值，表明两后车轮与锥齿轮 4 转向相同。

（3）当汽车向前直行时，左、右后车轮的转速 n_1、n_3。

当汽车直线行驶时，左、右两车轮滚过的距离相等，所以两后车轮的转速相等，即 $n_1 = n_3$，代入式（a）可得

$$n_1 = n_3 = 400 \text{ r/min}$$

此时齿轮 1、2、3 和 4 如同固连的一个整体，一起随齿轮 4 转动，此时 $n_1 = n_3 = n_4$，行星轮 2 不绕自身轴线回转。

知识扩展

轮系广泛应用于各种机械中，它的主要功用可以概括为以下几个方面。

1. 实现相距较远的两轴间的传动

在齿轮传动中，当主、从动轴间的距离较远时，若仅用一对齿轮传动（图 8-16 中的齿轮 1 和 2），则两齿轮的尺寸较大。这样，既增大机器的结构尺寸和质量，又浪费材料，而且制造、安装都不方便。若改用由两对齿轮 a、b、c、d 组成的定轴轮系传动，则可使齿轮尺寸减小很多，制造、安装也较方便。

2. 实现分路传动

利用轮系可以使一个主动轴同时带动若干个从动轴转动，将运动从不同的传动路线传递给执行机构，实现机构的分路传动，以获得所需的各种转速。

图 8-17 所示为滚齿机上滚刀与轮坯之间做展成运动的传动简图。滚齿加工要求滚刀的转速 $n_刀$ 与轮坯的转速 $n_坯$ 必须满足 $i_{刀坯}=\dfrac{n_刀}{n_坯}=\dfrac{z_坯}{z_刀}$ 的传动关系。主动轴通过锥齿轮 1、2 将运动传递给滚刀；同时主动轴又通过齿轮 3、4、5、6、7、8 传至蜗轮 9，带动被加工的轮坯转动，以满足滚刀与轮坯的传动比要求。

图 8-16　利用轮系减小传动尺寸

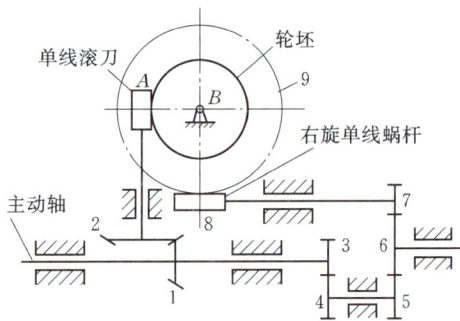

图 8-17　滚齿机主传动系统

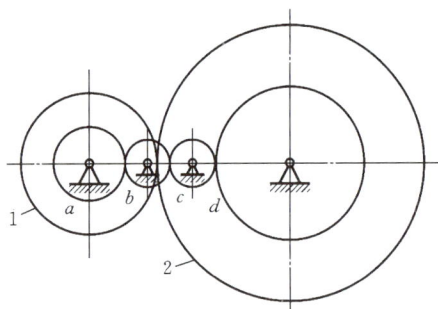

3. 获得大的传动比

利用定轴轮系或行星轮系均可获得大的传动比。

若用定轴轮系获得大的传动比，需用多级齿轮传动，致使传动装置的结构复杂。若采用行星轮系，只需很少几个齿轮即可获得很大的传动比，如例 8-3 中的轮系。

4. 实现变速传动

当主动轴的转速和转向不变时，利用轮系可使从动轴获得多种工作转速及不同的转动方向，以适应工作条件的变化。

图 8-18 所示为某机床变速箱传动系统。电动机的转动由Ⅰ轴输入，通过移动双联滑移齿轮 1、2，使齿轮 1 与齿轮 3 啮合，或使齿轮 2 与齿轮 4 啮合，可使Ⅱ轴获得两种转速；通过移动Ⅲ轴上的三联滑移齿轮 6、7、8，使其分别与Ⅱ轴上的固定齿轮 3、4、5 啮合。对于Ⅱ轴的每种转速，Ⅲ轴又可获得 3 种转速。这样，当电动机转速不变时，可使轴Ⅲ得到 6 种不同的转速。

5. 实现运动的合成与分解

机械中采用具有两个自由度的差动轮系实现运动的合成和分解,即将两个输入运动合成为一个输出运动,或将一个输入运动按所需比例分解为两个输出运动。

1) 实现运动的合成

在差动轮系中,当给定三个基本构件中任意两个构件的运动后,第三个构件的运动就可确定。换言之,第三个构件的运动是另外两个基本构件运动的合成。

图 8-19 所示为一锥齿轮差动轮系,$z_1 = z_3$,则

$$i_{13}^{H} = \frac{n_1 - n_H}{n_3 - n_H} = -\frac{z_3}{z_1} = -1$$

故

$$2n_H = n_1 + n_3$$

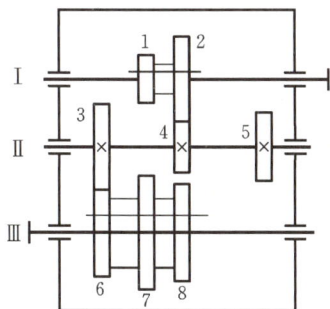

图 8-18　机床变速箱传动系统

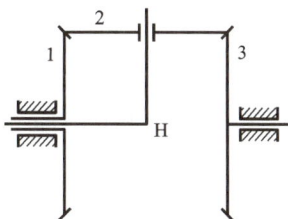

图 8-19　用于运动合成的差动轮系

机床变速箱传动系统

圆锥齿轮差动轮系

若以齿轮 1 和齿轮 3 为主动件,则行星架 H 的转速是齿轮 1 和齿轮 3 转速之和的 1/2。这种轮系可用作运动的合成。

2) 实现运动的分解

在差动轮系中,当给定一个基本构件的运动后,可按所需的比例将该运动分解为另两个基本构件的运动。如前所述的汽车差速器,即是将一个输入转速按所需比例分解为两个输出转速的实例。

> ## 素质培养
>
> ### 1600 年前的里程表,减速齿轮的先驱:记里鼓车
>
> 在中国的历史长河中,有许多发明蕴藏着中华民族的智慧,古人的智慧至今让人叹服,中国古代车辆便是如此。
>
> 记里鼓车是中国古代用于计算车辆行驶里程的车,发明于西汉初年,因车辆每行一里,木人击鼓一次而得名。记里鼓车分上、下两层,车上设两个木人及一鼓一钟,上层设一钟,下层设一鼓。车行一里,木人击鼓一次,车行十里,木人击钟一次。坐在车上的人只要聆听这钟鼓声,就可知道车已行驶了多少路程。
>
> 记里鼓车实际上是一种减速齿轮传动系统,其结构如图 8-20 所示。立轮(齿轮 B)附于左车轮(A)内侧,并与车底的下平轮(齿轮 C)相啮合。立轮齿数为 18,而下平轮齿数为 54,所以立轮转一圈,下平轮转 1/3 圈。铜旋风轮(D)与下平轮装在同一贯心竖轴上,并与中立平轮(E)相啮合。铜旋风轮的齿数为 3,中立平轮的齿数为 100,所以铜旋风

轮转一圈，中立平轮转 3/100 圈。车行一里，车轮和立轮都转 100 圈，下平轮和铜旋风轮转 100/3 圈，中立平轮转 3/100×100/3＝1 圈。因此，当车行一里时，车上的中立平轮会转动一周，从而使得竖轴 F 上的拨子（G）拨动下层的木人击鼓一次；而当车行十里时，上层的木人会击钟一次。这些操作都是由车上的减速齿轮传动系统自动完成的，无须人工干预，因此记里鼓车可以自动记录和显示车辆的行驶里程。

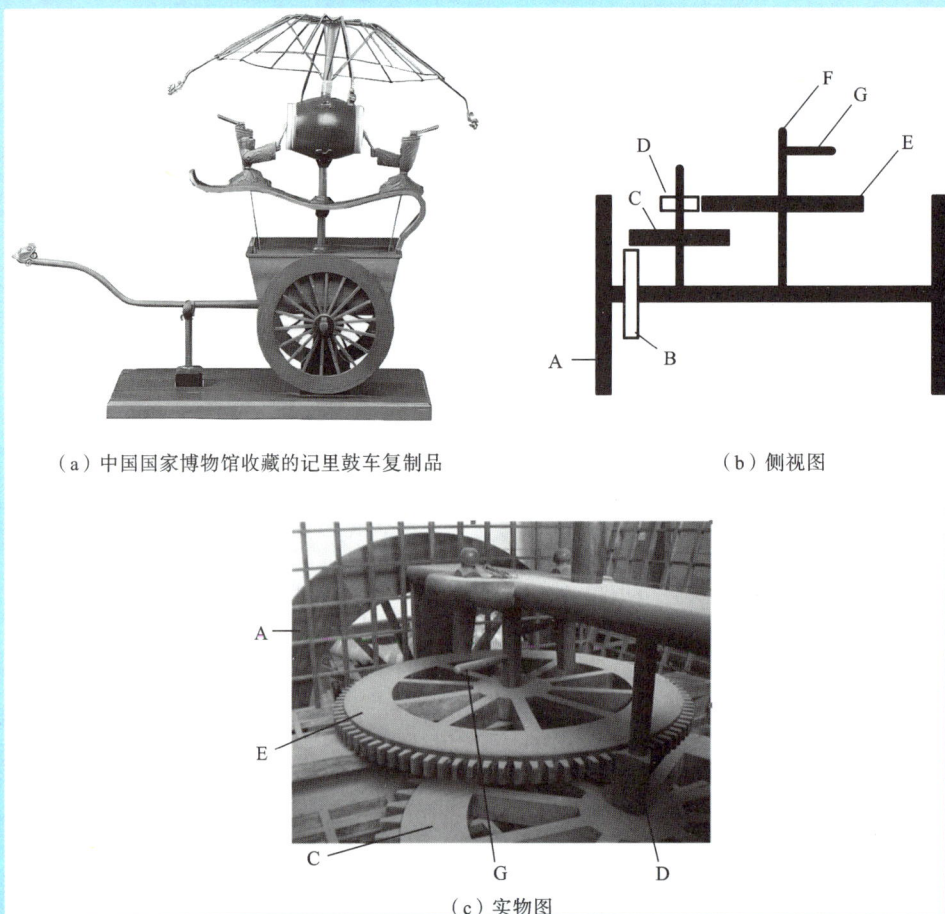

（a）中国国家博物馆收藏的记里鼓车复制品　　　　　　　　　　（b）侧视图

（c）实物图

图 8-20　记里鼓车

　　记里鼓车类似现代的里程表。记里鼓车的出现表明中国的齿轮传动技术已达到较高的水平，它的齿轮系统由三对减速齿轮构成，完全遵循传动原则，实为减速齿轮传动的典范。

练习与实训

一、判断题

1. 定轴轮系中每个齿轮的几何轴线位置都是固定不变的。（　　）

2. 轮系中的惰轮既改变总传动比的大小，又改变从动轮的旋转方向。（　　）

3. 将行星轮系转化为定轴轮系后，其各构件间的相对运动关系发生了变化。（　　）

4. 所谓惰轮就是在轮系中不起作用的齿轮。（　　）

5. 行星轮系中传动比 i_{13}^H 与 i_{13} 相同。（　　）

6. 平面定轴轮系中，若外啮合齿轮对数为偶数，则首末两轮转向相反。（　　）

二、单项选择题

1. 定轴轮系传动比的大小与轮系中惰轮的齿数（　　）。

A. 有关　　　　　　B. 无关　　　　　　C. 成正比　　　　　　D. 成反比

2. 计算行星轮系传动比时是采用（　　）将其转化为（　　）。

A. 正转法，定轴轮系　　　　　　　　B. 反转法，行星轮系

C. 反转法，定轴轮系　　　　　　　　D. 正转法，行星轮系

3. 有一个中心轮固定不动的轮系称为（　　）。

A. 差动轮系　　　B. 平面定轴轮系　　　C. 空间定轴轮系　　　D. 简单行星轮系

4. 定轴轮系末端是齿轮齿条传动。已知齿轮模数 $m=3$ mm，齿数 $z=15$，转速 $n=10$ r/min，则齿条的移动速度为（　　）。

A. 1300 mm/min　　B. 1500 mm/min　　C. 1314 mm/min　　D. 1413 mm/min

三、分析计算题

1. 在图 8-21 所示的轮系中，已知各齿轮的齿数 $z_1=18$，$z_2=36$，$z_{2'}=20$，$z_3=40$，$z_{3'}=1$（右旋蜗杆），4 为蜗轮，$z_4=40$，运动从齿轮 1 输入，$n_1=1000$ r/min。试求：（1）传动比 i_{14}；（2）蜗轮 4 的转速 n_4；（3）在图上标出各轮的转动方向。

2. 图 8-22 所示为一蜗杆传动的定轴轮系。已知蜗杆转速 $n_1=750$ r/min，$z_1=3$，$z_2=60$，$z_3=18$，$z_4=27$，$z_5=20$，$z_6=50$。试用画箭头的方法确定齿轮 6 的转动方向，并计算其转速 n_6。

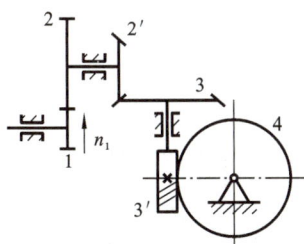

图 8-21　轮系 1

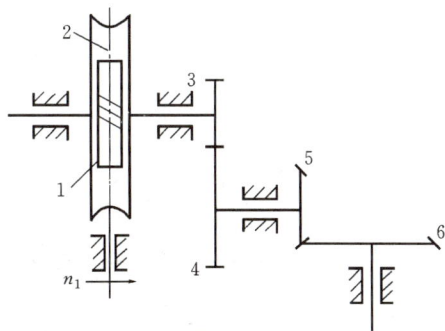

图 8-22　轮系 2

3. 图 8-23 所示轮系中，已知各齿轮的齿数 $z_1=20$，$z_2=25$，$z_3=15$，$z_4=30$，$z_5=30$，$z_6=40$，$z_7=1$（右旋），$z_8=30$，齿轮 1 为主动轮，转向如图所示，转速 $n_1=500$ r/min，试求蜗轮 8 的转速 n_8 和转向。

4. 图 8-24 所示的定轴轮系中，齿轮 1 为输入构件，$n_1=960$ r/min，转向如图所示。已知各齿轮的齿数 $z_1=18$，$z_2=36$，$z_3=20$，$z_4=60$，$z_5=30$，$z_6=40$，$z_7=1$（左旋），8 为蜗轮，$z_8=40$，齿轮 9 的模数 $m=3$ mm，齿数 $z_9=20$。试求：（1）传动比 i_{16}、i_{18}；（2）蜗轮 8 的转速 n_8；（3）齿条 10 的移动速度 v_{10}；（4）在图上标出各轮的转动方向及齿条的移动方向。

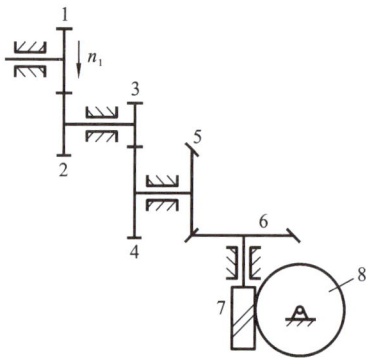

图 8-23　轮系 3

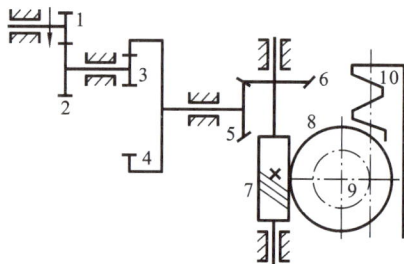

图 8-24　轮系 4

5. 图 8-25 所示的机械式钟表传动示意图中，S、M、H 分别为秒针、分针和时针。当发条盘 N 驱动齿轮 1 转动时，齿轮 1 与齿轮 2 啮合，从而使分针 M 转动；同时，由齿轮 1、2、3、4、5 和 6 组成的轮系可使秒针 S 获得一种转速；由齿轮 1、2、9、10、11 和 12 组成的轮系可使时针 H 获得另一种转速；同时，经过齿轮 7、8 带动操纵轮 E。已知：$z_1=72$，$z_2=12$，$z_3=64$，$z_4=8$，$z_6=8$，$z_7=60$，$z_8=6$，$z_9=8$，$z_{11}=6$，$z_{12}=24$。为使时针 H、分针 M、秒针 S 之间得到所需的走时关系，求齿轮 5 和齿轮 10 的齿数 z_5 和 z_{10}。

6. 滚齿机主传动系统如图 8-17 所示。已知各齿轮的齿数：$z_1=15$，$z_2=28$，$z_3=15$，$z_4=35$，蜗杆 $z_8=1$（右旋），$z_9=40$，滚刀 $z_A=1$，B 为被加工齿轮的轮坯。若被加工齿轮的齿数 $z_B=64$，求传动比 i_{75}。

7. 图 8-26 所示行星轮系中，已知各齿轮的齿数为：$z_1=15$，$z_2=35$，$z_3=20$，$z_4=60$，$n_1=200$ r/min，$n_4=50$ r/min，且两个太阳轮 1、4 转向相反（假设 n_1 为正，则 n_4 为负）。试求行星架 H 的转速 n_H 及行星轮 3 的转速 n_3。

复合轮系 6

复合轮系 7

复合轮系 8

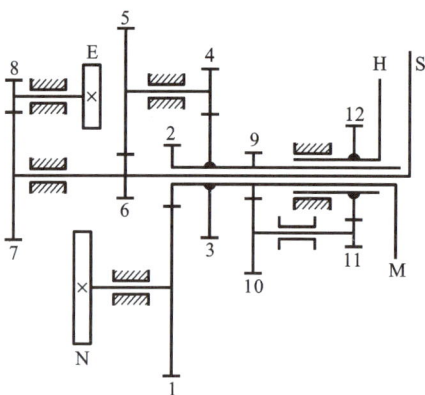

图 8-25　轮系 5

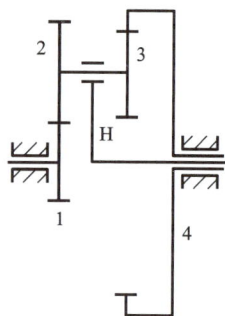

图 8-26　轮系 6

8. 图 8-27 所示轮系中，已知各齿轮齿数为：$z_1=20$，$z_2=40$，$z_{2'}=20$，$z_3=30$，$z_4=80$，求传动比 i_{1H}。

9. 图 8-28 所示轮系中，已知各齿轮的齿数为：$z_1=25$，$z_2=50$，$z_{2'}=60$，$z_3=40$，$z_{3'}=20$，$z_4=40$，试求此轮系的传动比 i_{1H}。

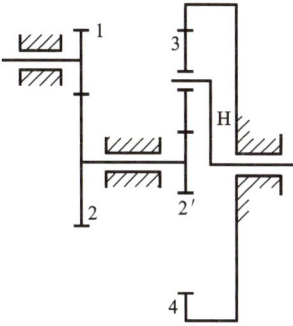

图 8-27 轮系 7

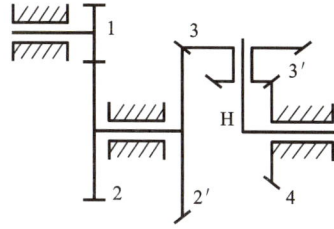

图 8-28 轮系 8

轴系零部件

(1) 掌握常用滚动轴承的类型、特点和代号。

(2) 掌握滚动轴承的寿命计算方法。

(3) 熟悉常用联轴器的类型、特点及应用。

(4) 掌握轴的结构、尺寸设计方法和设计步骤。

(5) 熟悉轴的常用材料及其性能。

(6) 熟悉轴的强度校核的方法和步骤。

(7) 了解离合器的类型、特性和应用。

能力目标

(1) 能合理选择滚动轴承的类型和型号。

(2) 会校核滚动轴承的寿命。

(3) 能合理进行滚动轴承的组合结构设计。

(4) 会根据轴间连接的情况合理选择联轴器的类型。

(5) 能合理进行轴的结构和尺寸设计。

素质目标

了解国产最大盾构机用主轴承的先进水平,培养学生科技报国的家国情怀和使命担当。

减速器轴系零部件的分析及设计

本项目通过对减速器轴系零部件的分析及设计,使学生掌握轴承、联轴器等标准部件的选择方法,掌握合理设计轴的结构形状、确定各轴段直径和长度的方法,掌握轴的强度校核计算步骤和方法,初步具备设计轴系零部件的能力。

◀ 任务 1　选择减速器输入轴与输出轴滚动轴承的类型 ▶

【任务引入】

在图 9-1 所示的带式输送机传动简图与直齿圆柱齿轮减速器中,已知输入轴(高速轴)功率 $P_1=3.55$ kW,转速 $n_1=338$ r/min,转矩 $T_1=100.3$ N·m;输出轴(低速轴)功率 $P_2=3.41$ kW,转速 $n_2=76.1$ r/min,转矩 $T_2=427.93$ N·m。输入轴上安装有大带轮和主动齿轮,输出轴上安装有从动齿轮和联轴器。带轮作用在轴上的压力 $F_Q=1156$ N;齿轮圆周力 $F_t=3134$ N,径向力 $F_r=1141$ N。机器单向运转,载荷较平稳。请合理选择减速器输入轴与输出轴上滚动轴承的类型。

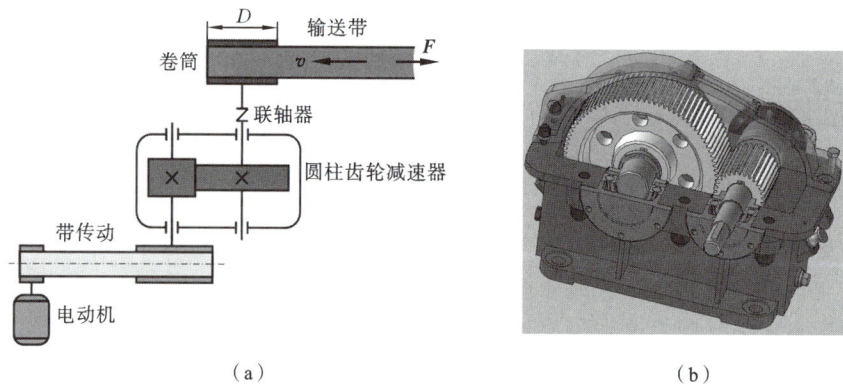

（a）　　　　　　　　　　　　　　　　　　（b）

图 9-1　带式输送机传动简图与直齿圆柱齿轮减速器

【任务分析】

常用的轴系零部件主要包括轴、轴承、联轴器和离合器。其中,轴在机器中直接支承旋转零件(如齿轮、带轮等)以传递运动和动力,是轴系零部件的核心;联轴器和离合器用于轴与轴之间的连接;轴承是机器中用于支承轴和轴上零件的重要部件,以保证轴的旋转精度,减少轴与支承零部件之间的摩擦和磨损,是轴系工作载荷最终作用于机座的重要环节。根据工作面摩擦性质的不同,轴承可分为滚动轴承和滑动轴承两大类,以下仅讨论在各种机械中广泛应用的滚动轴承。

由于滚动轴承已标准化,设计时只需根据承载情况和工况条件,合理选用轴承类型和尺寸,进行必要的计算以及轴承安装、调整、润滑、密封等轴承组合的结构设计。该任务是要合理选择减速器输入轴与输出轴上滚动轴承的类型。

【相关知识】

一、滚动轴承的组成、类型及特点

1. 滚动轴承的组成

滚动轴承一般由内圈、外圈、滚动体和保持架组成,如图9-2所示。通常内圈随轴一起转动,外圈装在机座或零件的轴承孔中起支承作用,一般不转动。工作时,内、外圈之间做相对转动,滚动体在内、外圈的滚道上滚动,保持架使滚动体均匀分布在滚道上,避免滚动体之间的碰撞和磨损。

滚动体的形状多种多样,常见的有球形滚子、圆柱滚子、圆锥滚子、鼓形滚子和滚针等,如图9-3所示。

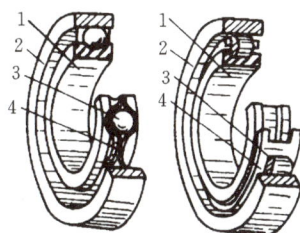

图9-2 滚动轴承的基本结构

1—内圈;2—外圈;3—滚动体;4—保持架

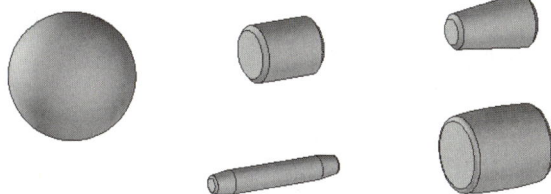

图9-3 滚动体的形状

滚动轴承的基本结构1

滚动轴承的基本结构2

2. 滚动轴承的类型及特点

1)按承受载荷的方向或公称接触角 α 的大小分

如图9-4所示,滚动轴承中滚动体与外圈滚道接触处的法线与轴承径向平面(端面)之间的夹角 α 称为公称接触角。公称接触角 α 越大,轴承承受轴向载荷的能力也越大。

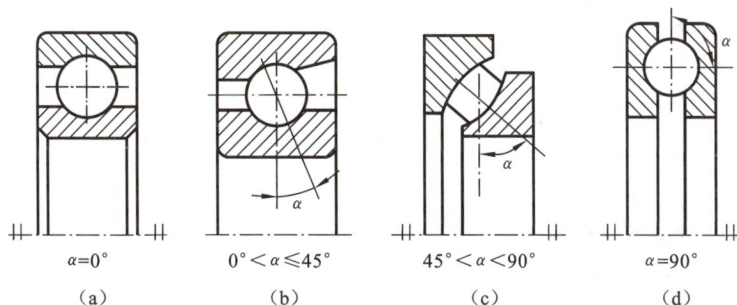

$\alpha=0°$	$0°<\alpha\leq45°$	$45°<\alpha<90°$	$\alpha=90°$
(a)	(b)	(c)	(d)

图9-4 滚动轴承的公称接触角

(1)向心轴承($0°\leq\alpha\leq45°$)。

向心轴承又可分为径向接触轴承($\alpha=0°$)和向心角接触轴承($0°<\alpha\leq45°$)。径向接

触轴承主要承受径向载荷,不能承受轴向载荷;向心角接触轴承能同时承受径向载荷和轴向载荷。

(2) 推力轴承($45°<\alpha\leqslant90°$)。

推力轴承又可分为推力角接触轴承($45°<\alpha<90°$)和轴向接触轴承($\alpha=90°$)。推力角接触轴承主要承受轴向载荷,也可承受较小的径向载荷;轴向接触轴承只能承受轴向载荷,不能承受径向载荷。

2) 按滚动体的形状分

(1) 球轴承。

球轴承的滚动体为球,滚动体与滚道表面为点接触。

(2) 滚子轴承。

滚子轴承的滚动体为滚子,滚动体与滚道表面为线接触。滚子轴承按滚子的形状又可分为圆柱滚子轴承、圆锥滚子轴承、滚针轴承和调心滚子轴承。

在外廓尺寸相同的条件下,滚子轴承比球轴承的承载能力和耐冲击能力大,但球轴承的摩擦小、高速性能好。

常用滚动轴承的类型及特性如表9-1所示。

表 9-1 常用滚动轴承的类型及特性

轴承名称及代号	结构简图及承载方向	极限转速[①]	允许角偏差[②]	主要特性及应用
调心球轴承 10000	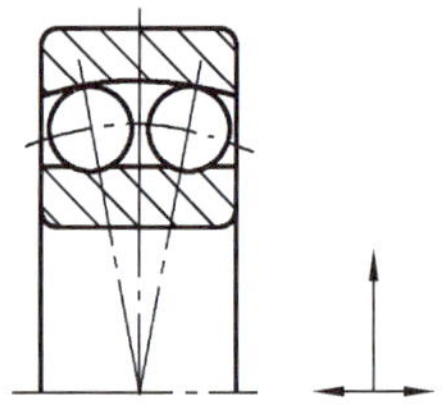	中	2°~3°	主要承受径向载荷,也能承受不大的双向轴向载荷。因外圈滚道表面是以轴线中点为球心的球面,故能自动调心。适用于刚性较小及难以对中的轴
调心滚子轴承 20000	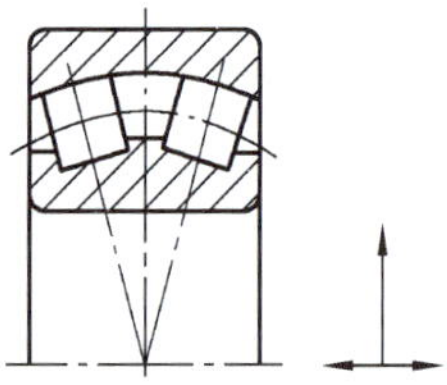	低	1.5°~2.5°	能承受很大的径向载荷,也能承受不大的双向轴向载荷,承载能力大,具有调心性能。适用于重载及有冲击载荷的轴
圆锥滚子轴承 30000	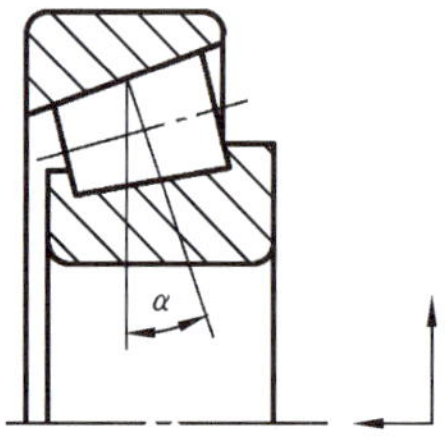	中	2′	能同时承受径向载荷和单向轴向载荷,且承载能力大。内、外圈可分离,间隙易调整,一般成对使用

轴承名称及代号	结构简图及承载方向	极限转速[1]	允许角偏差[2]	主要特性及应用
推力球轴承 50000	（a）51000 （b）52000	低	不允许	图（a）只能承受单向轴向载荷,图（b）可承受双向轴向载荷。套圈可分离。高速时离心力大,钢球与保持架磨损、发热严重,不宜在高速下工作
深沟球轴承 60000		高	$8' \sim 16'$	主要承受径向载荷,也能承受一定的双向轴向载荷。当转速很大而轴向载荷不太大时,可代替推力轴承承受纯轴向载荷。应用广泛
角接触球轴承 70000	α	较高	$2' \sim 10'$	能同时承受径向载荷和单向轴向载荷。公称接触角 α 越大,承受轴向载荷的能力也越强。公称接触角 α 有 $15°$、$25°$、$40°$ 三种。应成对使用
圆柱滚子轴承 N0000		高	$2' \sim 4'$	能承受较大的径向载荷,外圈（或内圈）可以分离,故不能承受轴向载荷

续表

轴承名称及代号	结构简图及承载方向	极限转速①	允许角偏差②	主要特性及应用
滚针轴承 NA0000		低	不允许	在同样内径条件下,与其他类型轴承相比,其外径最小,外圈(或内圈)可以分离,径向承载能力较强,一般无保持架,摩擦系数大,极限转速低

注:①极限转速:滚动轴承在一定载荷和润滑条件下允许的最高转速称为极限转速。转速过高会使摩擦面间产生高温,润滑失效。

②角偏差:安装误差或轴的变形都会引起轴承内外圈中心线发生相对倾斜,其倾角称为角偏差。调心轴承能补偿两滚道轴心线的角偏差。

二、滚动轴承的代号

滚动轴承的代号表示其结构、尺寸、公差等级和技术性能等特征要求,由前置代号、基本代号和后置代号组成,见表9-2。

表9-2 滚动轴承代号的构成

前置代号	基本代号					后置代号
轴承分部件代号	五	四	三	二	一	内部结构代号、公差等级代号、游隙代号等
	类型代号	尺寸系列代号		内径代号		
		宽(高)度系列代号	直径系列代号			

注:基本代号下面的一至五表示代号自右向左的位置序号。

1. 基本代号

基本代号表示轴承的类型、结构和尺寸,是轴承代号的基础。它由类型代号、尺寸系列代号和内径代号三部分构成。

1)内径代号

用基本代号右起第一、第二位数字表示,其含义如表9-3所示。

表9-3 滚动轴承的内径代号

内径代号	另行规定	00	01	02	03	04～99	另行规定
轴承内径/mm	<10	10	12	15	17	数字×5	≥500以及22、28、32

2)直径系列代号

对于同一内径的轴承,由于使用场合所需承受的载荷大小和寿命不相同,必须采用大小不同的滚动体,则轴承的外径和宽度也随之改变。这种由内径相同而外径不同所构成的系列称为直径系列,用基本代号右起第三位数字表示,其代号如表9-4所示。图9-5所示为不同直径系列代号深沟球轴承的对比。

表 9-4 滚动轴承的直径系列代号

类型	向心轴承						推力轴承				
直径系列	超轻	超特轻	特轻	轻	中	重	超轻	特轻	轻	中	重
代号	8,9	7	0,1	2	3	4	0	1	2	3	4

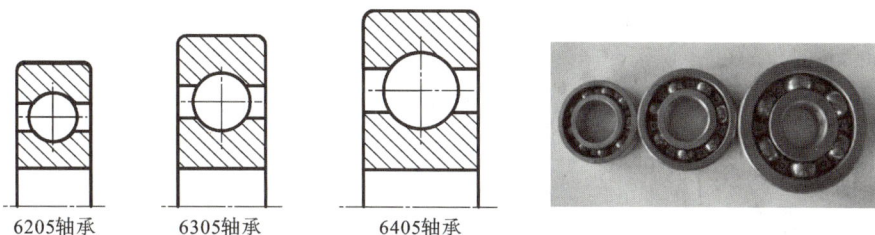

图 9-5 轴承的直径系列对比

3）宽（高）度系列代号

同一直径系列（轴承内径、外径相同时）的轴承，根据不同的工作条件可做成不同的宽（高）度，称为宽度系列，推力轴承则表示高度系列，用基本代号右起第四位数字表示，其代号如表 9-5 所示。宽度系列代号为 0 时，在轴承代号中通常省略（在调心滚子轴承和圆锥滚子轴承代号中不可省略）。

表 9-5 滚动轴承的宽（高）度系列代号

向心轴承	宽度系列	特窄	窄	正常	宽	特宽	推力轴承	高度系列	特低	低	正常
	代号	8	0	1	2	3,4,5,6		代号	7	9	1,2

尺寸系列代号由直径系列代号和宽（高）度系列代号组合而成。组合排列时，宽（高）度系列在前，直径系列在后。

4）类型代号

轴承的类型代号用基本代号右起第五位数字或字母表示，见表 9-1。

2. 前置代号

在基本代号的前面用字母表示成套轴承的分部件，代号的含义可查阅《机械设计手册》。一般轴承无须说明时，无前置代号。

3. 后置代号

后置代号是当轴承的结构、形状、公差、技术要求等有所改变时，在轴承基本代号的后面添加的补充代号，用字母或字母加数字表示。

1）轴承内部结构代号

表示同一类型轴承的不同内部结构。如 C、AC、B 分别表示角接触轴承的公称接触角 $\alpha=15°、25°、40°$。

2）轴承的公差等级代号

滚动轴承有 0、6、6x、5、4、2 共 6 个公差等级，其中 2 级精度最高，0 级精度最低，6x 级仅适用于圆锥滚子轴承。其代号分别为 /P0、/P6、/P6x、/P5、/P4、/P2。0 级为普通级，在轴承代号中省略不标出。

3）轴承的游隙代号

滚动轴承内圈相对于外圈（或相反）沿径向或轴向可移动的最大距离，称为轴承的径向或轴向游隙。轴承的游隙共分为1、2、0、3、4、5组，共6个组别，游隙由小到大。其代号为/C1、/C2、/C0、/C3、/C4、/C5。0组为常用的基本组，在轴承代号中省略不标出。

有关后置代号中其他项目组的代号可查《机械设计手册》。

【例 9-1】 说明下列滚动轴承代号的含义：6208、30210、7312AC/P6。

解 6208：6——轴承类型为深沟球轴承；（0）2——尺寸系列代号，宽度系列代号为0，窄系列，省略，2为直径系列代号，轻系列；08——内径代号，$d=40$ mm；公差等级为0级，代号/P0省略。

30210：3——轴承类型为圆锥滚子轴承；02——尺寸系列代号，宽度系列代号为0，窄系列，不可省略，2为直径系列代号，轻系列；10——内径代号，$d=50$ mm；公差等级为0级，代号/P0省略。

7312AC/P6：7——轴承类型为角接触球轴承；（0）3——尺寸系列代号，宽度系列代号为0，窄系列，省略，3为直径系列代号，中系列；12——内径代号，$d=60$ mm；AC——公称接触角 $\alpha=25°$；/P6——公差等级为6级。

三、滚动轴承的类型选择

合理选择轴承是机械设计的一个重要环节。选择滚动轴承的类型，应考虑轴承所受载荷的大小、性质及方向，转速的高低，调心性能要求，轴承的装拆以及经济性等。

1. 载荷的大小、性质及方向

轴承所受载荷的大小、性质和方向，是选择轴承类型的主要依据。

1）载荷的大小和性质

轻载和中等载荷时选用球轴承；重载或有冲击载荷时选用滚子轴承。

2）载荷的方向

轴承仅受纯径向载荷时，选用深沟球轴承、圆柱滚子轴承或滚针轴承。只承受纯轴向载荷时，选用推力轴承。轴承同时承受径向和轴向载荷时，若轴向载荷不太大，可选用深沟球轴承或公称接触角较小的角接触球轴承、圆锥滚子轴承；若轴向载荷较大，选用公称接触角较大的角接触球轴承或圆锥滚子轴承；若轴向载荷很大，而径向载荷较小，则选用推力轴承和深沟球轴承组合在一起的支承结构。

2. 轴承的转速

轴承转速对其寿命有着显著的影响。滚动轴承在一定的载荷和润滑条件下允许的最高转速称为极限转速，轴承工作时不得超过其极限转速。与滚子轴承相比，球轴承有较高的极限转速，故转速较高时应优先选用球轴承。在同类型轴承中，内径相同时，外径愈小，离心力也愈小，故在高速时宜选用超轻、特轻系列轴承。

3. 轴承的调心性能

当制造和安装误差等因素导致轴的中心线与轴承的中心线不重合，或轴受力弯曲造成轴承内、外圈轴线发生偏斜时，宜选用调心球轴承或调心滚子轴承。

4. 允许的空间

当径向尺寸受到限制时，宜选用滚针轴承或特轻、超轻直径系列的轴承。当轴向尺寸受到限制时,宜选用窄或特窄宽度系列的轴承。

5. 安装与拆卸

轴承座没有剖分面而必须沿轴向装拆轴承时,以及在需经常装拆轴承的机械中,应优先选用内、外圈可分离的圆锥滚子轴承或圆柱滚子轴承。

6. 经济性

在满足使用要求的情况下,应尽量选用价格低廉的轴承,以降低成本。一般情况下球轴承的价格低于滚子轴承。轴承的精度越高,价格越高。在相同尺寸和相同精度的轴承中,深沟球轴承的价格最低。

【任务实施】

带式输送机中的减速器属于通用部件,其工作情况一般。输入轴上安装有大带轮和主动齿轮,输出轴上安装有从动齿轮和联轴器,因直齿圆柱齿轮有圆周力 F_t、径向力 F_r,无轴向力 F_a,带轮作用在轴上的压力 F_Q 与轴垂直,F_t、F_r、F_Q 对轴承而言均为径向载荷,即输入轴与输出轴的轴承仅受纯径向载荷的作用。因此,根据滚动轴承的特性,两轴均初步选用结构简单、价格较低、应用广泛的深沟球轴承,具体型号和尺寸待轴的直径设计完成后才能确定。

任务 2 选择减速器输出轴端联轴器的型号

【任务引入】

在图 9-1 所示的带式输送机直齿圆柱齿轮减速器中,已知输出轴的功率 $P_2 = 3.41$ kW,转速 $n_2 = 76.1$ r/min,转矩 $T_2 = 427.93$ N·m。机器单向运转,载荷较平稳。请选择减速器输出轴端所用联轴器的型号。

【任务分析】

联轴器是用来连接两轴,使之一起旋转以传递转矩的机械部件。用联轴器连接的两轴,只有在机器停止运转、经过拆卸后才能分离。联轴器的类型有很多,大部分都已经标准化。该任务是选择减速器输出轴端所需联轴器的型号。

【相关知识】

一、联轴器的分类

联轴器所连接的两轴,由于制造及安装误差、承载后的变形以及温度变化等因素的影响,两轴的轴线往往存在轴向位移 x、径向位移 y、偏角位移 α 或综合位移,如图 9-6 所示,这将使轴、轴承等零部件受到附加载荷,导致机器在运行时出现剧烈振动,工作情况恶化。因此,要求联轴器在结构上具有补偿位移的能力。

根据联轴器补偿两轴偏移能力的不同,其可分为刚性联轴器和挠性联轴器两大类。挠性联轴器又可按有无弹性元件分为无弹性元件联轴器和弹性联轴器两类。

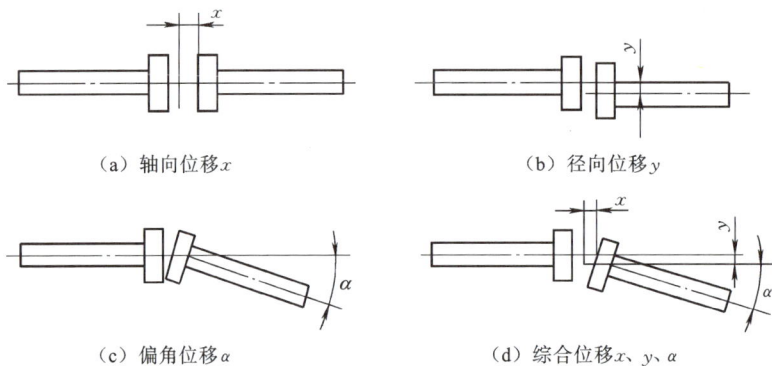

（a）轴向位移x　　　　　　　　（b）径向位移y

（c）偏角位移α　　　　　　　（d）综合位移x、y、α

图 9-6　两轴轴线的相对位移

二、常用联轴器的结构、特点及应用

1. 刚性联轴器

刚性联轴器不能补偿两轴的偏移，适用于两轴能严格对中并在工作中不发生相对位移的场合。常用的刚性联轴器有套筒联轴器和凸缘联轴器。

1）套筒联轴器

如图 9-7 所示，套筒联轴器利用一个公用套筒，用键或销将两轴连接起来。图 9-7（a）中的螺钉用作轴向固定，当轴超载时，图 9-7（b）中的圆锥销会被剪断，可起到安全保护的作用。

套筒联轴器a

套筒联轴器b

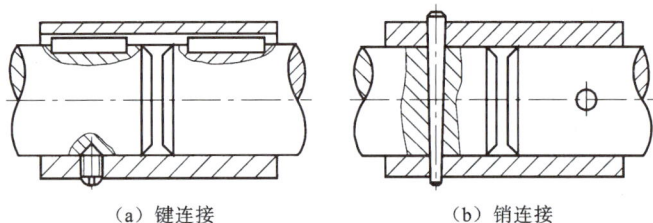

（a）键连接　　　　　　　　（b）销连接

图 9-7　套筒联轴器

套筒联轴器结构简单、径向尺寸小、容易制造，但装拆时需沿轴向移动较大的距离。套筒联轴器适用于低速、轻载、工作平稳、两轴严格对中并要求联轴器径向尺寸小的场合。此种联轴器目前尚未标准化。

2）凸缘联轴器

如图 9-8(a)所示，凸缘联轴器用键将两个带凸缘的半联轴器分别与两轴连接，并用一组螺栓将两个半联轴器连成一体，以传递运动和转矩。

凸缘联轴器有两种对中方法。图 9-8(b)所示是用一个半联轴器上的凸肩与另一个半联轴器上的凹槽相配合而对中，两个半联轴器采用普通螺栓连接，螺栓与螺栓孔间有间隙，依靠两个半联轴器接触面间的摩擦力传递转矩。图 9-8(c)所示是用绞制孔螺栓与孔的紧配合对中，两个半联轴器用绞制孔螺栓连接，依靠螺栓杆承受剪切和挤压来传递转矩。

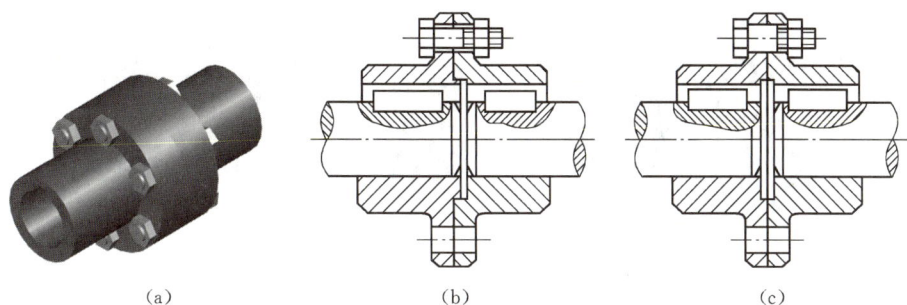

(a) (b) (c)

图 9-8 凸缘联轴器

凸缘联轴器

凸缘联轴器结构简单,成本低,对中精度高,可传递较大转矩,适用于转速较低、载荷平稳、两轴对中性较好的场合,是应用最广泛的一种刚性联轴器。这种联轴器已标准化(GB/T 5843—2003)。

2. 无弹性元件联轴器

这种联轴器全部由刚性零件组成,各零件之间可以做相对运动,故具有补偿两轴相对偏移的能力。常用的有十字滑块联轴器、齿式联轴器和万向联轴器。

1)十字滑块联轴器

如图 9-9 所示,十字滑块联轴器由两个端面开有凹槽的半联轴器和一个两端面均带有凸牙的十字滑块组成。两个半联轴器分别固定在主动轴和从动轴上,十字滑块两端面的凸牙位于互相垂直的两个直径方向上,并在安装时分别嵌入两个半联轴器的凹槽中。因滑块可在两个半联轴器的凹槽中滑动,故十字滑块联轴器可补偿安装及运转时两轴间的偏移。

图 9-9 十字滑块联轴器

十字滑块联轴器

十字滑块联轴器的结构简单、径向尺寸小,适用于转速较低、无剧烈冲击的场合。

2)齿式联轴器

齿式联轴器是无弹性元件联轴器中应用较广泛的一种。如图 9-10 所示,它由两个具有外齿的内套筒和两个具有内齿及凸缘的外套筒组成,内、外套筒的齿数相等。两个内套筒分别用键与主、从动轴连接,两个外套筒用一组螺栓连接成一体,依靠内、外齿相啮合来传递转矩。

齿式联轴器能够传递很大的转矩和补偿较大的综合位移,因此在重型机械中得到了广泛的应用。但它较笨重,制造困难,成本高。这种联轴器已标准化(JB/T 8854.3—2001)。

3)万向联轴器

如图 9-11 所示,万向联轴器由两个分别装在两轴端的轴叉与中间的十字轴以铰链相

图 9-10　齿式联轴器

连而成。万向联轴器两轴间的夹角 α 可达 45°。单个万向联轴器工作时，两轴的瞬时角速度不相等，从而产生附加动载荷。为了改善这种情况，万向联轴器常成对使用，做成带中间轴的万向联轴器，称为双万向联轴器，如图 9-12 所示。为了保证主、从动轴均以同一角速度回转，要求中间轴与主、从动轴之间的夹角相等，并且中间轴两端轴叉应在同一平面内。

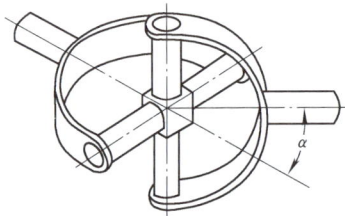

图 9-11　万向联轴器

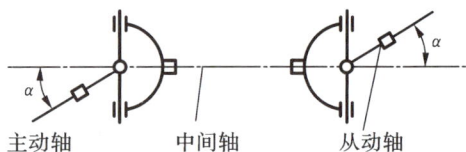

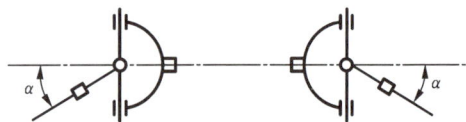

主动轴　　中间轴　　从动轴

图 9-12　双万向联轴器

　　万向联轴器的结构紧凑、维修方便，能补偿较大的位移，广泛应用于汽车、起重机、机床等机器的传动系统中。

3. 弹性联轴器

　　弹性联轴器是利用联轴器中弹性元件的变形来补偿两轴间的相对位移，并具有缓和冲击和吸收振动的能力。常用的有弹性套柱销联轴器、弹性柱销联轴器等。

　　1）弹性套柱销联轴器

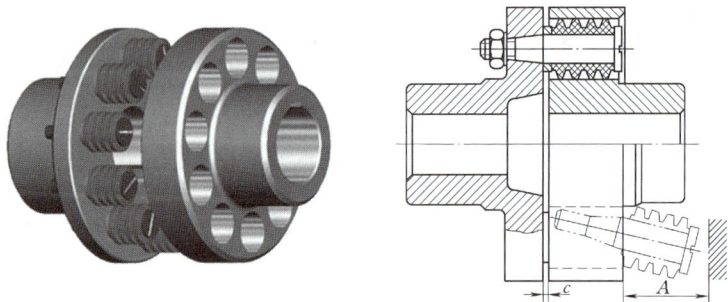

　　如图 9-13 所示，弹性套柱销联轴器的构造与凸缘联轴器类似，只是利用一端具有弹性套的柱销代替了连接螺栓，利用弹性套的弹性变形来补偿两轴的径向位移和偏角位

图 9-13　弹性套柱销联轴器

移,并且有缓冲和吸振的作用。

弹性套柱销联轴器结构简单,制造容易,装拆方便,成本较低,但弹性套易磨损,寿命较短,适用于载荷平稳、经常正反转或启动频繁的中、小功率的传动中。这种联轴器已标准化(GB/T 4323—2017)。

2)弹性柱销联轴器

如图 9-14 所示,弹性柱销联轴器与弹性套柱销联轴器相似,它采用尼龙柱销将两个半联轴器连接起来。为防止柱销从凸缘孔中滑出,在半联轴器的两侧装有挡圈。

弹性柱销
联轴器

图 9-14 弹性柱销联轴器

弹性柱销联轴器较弹性套柱销联轴器传递转矩的能力更强,结构更简单,耐用性更好,但其缓冲减振和补偿两轴相对位移的能力稍差,适用于轴向窜动较大、正反转或启动频繁的场合。这种联轴器已标准化(GB/T 5014—2017)。

三、联轴器的选择

联轴器的选择包括联轴器的类型选择和尺寸型号的选择。设计时,依据机器的工作条件和使用要求选择合适的类型,再依据计算转矩、轴的直径和转速,从标准中选择联轴器的型号和结构尺寸,必要时再对其主要零件进行强度验算。

计算转矩按下式计算:

$$T_c = KT \tag{9-1}$$

式中,T 为联轴器的工作转矩(N·m);K 为工作情况系数,如表 9-6 所示。

表 9-6 工作情况系数 K

原动机	工作机	K
电动机	带式输送机、鼓风机、连续运转的金属切削机床	1.25~1.5
	链式输送机、刮板输送机、螺旋输送机、离心式泵、木工机床	1.5~2.0
	往复运动的金属切削机床	1.5~2.5
	往复式泵、往复式压缩机、球磨机、破碎机、冲剪机、锻锤机	2.0~3.0
	起重机、升降机、轧钢机、压延机	3.0~4.0
涡轮机	发电机、离心泵、鼓风机	1.2~1.5
往复式发动机	发电机	1.5~2.0
	离心泵	3~4
	往复式工作机,如压缩机、泵	4~5

注:1. 刚性联轴器选用较大的 K 值,弹性联轴器选用较小的 K 值;

2. 当从动件的转动惯量小、载荷平稳时,K 取较小值。

在选择联轴器型号时，应同时满足下列两式：

$$T_c \leqslant [T] \tag{9-2}$$

$$n \leqslant [n] \tag{9-3}$$

式中，$[T]$为联轴器的额定转矩（N·m）；$[n]$为许用转速（r/min）。$[T]$和$[n]$由《机械设计手册》查得。

【任务实施】

（1）选择联轴器的类型。

带式输送机直齿圆柱齿轮减速器中，输出轴转速较低，转矩较大，机器单向运转，载荷较平稳，考虑补偿轴的可能位移，选用 LX 型弹性柱销联轴器（GB/T 5014—2017）。

（2）选择联轴器的型号。

查表 9-6，取工作情况系数 $K=1.3$，则计算转矩为

$$T_c = KT_2 = 1.3 \times 427.93 \text{ N·m} = 556.3 \text{ N·m}$$

根据输出轴的转速 $n_2 = 76.1$ r/min 和计算转矩 $T_c = 556.3$ N·m，查《机械设计手册》，初步选择联轴器型号为 LX3，其许用最大转矩 $[T] = 1250$ N·m，许用转速 $[n] = 4700$ r/min，均满足要求。联轴器的轴孔直径及轴孔长度待轴的结构尺寸设计完成后才能确定。

任务3　设计减速器输入轴与输出轴的结构和尺寸

【任务引入】

在图 9-1 所示的带式输送机直齿圆柱齿轮减速器中，已知输入轴功率 $P_1 = 3.55$ kW，转速 $n_1 = 338$ r/min，转矩 $T_1 = 100.3$ N·m；输出轴功率 $P_2 = 3.41$ kW，转速 $n_2 = 76.1$ r/min，转矩 $T_2 = 427.93$ N·m；输入轴已初定为齿轮轴，输出轴端选用 LX3 型弹性柱销联轴器，两轴均选用深沟球轴承；大带轮轮缘宽 $B = 50$ mm；齿轮的圆周速度 $v = 1.13$ m/s，采用浸油润滑，两齿轮的齿宽 $b_1 = 70$ mm，$b_2 = 65$ mm。机器单向运转，载荷较平稳。试选择减速器输入轴、输出轴的材料，并设计其结构形状和尺寸。

【任务分析】

轴是组成机器的重要零件之一，其主要功用是支承传动零件以传递运动和动力。带式输送机减速器输入轴上安装有大带轮和主动齿轮，输出轴上安装有从动齿轮和联轴器。该任务是设计减速器输入、输出轴的结构和尺寸。

【相关知识】

一、轴的分类

1. 按承受的载荷分类

根据承受载荷的不同，轴可分为心轴、传动轴和转轴三类。

1）心轴

只承受弯矩不传递转矩的轴称为心轴,心轴主要用于支承转动零件。心轴又可分为固定心轴和转动心轴两种。工作时不转动的心轴称为固定心轴,如自行车前轮轴(见图9-15)。工作时随转动零件一起转动的心轴称为转动心轴,如铁路机车轮轴(见图9-16)。

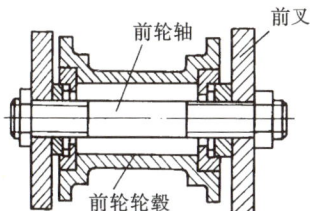

图 9-15　自行车前轮轴

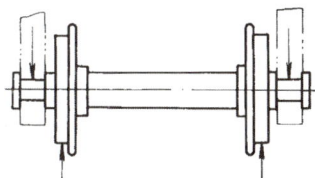

图 9-16　铁路机车轮轴

2）传动轴

主要承受转矩而不承受弯矩或承受的弯矩很小的轴称为传动轴,如汽车中连接变速箱与后桥之间的驱动轴(见图9-17)。

3）转轴

工作时既承受弯矩又承受转矩的轴称为转轴,转轴是机器中最常见的轴,如齿轮减速器中的轴(见图9-18)。

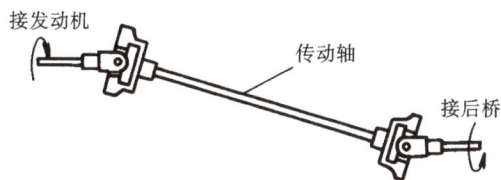

图 9-17　传动轴

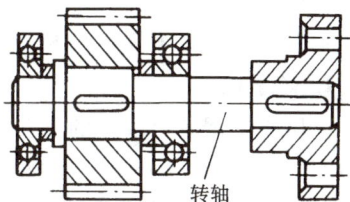

图 9-18　转轴

2. 按轴线的形状分类

根据轴线的形状不同,轴又可分为直轴(见图9-18)、曲轴(见图9-19)和挠性轴(见图9-20)。以下只讨论直轴。

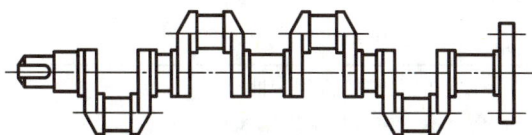

图 9-19　曲轴

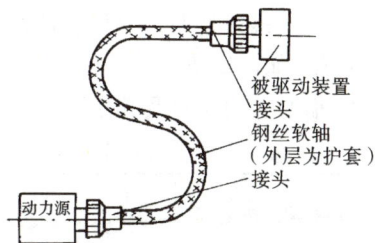

图 9-20　挠性轴

直轴按其结构形状的不同又可分为光轴和阶梯轴两种。

1）光轴

光轴的各截面直径相同,形状简单,加工方便,但轴上零件不易定位,主要用作传动轴,如图 9-21 所示。

图 9-21 光轴

2)阶梯轴

阶梯轴各轴段截面直径不同,轴上零件容易定位,便于装拆,且各个轴段的强度基本接近,在一般机械中应用广泛,如图 9-22 所示。

直轴一般都制成实心轴,但有时为了减轻质量或满足机器结构上的需要,也可以采用空心轴,如图 9-23 所示。

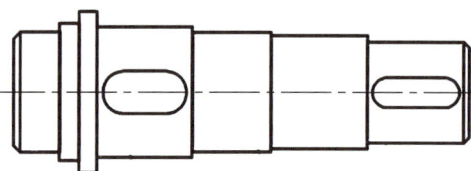

图 9-22 阶梯轴

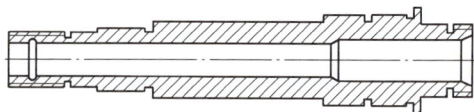

图 9-23 空心轴

二、轴的材料

轴工作时产生的应力多为循环变应力,故其主要失效形式是疲劳破坏。因此,轴的材料应具有足够的强度、韧性和耐磨性,对应力集中的敏感度低,并且有良好的加工工艺性和经济性等。

轴的常用材料有碳素钢和合金钢。

1. 碳素钢

优质碳素钢具有较好的力学性能,对应力集中的敏感度较低,价格便宜,应用广泛。常用的碳素钢有 35、45、50 等优质碳素钢,其中最常用的是 45 钢。为提高轴的力学性能,应对轴的材料进行调质或正火处理。对于受载荷较小或不重要的轴,可采用 Q235A、Q275 等普通碳素钢。

2. 合金钢

合金钢比碳素钢具有更好的力学性能和淬火性能,但对应力集中比较敏感,价格较高,因此多用于强度和耐磨性要求较高或传递大功率、要求质量轻的轴。常用的合金钢有 20Cr、40Cr、35SiMn 等。

球墨铸铁吸振性和耐磨性好,对应力集中敏感度低,价格低廉,用于铸造结构形状复杂的轴,如内燃机中的曲轴。

轴的常用材料及其主要力学性能如表 9-7 所示。

表 9-7 轴的常用材料及其主要力学性能

材料牌号	热处理	毛坯直径/mm	硬度/HBW	强度极限 σ_b/MPa	屈服极限 σ_s/MPa	许用弯曲应力 $[\sigma_{-1}]_b$/MPa	应用说明
Q235A	热轧或锻后空冷	≤100 >100~250	—	400~420 375~390	225 215	40	用于载荷不大或不重要的轴
35	正火	≤100	149~187	520	270	45	用于一般轴

续表

材料牌号	热处理	毛坯直径/mm	硬度/HBW	强度极限 σ_b/MPa	屈服极限 σ_s/MPa	许用弯曲应力 $[\sigma_{-1}]_b$/MPa	应用说明
45	正火	≤100	170～217	600	300	55	用于较重要的轴,应用最广泛
	调质	≤200	217～255	650	360	60	
40Cr	调质	≤100	241～286	750	550	70	用于载荷较大而无很大冲击的重要轴
		>100～300	229～269	700	500		
35SiMn	调质	≤100	229～286	800	520	70	用于中、小型轴
		>100～300	217～269	750	450		
20Cr	渗碳淬火回火	≤60	渗碳 56～62 HRC	640	390	60	用于对强度、韧性及耐磨性要求均较高的轴

三、轴的结构设计

轴的结构设计就是确定轴的形状和尺寸,一般应满足以下要求:

(1)定位和固定要求　轴和装在轴上的零件要有准确的工作位置且定位可靠。

(2)工艺性要求　轴应便于加工,具有良好的加工和装配工艺性,轴上零件应便于装拆和调整。

(3)强度要求　轴上零件布置、受力合理,尽量减小应力集中,提高轴的强度。

图 9-24 所示为单级圆柱齿轮减速器中的低速轴,为阶梯轴的典型结构,其主要结构包括:

(1)轴颈　轴与轴承配合的轴段,其直径应符合轴承内径标准。

(2)轴头　轴与传动零件轮毂配合的轴段,其直径应与相配合零件的轮毂内径一致,并采用标准直径(见表 9-8)。

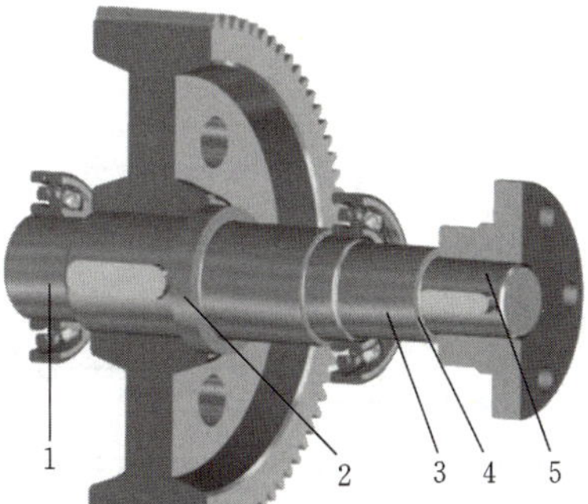

轴的结构

图 9-24　轴的结构
1—轴颈;2—轴环;3—轴身;
4—轴肩;5—轴头

表 9-8　标准直径系列(摘自 GB/T 2822—2005)　　　　单位:mm

10	11.2	12.5	13.2	14	15	16	17	18	19	20	21.2
22.4	23.6	25	26.5	28	30	31.5	33.5	35.5	37.5	40	42.5
45	47.5	50	53	56	60	63	67	71	75	80	85
90	95	100	106	112	118	125	132	140	150	160	170

(3)轴身　连接轴颈和轴头的非配合轴段。

(4)轴肩　用于零件轴向定位的台阶部分。

(5)轴环　用于零件轴向定位的环形部分。

设计轴的结构时,主要考虑下述几个方面。

1．轴上零件的轴向定位及固定

零件在轴上应沿轴向准确地定位和可靠地固定,以使其具有确定的安装位置并能承受轴向力而不产生轴向位移。

轴上零件的轴向定位和固定方法常用的有轴肩、轴环、套筒、圆螺母和止动垫圈、轴端挡圈、弹性挡圈及圆锥面等,其特点和应用如表9-9所示。

表 9-9 轴上零件的轴向固定方法及应用

固定方法	结构简图	特点和应用	设计注意要点
轴肩与轴环	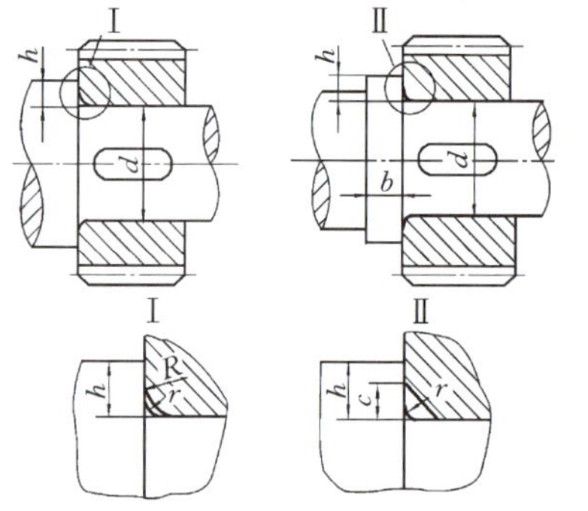 （a）轴肩　（b）轴环	结构简单,定位可靠,能承受较大的轴向力,不需要附加零件。广泛应用于各种轴上零件的定位。该方法会使轴的直径增大,阶梯处形成应力集中,且阶梯过多将不利于加工	为保证轴上零件的端面与定位面靠紧,轴上过渡圆角半径 r 应小于零件孔端的圆角半径 R 或倒角 C。零件孔端圆角半径 R 和倒角 C 的数值见表9-10。一般取轴肩高度 $h=(0.07\sim0.1)d$,轴环宽度 $b=1.4h$
套筒	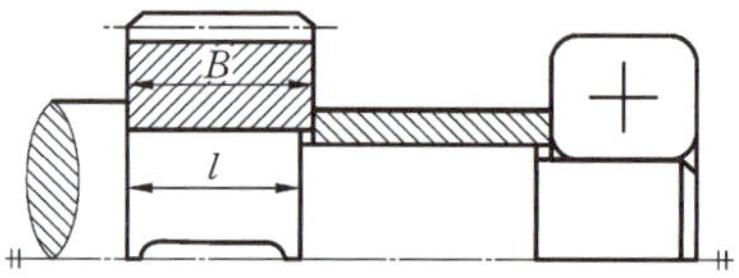	用轴肩或轴环固定零件时,采用套筒防止零件向另一方向移动。简单可靠,常用于轴上相邻两零件间距离较小的场合。套筒与轴之间存在间隙,不宜用于高转速轴	为使齿轮固定可靠,套筒端面应压紧轮毂端面,轴段长度 L 应比轮毂宽度 B 短 2~3 mm。套筒内径与轴的配合较松,套筒结构可根据需要灵活设计,套筒外径应根据轴承的安装尺寸确定
圆螺母和止动垫圈	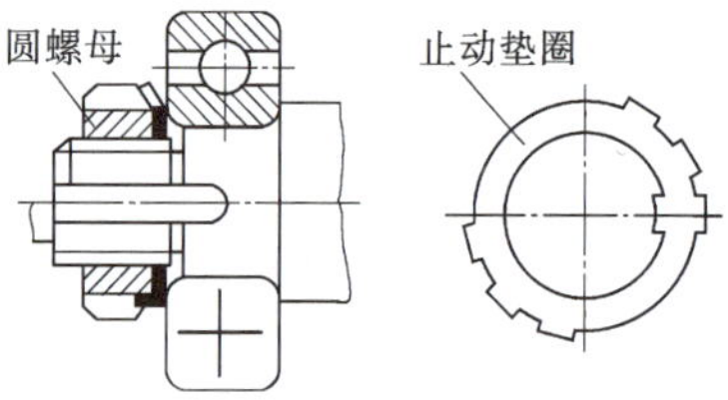	固定可靠,可承受较大的轴向力。需在轴上切制螺纹,螺纹处有较大的应力集中,降低轴的疲劳强度。多用于轴端零件的轴向固定	为了减小对轴强度的削弱,常采用细牙螺纹。为防止螺母松动,需加止动垫圈或使用双螺母
轴端挡圈	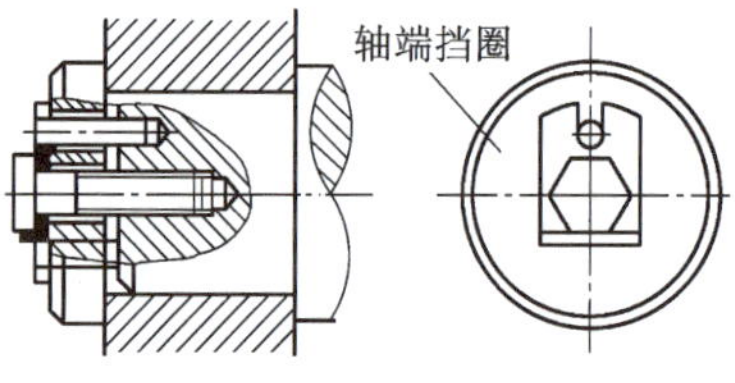	定位可靠,能承受较大的轴向力,应用广泛	用于轴端零件的轴向定位,应采用止动垫圈等防松措施

固定方法	结构简图	特点和应用	设计注意要点
圆锥面		装拆方便,可兼作周向固定,适用于高速、冲击及有较高对中性要求的场合	只用于轴端零件的轴向定位。常与轴端挡圈联合使用,实现零件的双向轴向固定
弹性挡圈	弹性挡圈	结构简单、紧凑,装拆方便,但受力较小,且轴上切槽处将引起应力集中,削弱轴的强度。常用于滚动轴承的固定	轴上切槽尺寸见 GB/T 894—2017
紧定螺钉	紧定螺钉 锁紧挡圈	结构简单,兼作周向固定,但受力较小,不适用于转速高的轴	—

表 9-10　零件孔端圆角半径 R 与倒角 C 的数值

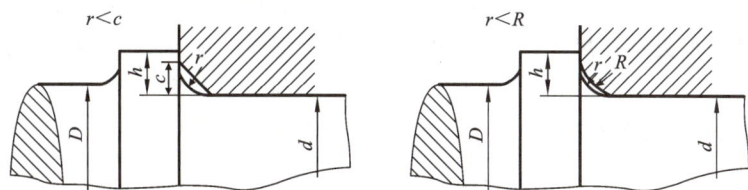

轴径 d/mm	10～18	18～30	30～50	50～80	80～120	120～180
r(轴)/mm	0.8	1.0	1.6	2.0	2.5	3.0
R 或 C(孔)/mm	1.6	2.0	3.0	4.0	5.0	6.0

2. 轴上零件的周向固定

周向固定的目的是在传递运动和动力时,防止轴上零件和轴发生相对转动。

轴上零件周向固定方法常用的有键、花键、销连接以及过盈配合等,详见项目 10。在传力不大时,也可采用紧定螺钉做周向固定(见表 9-9)。

3. 轴的结构工艺性

从轴的结构工艺性考虑,设计中应注意以下几点。

(1) 轴的形状应力求简单,阶梯数尽可能少。

(2) 为便于轴上零件的装配,轴端应加工出 45°的倒角(见图 9-25)。过盈配合零件装入端常需加工出导向圆锥面(见图9-26),以便零件顺利地压入。

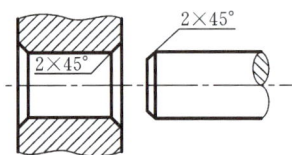

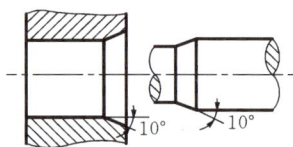

图 9-25　倒角　　　　　　　　　　图 9-26　导向圆锥面

（3）为便于切削加工,轴上各处的圆角半径应尽可能相同。

（4）轴上需磨削和车螺纹的轴段,应分别设计出砂轮越程槽(见图9-27)和螺纹退刀槽(见图9-28),其尺寸可查《机械设计手册》。

（5）为减少装夹工件的时间,轴上不同轴段的键槽应布置在同一母线上(见图9-22及图9-29)。

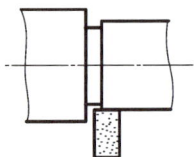

图 9-27　砂轮越程槽　　　图 9-28　螺纹退刀槽　　　图 9-29　键槽的布置

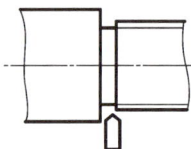

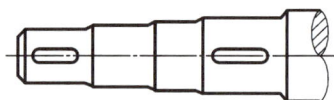

四、滚动轴承的组合设计

轴承用来支承轴。通常一根轴需要两个支承点,每个支承点由一个或两个轴承组成。轴在机座上的固定是通过轴承来实现的。为了保证滚动轴承在机器中正常工作,除了要合理选择轴承类型和尺寸外,还必须正确、合理地进行轴承组合的结构设计,以解决轴承的轴向固定、轴承与轴和轴承座孔的配合、间隙调整以及润滑和密封等问题。

1. 滚动轴承的轴向固定

1）内圈固定

图 9-30 所示为滚动轴承内圈轴向固定的常用方法。轴承内圈的一端常用轴肩做单向固定(见图9-30(a)),另一端则采用轴端挡圈(见图9-30(b))、圆螺母和止动垫圈(见图9-30(c))、轴用弹性挡圈(见图9-30(d))等做双向固定。

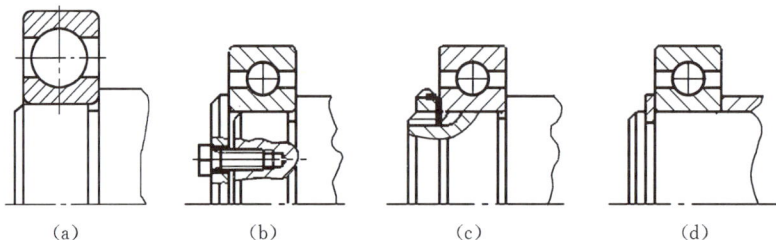

(a)　　　　　　　(b)　　　　　　　(c)　　　　　　　(d)

图 9-30　轴承内圈的轴向固定

2）外圈固定

图 9-31 所示为滚动轴承外圈轴向固定的常用方法。外圈在轴承孔中的轴向位置常

用孔肩(见图 9-31(a))、轴承端盖(图 9-31(b)为凸缘式轴承端盖,图 9-31(c)为嵌入式轴承端盖)、孔用弹性挡圈(见图 9-31(d))、止动卡环(见图 9-31(e))、螺纹环(见图 9-31(f))等结构固定。

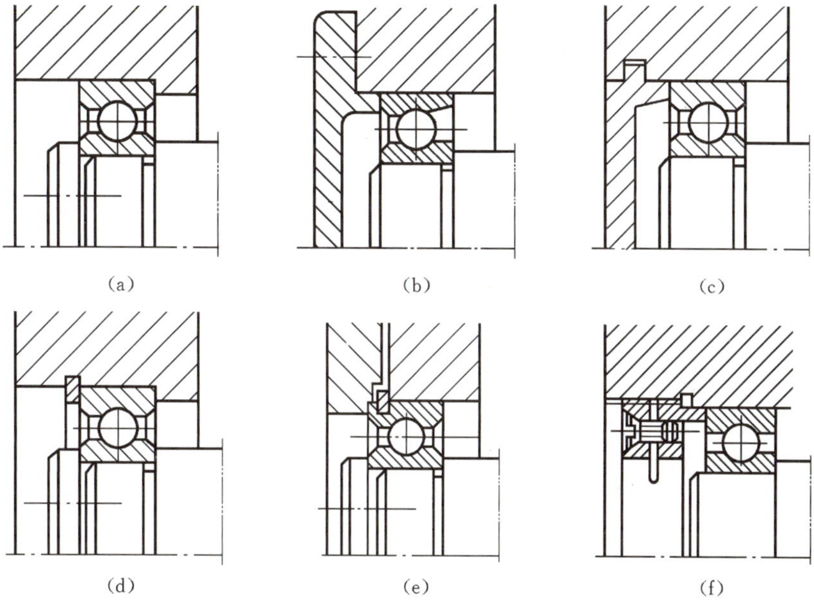

(a)   (b)   (c)

(d)   (e)   (f)

图 9-31　轴承外圈的轴向固定

2. 轴系的支承结构形式

为了保证轴工作时在机器中的位置正确,防止轴的窜动,轴系的轴向位置必须固定。其典型结构形式有以下三种。

1) 两端单向固定

如图 9-32 所示,在轴的两个支点上,均利用轴肩顶住轴承内圈,轴承端盖压住轴承外圈,使每个支点各限制轴的单方向轴向移动,两个支点合起来就限制了轴的双向移动,这种固定方式称为两端单向固定。这种支承形式结构简单、便于安装,适用于工作温度变化不大的短轴(跨距≤350 mm)。考虑到轴受热后会伸长,安装轴承时,一般在轴承端盖与轴承外圈端面间留有补偿间隙 $C=0.2\sim0.3$ mm。间隙量的大小,通常用一组垫片来调整。

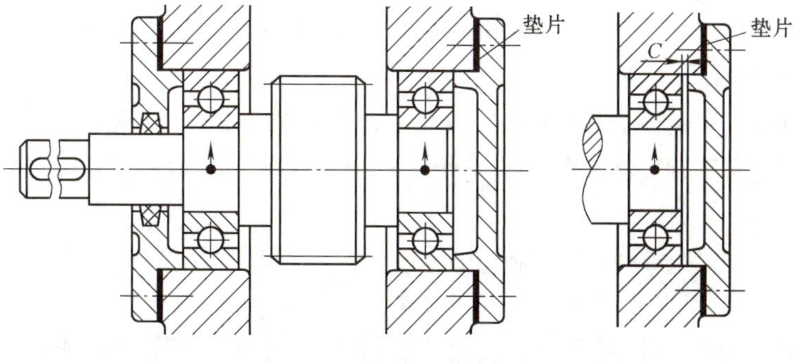

垫片　　垫片

图 9-32　两端单向固定的轴系

2）一端双向固定、一端游动

如图9-33所示,右端轴承内、外圈均做双向固定,以承受双向轴向载荷,称为固定端。左端为游动端,选用深沟球轴承时内圈做双向固定,外圈两侧自由,且在轴承外圈与端盖之间留有适当的间隙,以便当轴受热膨胀时能在孔中自由游动(见图9-33(a));选用圆柱滚子轴承时,该轴承的内、外圈应双向固定(见图9-33(b)),依靠轴承本身具有内、外圈可分离的特性达到游动目的。这种支承结构适用于工作温度较高的长轴(跨距>350 mm)。

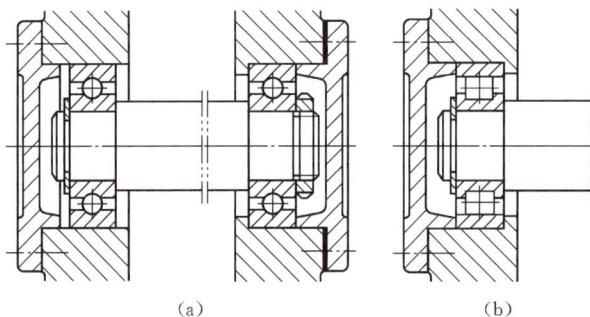

(a)　　　　(b)

图9-33　一端双向固定、一端游动的轴系

3）两端游动

如图9-34所示,两端都采用外圈无挡边的圆柱滚子轴承作两端游动支承,轴与轴承内圈可沿轴向少量移动,即为两端游动式结构。因这类轴承内部允许相对移动,故不需要留间隙,适用于人字齿轮传动中的主动轴。对这类轴承的内、外圈要做双向固定,以免内、外圈同时游动造成过大的错位。为保证整个啮合系统的正常工作,人字齿轮从动轴的支承结构要采用两端固定结构。

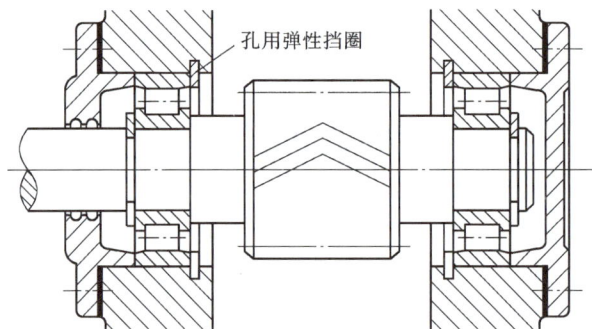

孔用弹性挡圈

图9-34　两端游动的轴系

3. 轴承间隙的调整

为保证轴承正常运转,在装配轴承时,一般都应留有适当的轴承间隙。常用的调整轴承间隙的方法有三种。

1）调整垫片

如图9-35(a)所示,靠增减端盖与箱体接合面间的垫片厚度进行调整。

2）调节压盖

如图9-35(b)所示,利用端盖上的调节螺钉1控制轴承外圈可调压盖3的轴向位置来实现调整,调整后用螺母2锁紧防松。调节压盖适用于各种不同的轴承端盖形式。

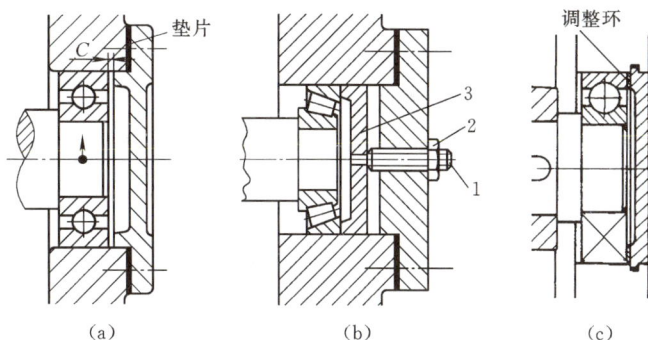

图 9-35　轴承间隙的调整

3）调整环

如图 9-35(c)所示，在端盖与轴承端面间设置不同厚度的调整环进行调整。这种调整方式适用于嵌入式轴承端盖。

4. 滚动轴承的配合

滚动轴承的配合是指轴承内圈与轴颈、外圈与轴承座孔的配合。滚动轴承是标准件，其内圈与轴颈的配合采用基孔制，外圈与轴承座孔的配合采用基轴制。由于轴承配合内、外径的上偏差均为零，因而相同的配合种类，内圈与轴的配合较紧，外圈与轴承座孔的配合较松。

一般轴承内圈随轴一起转动，外圈相对轴承座孔静止不动，故轴承内圈与轴颈一般选用 n6、m6、k6、js6 等较紧的配合，外圈与轴承座孔一般选用 G7、H7、J7、M7 等较松的配合。滚动轴承内、外圈配合的具体选择可查阅《机械设计手册》。

5. 滚动轴承的润滑与密封

1）滚动轴承的润滑

滚动轴承润滑的目的是减少摩擦和磨损，同时起到冷却、吸振、防锈和降低噪声等作用。滚动轴承常用的润滑剂有润滑油和润滑脂两种。通常用轴承内径 d 和转速 n 的积 dn 值作为选择润滑剂和润滑方式的参考指标，如表 9-11 所示。

表 9-11　滚动轴承润滑方式的选择

轴承类型	$dn/(\text{mm} \cdot \text{r/min})$				
	脂润滑	浸油润滑 飞溅润滑	滴油润滑	喷油润滑	油雾润滑
深沟球轴承 角接触球轴承 圆柱滚子轴承	$\leqslant 2 \times 10^5$	2.5×10^5	4×10^5	6×10^5	$> 6 \times 10^5$
圆锥滚子轴承		1.6×10^5	2.3×10^5	3×10^5	—
推力球轴承		0.6×10^5	1.2×10^5	1.5×10^5	—

脂润滑适用于 dn 值较小的轴承，其优点是便于密封，润滑脂不易流失，能承受较大的载荷，一次加脂后可以工作相当长的时间。润滑脂的填充量一般不超过轴承内空隙体积的 1/3～1/2，过多则引起轴承发热，影响轴承正常工作。

油润滑适用于高速、高温条件下工作的轴承,其优点是摩擦系数小、润滑可靠,且具有冷却散热和清洗的作用。

常用的润滑方式有浸油润滑、飞溅润滑、喷油润滑和油雾润滑等。飞溅润滑是闭式齿轮传动装置中轴承常用的润滑方法。利用转动的齿轮把润滑油甩到箱体的内壁面上,再通过沟槽把油引到轴承中。当 dn 值很高时,润滑油不易进入轴承,则采用喷油润滑或油雾润滑。

2)滚动轴承的密封

滚动轴承密封的作用是避免润滑剂的流失,防止灰尘、水分和杂物进入轴承。滚动轴承的密封方法分接触式密封和非接触式密封两大类。

(1)接触式密封。

毛毡圈密封(见图9-36(a)),将矩形毡圈嵌入轴承端盖上的梯形槽内,与转轴间摩擦接触,其结构简单、价格低廉,但毡圈易磨损,适用于轴颈圆周速度 $v=4\sim5$ m/s,工作温度不高的脂润滑。唇形密封圈密封(见图9-36(b)),唇形密封圈是标准件,有多种不同的结构和尺寸,密封效果好,但在高速时易发热,适用于油润滑或脂润滑,轴颈圆周速度 $v<7$ m/s,工作温度为 $-40\sim100$ ℃。

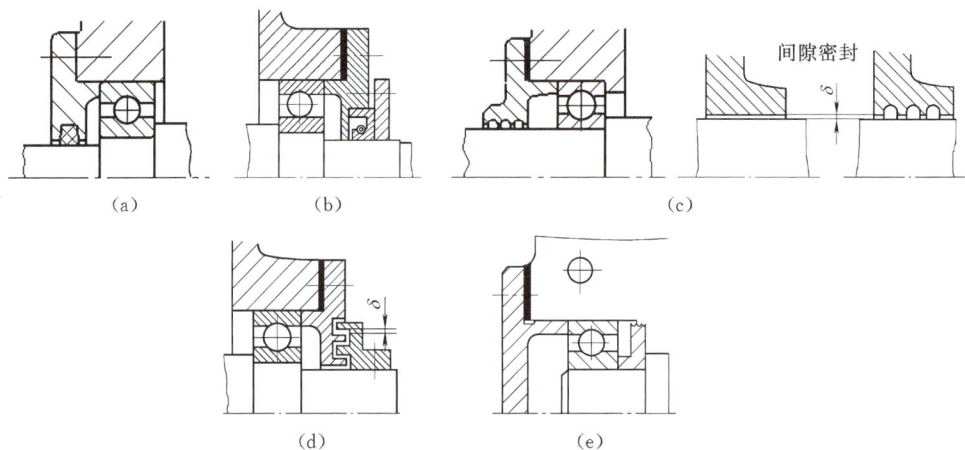

(a)　　　　　　　(b)　　　　　　　(c)

(d)　　　　　　　(e)

图 9-36　滚动轴承的密封

(2)非接触式密封。

油沟密封(见图9-36(c)),在轴承端盖配合面上开3个以上宽3~4 mm、深4~5 mm的沟槽,且与轴间留有0.1~0.3 mm的半径间隙,并在油沟内填充润滑脂密封,其结构简单,适用于脂润滑。迷宫式密封(见图9-36(d)),在轴套与轴承端盖之间有曲折的间隙,密封可靠,适用于脂润滑或油润滑。挡油环密封(见图9-36(e)),适用于脂润滑,在轴承座孔内的轴承内侧安装一挡油环,随轴一起转动,利用其离心作用,将箱体内溅出的油及杂质甩走,阻止油进入轴承。

五、轴的设计计算

轴的设计计算的一般步骤如下:

(1)根据轴的使用要求选择轴的材料,确定许用应力。

（2）按扭转强度估算轴的最小直径。

（3）设计轴的结构,绘出轴的结构草图。确定轴上零件的位置和固定方法,确定各轴段的直径和长度,确定如键槽、螺纹退刀槽、砂轮越程槽、倒角、圆角等其余尺寸。

（4）按弯扭组合校核轴的强度。

（5）绘制轴的零件图。

1. 按扭转强度估算轴的最小直径

在进行轴的初期设计时,由于轴上零件的位置及轴承间的距离尚未确定,无法确定轴的受力情况,只有待轴的结构设计基本完成后,才能对轴进行受力分析及强度校核,因此,一般在进行轴的结构设计前,通常先按纯扭转强度初步估算轴的最小直径。

由材料力学可知,圆轴扭转时的强度条件为

$$\tau = \frac{T}{W_T} = \frac{9.55 \times 10^6 P}{0.2 d^3 n} \leqslant [\tau] \tag{9-4}$$

式中,τ 为轴的扭转切应力(MPa);T 为轴所传递的扭矩(N·mm);W_T 为轴的抗扭截面系数(mm³),对实心圆截面轴,$W_T = \frac{\pi d^3}{16} \approx 0.2 d^3$;$P$ 为轴所传递的功率(kW);n 为轴的转速(r/min);d 为轴的直径(mm);$[\tau]$ 为轴材料的许用切应力(MPa),如表 9-12 所示。

表 9-12 轴常用材料的 $[\tau]$ 值和 A 值

轴的材料	Q235,20	35	45	40Cr,35SiMn
$[\tau]$/MPa	12~20	20~30	30~40	40~52
A	135~160	118~135	107~118	97~107

注:当作用在轴上的弯矩比转矩小或只受转矩作用时,A 取较小值,否则 A 取较大值。

轴的设计计算公式为

$$d \geqslant \sqrt[3]{\frac{9.55 \times 10^6 P}{0.2 [\tau] n}} = A \sqrt[3]{\frac{P}{n}} \tag{9-5}$$

式中,$A = \sqrt[3]{\frac{9.55 \times 10^6}{0.2 [\tau]}}$,是由轴的材料和承载情况确定的常数,其值如表 9-12 所示。

当计算的截面上有键槽时,直径要适当增大。有 1 个键槽时,轴径增大 3%~5%;当同一截面上有 2 个键槽时,轴径增大 7%~10%,然后按表 9-8 将直径圆整为标准值。

2. 确定轴的结构和尺寸

按轴上零件的装配顺序、固定方式及工艺要求进行轴的结构设计,确定轴的结构形状和尺寸。

1) 确定各轴段的直径

轴的最小直径确定后,根据轴中每个阶梯的作用来确定其他各轴段直径的大小。

轴肩分为定位轴肩和非定位轴肩两类。定位轴肩的高度一般取 $h = (0.07 \sim 0.1)d$,d 为与零件相配合处轴的直径;非定位轴肩是为了加工和装配方便而设置的,其高度一般取 1~2 mm。

为便于滚动轴承的拆卸,滚动轴承的轴肩高度 h 必须小于轴承内圈的端面高度,其值按《机械设计手册》中轴承的安装尺寸确定。

轴与零件配合的直径应采用标准直径。与滚动轴承相配合的直径,必须符合滚动轴承的内径标准。安装联轴器的轴径应与联轴器的孔径范围相适应。轴上切制螺纹轴段的直径应符合螺纹的直径标准。

2）确定各段轴的长度

各轴段的长度主要根据安装零件与轴配合部分的轴向尺寸和相邻零件间适当的间隙(以防止运转时相碰)来确定。确定轴的各段长度时应保证轴上零件轴向定位可靠,与齿轮、带轮、联轴器等传动零件相配合的轴段长度,一般应比轮毂长度短 $2\sim3$ mm。

【任务实施】

（1）选择轴的结构形式。

带式输送机圆柱齿轮减速器的输入、输出轴上均安装有传动零件,它们是既承受弯矩又承受扭矩的转轴。为了使轴上零件固定和装拆方便,均采用阶梯轴,且输入轴为齿轮轴。

（2）选择轴的支承形式。

由于设计的是单级减速器,可将齿轮布置在箱体内部中央,将轴承对称安装在齿轮两侧,输入轴的外伸端安装大带轮,输出轴的外伸端安装联轴器。

该减速器为一般装置,对轴的定位精度要求一般;因工作环境温度最高为 35 ℃,圆柱齿轮减速器的机械效率较高,故轴承工作温度不会很高;齿轮齿宽 $b_1=70$ mm、$b_2=65$ mm,根据经验,两轴的轴承跨距<350 mm。综合考虑上述因素,选择轴的支承形式为两端单向固定。

（3）选择轴承间隙的调整方式。

选择凸缘式轴承端盖,并在端盖与箱体接合面间放置垫片来调整轴承间隙,以考虑轴受热后会伸长的情况。

（4）选择轴承润滑方式和密封方法。

减速器内的齿轮采用浸油润滑。因齿轮圆周速度 $v=1.13$ m/s<3 m/s,油飞溅不起来,无法利用齿轮箱中的油来润滑轴承;又因轴的转速较低,估计轴承的 $dn<2\times10^5$,故选用脂润滑。轴承端盖内密封处轴的圆周速度 v 估计小于 4 m/s,故选用毛毡圈密封。

（5）输入轴的设计。

① 选择轴的材料,确定许用应力。

由已知条件可知,减速器传递的功率属中、小功率,对轴的材料无特殊要求,故选用 45 钢,正火处理。由表 9-7 查得:强度极限 $\sigma_b=600$ MPa,许用弯曲应力 $[\sigma_{-1}]_b=55$ MPa。

② 轴上零件的定位、固定和装配。

要确定轴的结构形状,必须先确定轴上零件的定位、固定方式和装配顺序。如图 9-37所示,输入轴为齿轮轴,左端轴承 7 和右端轴承 4 分别从轴的两端装入,均用轴肩和轴承端盖 3 固定;大带轮 2 左端用轴肩定位,右端用轴端挡圈 1 固定,采用普通平键连接实现周向固定。为防止润滑脂流失,两端轴承均采用挡油环 5 进行内部密封。

③ 按扭转强度估算轴的最小直径。

由表 9-12 查得 45 钢的 $A=107\sim118$,则高速轴输入端带轮处的最小直径为

$$d\geqslant A\sqrt[3]{\frac{P_1}{n_1}}=(107\sim118)\times\sqrt[3]{\frac{3.55}{338}}\text{ mm}=23.4\sim25.8\text{ mm}$$

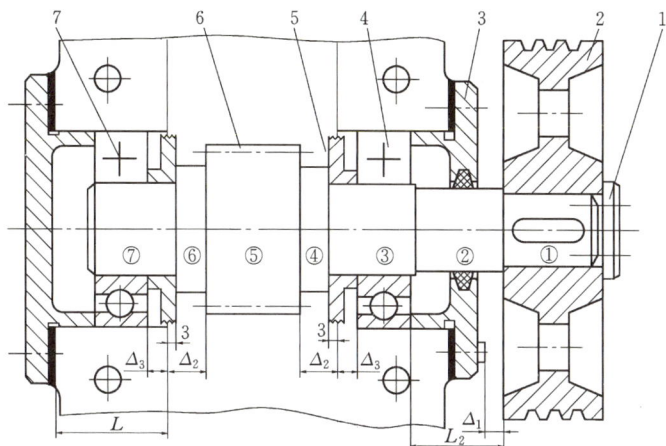

图 9-37 输入轴上零件的装配关系

考虑到该轴段上安装大带轮,有一个键槽,故将估算直径增大 3%～5%,取为 24.1～27.1 mm。由表 9-8 标准直径系列,圆整为标准值,取 $d_1 = 25$ mm。

④ 确定各轴段的直径。

从轴段①的直径 $d_1 = 25$ mm 开始,逐段选取相邻轴段的直径。

轴段②的直径:如图 9-37 所示,轴段②处安装轴承端盖和密封圈。轴段①、②之间的轴肩起定位带轮的作用,轴肩高度 $h = (0.07～0.1)d_1 = (0.07～0.1) \times 25$ mm $= 1.75～2.5$ mm,故 $d_2 = d_1 + 2h = 28.5～30$ mm,该直径处安装密封圈,所选轴径应与密封圈内径相适应。查《机械设计手册》,选用 30 型毛毡密封圈,则轴的直径 $d_2 = 30$ mm。

轴段③、⑦的直径:轴段③与轴承内径配合,轴肩为非定位轴肩,轴肩高度 $h = 1～2$ mm,取 $h = 2$ mm,则 $d_3 = 34$ mm,但为了使所选直径与滚动轴承内径相适应,取 $d_3 = 35$ mm,轴段⑦与轴承配合,取 $d_7 = d_3 = 35$ mm。初选型号为 6307 的深沟球轴承,其尺寸为 $d \times D \times B = 35$ mm $\times 80$ mm $\times 21$ mm。

轴段④、⑥的直径:轴段③、④之间的轴肩为定位轴肩,间接给轴承内圈定位,由《机械设计手册》查得 6307 型滚动轴承的安装尺寸 $d_{amin} = 44$ mm,故取 $d_4 = 44$ mm。轴段⑥与轴段④直径相同,取 $d_6 = 44$ mm。

⑤ 确定各轴段的长度。

轴段①的长度:根据 V 带轮结构图(见图 6-6),带轮轮毂宽度 $L_1 = (1.5～2)d_1 = 37.5～50$ mm,取 $L_1 = 50$ mm。为使带轮定位可靠,与带轮配合的轴段①的长度 $l_1 = 48$ mm。

其他轴段的长度与箱体等设计有关,可由齿轮开始向两侧逐步确定。

轴段②的长度:一般情况下,齿轮端面与箱体内壁的距离 Δ_2 为 10～15 mm,取 $\Delta_2 = 15$ mm。轴承端面与箱体内壁的距离 Δ_3 与轴承的润滑有关,油润滑时,$\Delta_3 = 3～5$ mm;脂润滑时所留间距较大,以便放挡油环,防止润滑油溅入而带走润滑脂,$\Delta_3 = 10～15$ mm,因选用的是脂润滑,取 $\Delta_3 = 10$ mm。轴承座孔的长度与减速器轴承旁连接螺栓的装拆空间有关,详见《机械设计手册》。对于常用的 M16 普通螺栓,轴承座孔长度 $L = 55～65$ mm,取 $L = 55$ mm。考虑轴承端盖螺钉至带轮轮毂端面距离 $\Delta_1 = 15～20$ mm,初步取轴承外端面到带轮轮毂端面之间的距离 $L_2=55$ mm,考虑轴段③伸出轴长 2 mm,则轴段②的长度 $l_2=53$ mm。

轴段③、⑦的长度:挡油环伸出箱体内壁 3 mm,由图可推算出,$l_3=3+\Delta_3+B+2=(3+10+21+2)$ mm$=36$ mm,取 $l_7=l_3=36$ mm。

轴段④、⑥的长度:由图可推算出,$l_4=l_6=(15-3)$ mm$=12$ mm。

轴段⑤的长度:即齿轮宽度,$l_5=70$ mm。

结合上述尺寸,按比例绘制轴系结构草图,如图 9-38 所示。由图可计算出两轴承中心间的跨距 $l=70+2\Delta_2+2\Delta_3+B=141$ mm,右端轴承中心至带轮轮缘中心的距离为 90.5 mm。

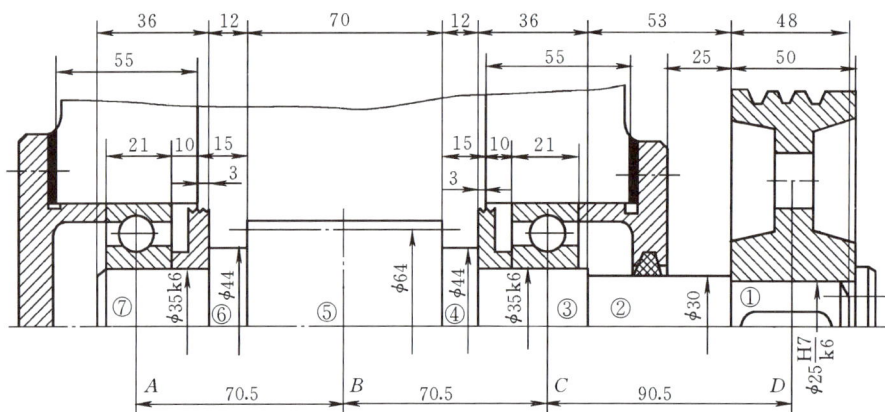

图 9-38　输入轴轴系结构草图

(6) 输出轴的设计。

① 选择轴的材料,确定许用应力。

选用 45 钢调质。由表 9-7 查得,强度极限 $\sigma_b=650$ MPa,许用弯曲应力 $[\sigma_{-1}]_b=60$ MPa。

② 轴上零件的定位、固定和装配。

如图 9-39 所示,齿轮从轴的左端装入,右端面用轴肩(或轴环)定位,左端用套筒固定,齿轮的周向固定采用普通平键连接。右端轴承用轴肩和轴承端盖固定,从轴的右端装入。左端轴承用套筒和轴承端盖固定,从轴的左端装入。半联轴器右端用轴肩定位,左端用轴端挡圈固定,采用普通平键连接实现周向固定。为防止润滑脂流失,采用挡油板内部密封。

③ 按扭转强度估算轴的最小直径。

由表 9-12 查得 45 钢的 $A=107\sim118$,则低速轴输出端联轴器处的最小直径为

$$d\geqslant A\sqrt[3]{\frac{P_2}{n_2}}=(107\sim118)\times\sqrt[3]{\frac{3.41}{76.1}}\text{ mm}=38\sim41.9\text{ mm}$$

考虑到该轴段上安装联轴器,有一个键槽,故将估算直径增大 3%~5%,取为 39.1~44.0 mm。考虑补偿轴的可能位移,已选用 LX3 型弹性柱销联轴器,查 GB/T 5014—2017,LX3 型弹性柱销联轴器的标准孔径 $d=40$ mm,故取轴的直径 $d_1=40$ mm。联轴器 LX3 的 J 型轴孔长度 $B_1=84$ mm。

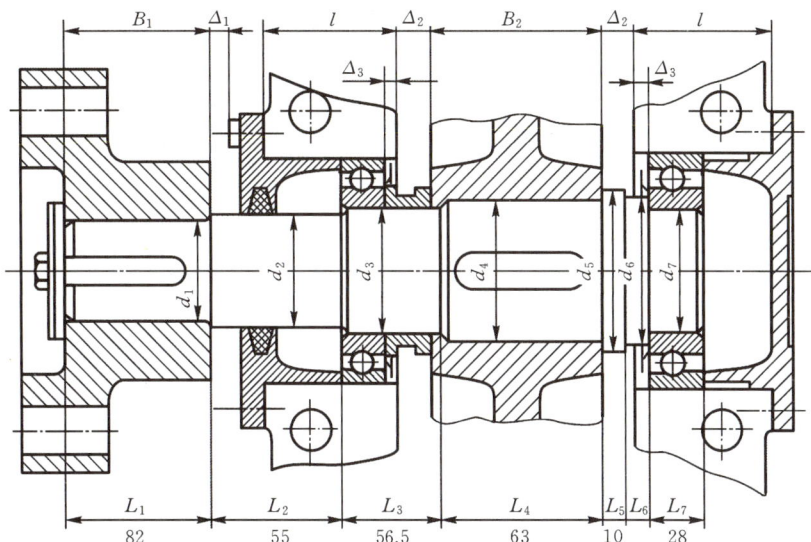

图 9-39　低速轴轴系结构草图

④ 确定各轴段的直径。

从轴径 $d_1=40$ mm 开始，逐段选取相邻轴段的直径。如图 9-39 所示，直径为 d_2 轴段安装轴承端盖和密封圈，轴肩起定位联轴器的作用，轴肩高度 $h=(0.07\sim0.1)d_1=(0.07\sim0.1)\times40$ mm$=2.8\sim4$ mm，故 $d_2=d_1+2h=45.6\sim48$ mm，该直径处安装密封圈，所选轴径应与密封圈内径相适应，查《机械设计手册》，选用 45 型密封毡圈，则轴的直径 $d_2=45$ mm。d_3 与轴承内径配合，轴肩为非定位轴肩，轴肩高度 $h=1\sim2$ mm，取 $h=2$ mm，则 $d_3=49$ mm，但为了使所选直径与滚动轴承内径相适应，取 $d_3=50$ mm，初选型号为 6310 的深沟球轴承，其尺寸为 $d\times D\times B=50$ mm$\times110$ mm$\times27$ mm。d_4 与齿轮孔径配合，轴肩为非定位轴肩，轴肩高度 $h=1\sim2$ mm，则 $d_4=52\sim54$ mm，为了便于装配，按表 9-8 的标准直径系列，取 $d_4=53$ mm。d_5 处的轴肩起定位齿轮的作用，轴肩高度 $h=(0.07\sim0.1)d_4=(0.07\sim0.1)\times53$ mm$=3.71\sim5.3$ mm，故 $d_5=d_4+2h=60.4\sim63.6$ mm，取 $d_5=63$ mm。d_7 与轴承配合，取 $d_7=d_3=50$ mm。d_6 为轴承轴肩，由《机械设计手册》查得 6310 型滚动轴承的安装尺寸 $d_{amin}=60$ mm，故取 $d_6=60$ mm。

⑤ 确定各轴段的长度。

为使定位可靠，与联轴器配合的轴段长度 L_1 一般应比联轴器的轴孔长度 B_1 短 $2\sim3$ mm，取轴段长度 $L_1=82$ mm。锻造齿轮轮毂宽度 $B_2=(1.2\sim1.5)d_4=(1.2\sim1.5)\times53$ mm$=63.6\sim79.5$ mm，取 $B_2=b_2=65$ mm，故取轴段长度 $L_4=63$ mm。与轴承配合的轴段长度 L_7，轴承宽度 $B=27$ mm，取挡油板厚度为 1 mm，则 $L_7=28$ mm。

其他轴段的长度与箱体等设计有关，可由齿轮开始向两侧逐步确定。轴承座孔的长度应与输入轴轴承座孔的长度相同，取 $l=55$ mm。考虑轴承端盖螺钉至联轴器距离 $\Delta_1=15\sim20$ mm，初步取 $L_2=55$ mm。一般情况下，齿轮端面与箱体内壁的距离 Δ_2 为 $10\sim15$ mm，由高速轴的设计可知，箱体左、右两内壁线的距离为 $b_1+2\Delta_3=100$ mm，从动轮齿宽 $b_2=65$ mm，则低速轴齿轮端面到箱体内壁的距离 $\Delta_2=(100-b_2)/2=17.5$ mm。轴承端面与箱体内壁的距离 Δ_3 与轴承的润滑有关，油润滑时，$\Delta_3=3\sim5$ mm，脂润滑时，$\Delta_3=$

10～15 mm。因选用的是脂润滑，取 $\Delta_3 = 10$ mm。由图 9-39 可推算出 $L_3 = \Delta_2 + \Delta_3 + B + 2 = (17.5 + 10 + 2 + 27)$ mm $= 56.5$ mm。$L_5 + L_6 = \Delta_2 + \Delta_3 = 27.5$ mm，取轴环宽度 $L_5 = 10$ mm，则 $L_6 = 17.5$ mm。

综合上述尺寸确定，按比例绘制轴系结构草图，如图 9-39 所示。由图可计算出两轴承中心间的距离 $l = 65 + 2\Delta_2 + 2\Delta_3 + B = 147$ mm。

◀ 任务 4　校核减速器输入轴与输出轴的强度 ▶

【任务引入】

带式输送机直齿圆柱齿轮减速器两轴的结构草图如图 9-40 所示。已知输入轴功率 $P_1 = 3.55$ kW，转速 $n_1 = 338$ r/min，转矩 $T_1 = 100.3$ N·m，材料为 45 钢正火，许用弯曲应力 $[\sigma_{-1}]_b = 55$ MPa，两轴承中心的跨距 $l = 141$ mm；输出轴功率 $P_2 = 3.41$ kW，转速 $n_2 = 76.1$ r/min，转矩 $T_2 = 427.93$ N·m，材料为 45 钢调质，许用弯曲应力 $[\sigma_{-1}]_b = 60$ MPa，两轴承中心的距离 $l = 147$ mm；大带轮轮缘宽 $B = 50$ mm，作用在带轮轴上的压力 $F_Q = 1156$ N；齿轮分度圆直径 $d_1 = 64$ mm，$d_2 = 284$ mm，齿轮圆周力 $F_t = 3134$ N，径向力 $F_r = 1141$ N，小齿轮齿根圆直径 $d_{f1} = 59$ mm。机器单向运转，载荷较平稳。试校核减速器输入轴与输出轴的强度。

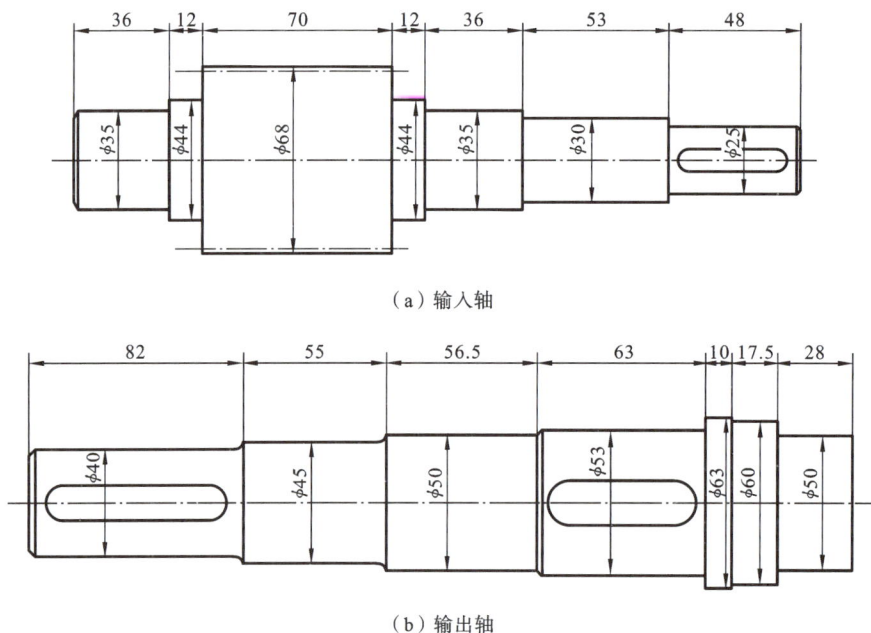

（a）输入轴

（b）输出轴

图 9-40　减速器两轴结构草图

【任务分析】

当轴的结构设计完成后，轴上零件的位置均已确定，作用在轴上外载荷的大小、方向、作用点、支承跨距及支点反力等均为已知,此时可按弯扭组合强度对轴的危险截面进行强度校核。该任务是校核减速器输入轴与输出轴的强度。

【相关知识】

强度计算时,通常把轴当作置于铰链支座上的梁,作用在轴上零件的力按集中力考虑,其作用点取零件轮缘宽度的中点,而轴承处支反力作用点的位置,要根据轴承的类型和布置方式确定,一般可近似地取轴承宽度的中点。具体的计算步骤如下:

(1)画出轴的空间受力简图,并将其分解为水平面分力和垂直面分力,计算出水平面和垂直面内的支反力。

(2)作弯矩图。

根据受力简图分别作出水平面弯矩图和垂直面弯矩图,计算出合成弯矩,并作出合成弯矩图。

合成弯矩 M 计算式为

$$M = \sqrt{M_H^2 + M_V^2}$$

式中,M_H 为水平面上的弯矩(N·mm);M_V 为垂直面上的弯矩(N·mm)。

(3)作轴的扭矩图。

(4)计算危险截面的当量弯矩 M_e。

根据已作出的合成弯矩图和扭矩图,确定轴的危险截面,并计算危险截面的当量弯矩 M_e:

$$M_e = \sqrt{M^2 + (\alpha T)^2}$$

式中,M 为危险截面的合成弯矩(N·mm);T 为危险截面的扭矩(N·mm);α 为考虑弯曲应力与扭转剪应力循环特性的不同而引入的校正系数,对于不变化的转矩,$\alpha \approx 0.3$,对于脉动循环变化的转矩,$\alpha \approx 0.6$,对于频繁正、反转的轴,即对称循环变化的转矩,$\alpha = 1$。

(5)校核危险截面的强度。

对于同时承受弯矩 M 和转矩 T 的钢制转轴,通常按第三强度理论计算危险截面的当量应力 σ_e,其强度条件为

$$\sigma_e = \frac{M_e}{W} = \frac{\sqrt{M^2 + (\alpha T)^2}}{0.1 d^3} \leqslant [\sigma_{-1}]_b \tag{9-6}$$

式中,σ_e 为危险截面的当量应力(MPa);W 为危险截面的抗弯截面系数(mm³),对于实心轴,$W = 0.1 d^3$;d 为危险截面的直径(mm);$[\sigma_{-1}]_b$ 为对称循环状态下的许用弯曲应力,其值见表 9-7。

当轴的强度不满足要求时,应重新对轴的结构进行设计。

【任务实施】

1. 输入轴的强度校核

(1)画出轴的受力简图。

将两端轴承视为一端活动铰链,一端固定铰链,把轴当作置于铰链支座上的梁;将齿轮和带轮上的载荷简化为作用在轮缘宽度中点的集中力;深沟球轴承支反力作用在轴承宽度的中点上。其受力简图如图 9-41(a)所示。

从带式输送机传动简图上无法确定作用在带轮轴上的压轴力 F_Q 与齿轮作用力的空间关系,故带的压轴力方向暂不确定。为了确保安全,将齿轮作用力与带的压轴力单独考虑,然后按受力最不利的情况将它们产生的弯矩进行叠加,最后按此弯矩校核轴的强度。

（2）计算轴承的支反力,作轴的弯矩图。

① 仅考虑齿轮作用力时水平面内的弯矩图。

如图 9-41(b)所示,对称布置,只受一个力 F_t,故水平面上两支点的支反力为
$$F_{H1} = F_{H2} = F_t/2 = 3134/2 \text{ N} = 1567 \text{ N}$$

B 截面处水平面内的弯矩为
$$M_{BH} = F_{H1} \times 70.5 = 1567 \times 70.5 \text{ N} \cdot \text{mm} = 110474 \text{ N} \cdot \text{mm}$$

② 仅考虑齿轮作用力时垂直面内的弯矩图。

如图 9-41(c)所示,对称布置,只受一个力 F_r,故垂直平面上两支点的支反力为
$$F_{V1} = F_{V2} = F_r/2 = 1141/2 \text{ N} = 570.5 \text{ N}$$

B 截面处垂直面内的弯矩为
$$M_{BV} = F_{V1} \times 70.5 = 570.5 \times 70.5 \text{ N} \cdot \text{mm} = 40220 \text{ N} \cdot \text{mm}$$

③ 仅考虑齿轮作用力时的合成弯矩图。

如图 9-41(d)所示,轴上 B 截面处的合成弯矩为
$$M_{BHV} = \sqrt{M_{BH}^2 + M_{BV}^2} = \sqrt{110474^2 + 40220^2} \text{ N} \cdot \text{mm}$$
$$= 117568 \text{ N} \cdot \text{mm}$$

④ 仅考虑带的压轴力 F_Q 时轴的弯矩图。

如图 9-41(e)所示,此时轴两支点的支反力为
$$F_{Q1} = \frac{F_Q \times 90.5}{2 \times 70.5} \text{ N} = \frac{1156 \times 90.5}{2 \times 70.5} \text{ N} = 742 \text{ N}$$
$$F_{Q2} = F_{Q1} + F_Q = (742 + 1156) \text{ N} = 1898 \text{ N}$$

轴上 B 截面处的弯矩为
$$M_{BQ} = F_{Q1} \times 70.5 = 742 \times 70.5 \text{ N} \cdot \text{mm} = 52311 \text{ N} \cdot \text{mm}$$

轴上 C 截面处的弯矩为
$$M_{CQ} = F_Q \times 90.5 = 1156 \times 90.5 \text{ N} \cdot \text{mm} = 104618 \text{ N} \cdot \text{mm}$$

⑤ 作轴的总弯矩图。

按对轴受力最不利的情况考虑。假设图9-41(d)所示的合成弯矩与图 9-41(e)所示的带压轴力引起的弯矩共面且同向,将两者直接相加,则轴的总弯矩图如图 9-41(f)所示。

轴上 B 截面处的总弯矩为
$$M_B = M_{BHV} + M_{BQ} = (117568 + 52311) \text{ N} \cdot \text{mm} = 169879 \text{ N} \cdot \text{mm}$$

轴上 C 截面处的总弯矩为
$$M_C = M_{CQ} = 104618 \text{ N} \cdot \text{mm}$$

（3）作轴的扭矩图。

如图 9-41(g)所示,$T = 100300 \text{ N} \cdot \text{mm}$。

（4）确定轴的危险截面并校核其强度。

截面 B、C 所受扭矩相同,但弯矩 $M_B > M_C$,截面 B 可能为危险截面。但由于截面 C 处的轴径 $d_C < d_B$,故也要对截面 C 进行校核。

因减速器单向运转,故可认为转矩为脉动循环变化,取 $\alpha=0.6$。分别将轴 B 截面齿根圆直径 $d_{f1}=59$ mm、C 截面的直径 $d=35$ mm 代入式(9-6),则 B 截面处的应力:

$$\sigma_{eB}=\frac{\sqrt{M_B^2+(\alpha T)^2}}{0.1d_{f1}^3}=\frac{\sqrt{169879^2+(0.6\times100300)^2}}{0.1\times59^3}\text{ MPa}=8.8\text{ MPa}<[\sigma_{-1}]_b$$

C 截面处的应力:

$$\sigma_{eC}=\frac{\sqrt{M_C^2+(\alpha T)^2}}{0.1d^3}=\frac{\sqrt{104618^2+(0.6\times100300)^2}}{0.1\times35^3}\text{ MPa}=28.1\text{ MPa}<[\sigma_{-1}]_b$$

轴的强度足够,并有相当裕量。若后续计算轴承寿命和键的强度均满足要求,则该轴的结构设计无须修改。

(5) 计算轴的总支反力。

参考图 9-41(b)、图 9-41(c)、图 9-41(e)中轴所受支承反力的作用,按照受力最不利的情况考虑,左侧支点 1 的总支反力为

$$F_{r1}=\sqrt{F_{H1}^2+F_{V1}^2}+F_{Q1}=(\sqrt{1567^2+570.5^2}+742)\text{ N}=2410\text{ N}$$

右侧支点 2 的总支反力为

$$F_{r2}=\sqrt{F_{H2}^2+F_{V2}^2}+F_{Q2}=(\sqrt{1567^2+570.5^2}+1898)\text{ N}=3566\text{ N}$$

轴的支承反力即为 6307 轴承受的径向力,在后续进行轴承寿命计算时要用到。

2. 输出轴的强度校核

(1) 画出轴的受力简图。

将两端轴承视为一端活动铰链,一端固定铰链,把轴当作置于铰链支座上的梁;将齿轮上的载荷简化为作用在轮缘宽度中点的集中力;深沟球轴承支反力作用在轴承宽度的中点上。其受力简图如图 9-42(a)所示,其中 D 截面为轴段 d_3 的左端面。

(2) 计算轴承的支反力,作轴的弯矩图。

① 作水平面内的弯矩图。

如图 9-42(b)所示,对称布置,只受一个力 F_t,故水平面上两支点的支反力为

$$F_{H1}=F_{H2}=F_t/2=3134/2\text{ N}=1567\text{ N}$$

B 截面处水平面内的弯矩为

$$M_{BH}=F_{H1}\times73.5=1567\times73.5\text{ N}\cdot\text{mm}=115175\text{ N}\cdot\text{mm}$$

D 截面处水平面内的弯矩

$$M_{DH}=F_{H2}\times43=1567\times43\text{ N}\cdot\text{mm}=67381\text{ N}\cdot\text{mm}$$

② 作垂直面内的弯矩图。

如图 9-42(c)所示,对称布置,只受一个力 F_r,故垂直平面上两支点的支反力为

$$F_{V1}=F_{V2}=F_r/2=1141/2\text{ N}=570.5\text{ N}$$

B 截面处垂直面内的弯矩为

$$M_{BV}=F_{V2}\times73.5=570.5\times73.5\text{ N}\cdot\text{mm}=41932\text{ N}\cdot\text{mm}$$

D 截面处垂直面内的弯矩

$$M_{DV}=F_{V2}\times43=570.5\times43\text{ N}\cdot\text{mm}=24532\text{ N}\cdot\text{mm}$$

③ 作合成弯矩图。

如图 9-42(d)所示,轴上 B 截面处的合成弯矩为

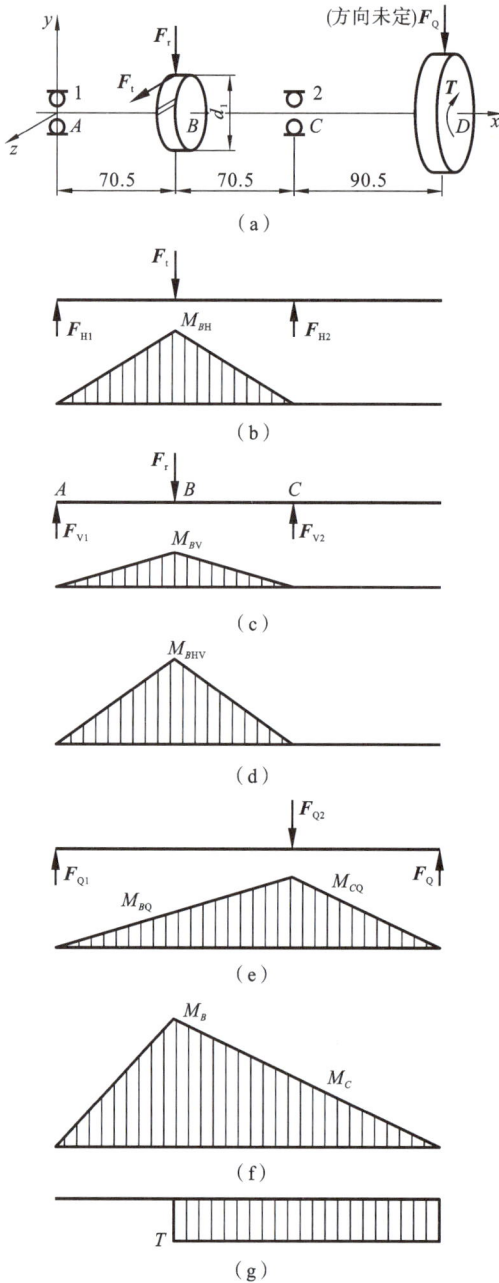

图 9-41　减速器输入轴的受力分析
　　　　 及弯矩、扭矩图

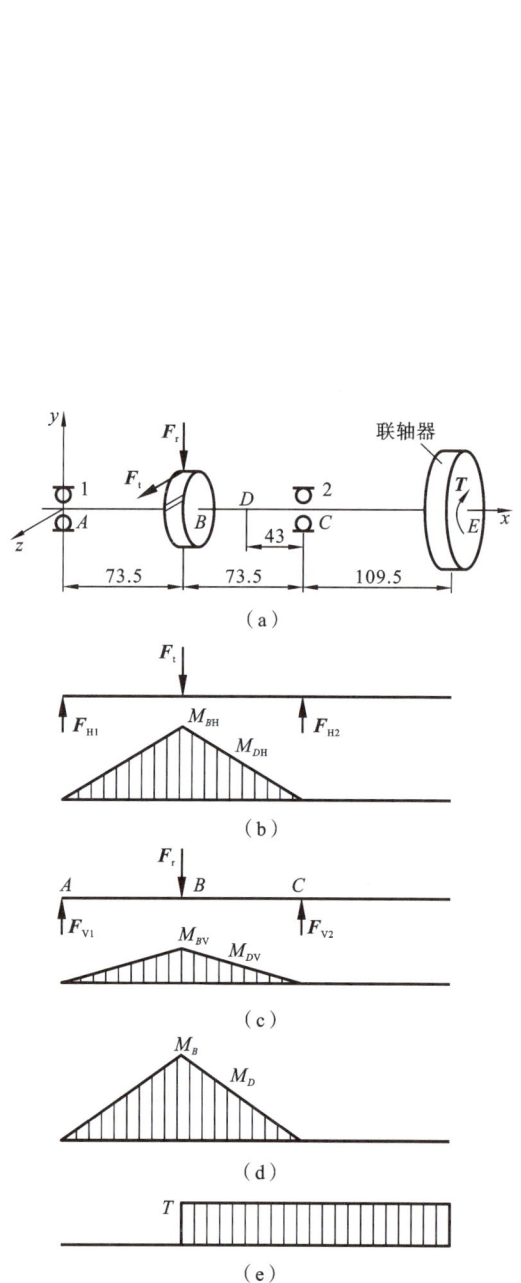

图 9-42　减速器输出轴的受力分析
　　　　 及弯矩、扭矩图

$$M_B = \sqrt{M_{BH}^2 + M_{BV}^2} = \sqrt{115175^2 + 41932^2} \text{ N} \cdot \text{mm} = 122571 \text{ N} \cdot \text{mm}$$

轴上 D 截面处的合成弯矩为

$$M_D = \sqrt{M_{DH}^2 + M_{DV}^2} = \sqrt{67381^2 + 24532^2} \text{ N} \cdot \text{mm} = 71708 \text{ N} \cdot \text{mm}$$

（3）作轴的扭矩图。

如图 9-42(e)所示，$T = 427930$ N・mm。

（4）确定轴的危险截面并校核其强度。

由图 9-42 可以看出，截面 B、D 所受扭矩相同，但弯矩 $M_B > M_D$，故截面 B 可能为危险截面。但由于轴径 $d_D < d_B$，故也要对截面 D 进行校核。

按弯扭组合计算时，转矩按脉动循环变化考虑，取 $\alpha = 0.6$。分别将 B 截面的直径 $d = 53$ mm、D 截面的直径 $d = 50$ mm 代入式(9-6)，则截面 B 处的应力：

$$\sigma_{eB} = \frac{\sqrt{M_B^2 + (\alpha T)^2}}{0.1d^3} = \frac{\sqrt{122571^2 + (0.6 \times 427930)^2}}{0.1 \times 53^3} \text{ MPa} = 19.1 \text{ MPa} < [\sigma_{-1}]_b$$

截面 D 处的应力

$$\sigma_{eD} = \frac{\sqrt{M_D^2 + (\alpha T)^2}}{0.1d^3} = \frac{\sqrt{71708^2 + (0.6 \times 427930)^2}}{0.1 \times 50^3} \text{ MPa} = 21.3 \text{ MPa} < [\sigma_{-1}]_b$$

轴的强度足够，并有相当裕量。若后续计算轴承寿命和键的强度均满足要求，则该轴的结构设计无须修改。

（5）计算轴的总支反力。

左侧支点 1 的总支反力为

$$F_{r1} = \sqrt{F_{H1}^2 + F_{V1}^2} = \sqrt{1567^2 + 570.5^2} \text{ N} = 1668 \text{ N}$$

右侧支点 2 的总支反力为

$$F_{r2} = F_{r1} = 1668 \text{ N}$$

轴的支承反力即为 6310 轴承受的径向力，在后续进行轴承寿命计算时要用到。

任务5　校核减速器输入轴与输出轴滚动轴承的寿命

【任务引入】

带式输送机直齿圆柱齿轮减速器中，输入轴与输出轴轴承受力图如图 9-43 所示。已知输入轴转速 $n_1 = 338$ r/min，选用一对 6307 型深沟球轴承，轴承所受径向载荷 $F_{r1} = 2410$ N，$F_{r2} = 3566$ N，无轴向外载荷；输出轴转速 $n_2 = 76.1$ r/min，选用一对 6310 型深沟球轴承，轴承所受径向载荷 $F_{r1} = F_{r2} = 1668$ N，无轴向外载荷。工作环境最高温度为 35 ℃，使用期限为 5 年，每年有 260 个工作日，每天两班制工作。机器单向运转，载荷较平稳。试判断所选轴承型号是否恰当。

图 9-43　减速器两轴轴承受力图

【任务分析】

为了保证轴承在一定载荷条件和工作期限内能正常工作而不失效，在选定轴承型号和尺寸后，还应针对轴承的主要失效形式进行必要的计算。该任务是对减速器输入轴与输出轴所选用的滚动轴承进行寿命计算。

【相关知识】

一、滚动轴承的失效形式和计算准则

1. 失效形式

滚动轴承的主要失效形式有三种：疲劳点蚀、塑性变形和磨损。

1）疲劳点蚀

轴承工作时，滚动体和套圈滚道上各点受到脉动循环接触应力的作用。当接触应力的循环次数达到一定数值后，在滚动体或内、外圈滚道接触表面将产生疲劳点蚀，从而产生振动和噪声，回转精度降低且工作温度升高，使轴承失去正常的工作能力。疲劳点蚀是滚动轴承正常运转条件下的主要失效形式。

2）塑性变形

轴承承受过大的静载荷或冲击载荷时，滚动体或内、外圈滚道表面可能由于局部接触应力超过材料的屈服极限而产生塑性变形，形成凹坑而失效。这种失效形式主要出现在转速极低或摆动的轴承中。

3）磨损

轴承在多尘或密封不可靠、润滑不良的条件下工作时，滚动体或套圈滚道易产生磨粒磨损，高速时甚至还会出现胶合失效等。

2. 计算准则

在确定轴承型号和尺寸时，应针对轴承的主要失效形式进行必要的计算。对一般转速（$10 \text{ r/min} < n < n_{\lim}$）的轴承，其主要失效形式是疲劳点蚀，应以疲劳强度为依据进行轴承的寿命计算。对于不转、摆动或转速极低（$n \leqslant 10 \text{ r/min}$）的轴承，其主要失效形式是塑性变形，应进行以不发生塑性变形为准则的静强度计算。

二、滚动轴承的寿命计算

滚动轴承的寿命计算是为了保证轴承在一定载荷条件和工作期限内不发生疲劳点蚀失效。

1. 基本额定寿命和基本额定动载荷

1）轴承的寿命

轴承工作时，滚动体或内、外圈滚道首次出现疲劳点蚀前所运转的总转数，或在某一转速下工作的小时数，称为轴承的寿命。

2）可靠度

在同一工作条件下运转的一组近乎相同的轴承能达到或超过某一规定寿命的百分率，称为轴承寿命的可靠度。

3）基本额定寿命

一批同型号的轴承，即使在相同的工作条件下运转，由于制造精度、材料均质程度等因素的影响，各轴承的寿命也不尽相同，而呈现很大的离散性，最高寿命与最低寿命可能差几十倍。

基本额定寿命是指一批同型号的轴承,在相同条件下运转时,当有 10% 的轴承发生疲劳点蚀,而 90% 的轴承未出现疲劳点蚀破坏时一个轴承所转过的总转数,或在给定转速下运转的总工作小时数,分别用符号 $L(10^6 \text{r})$ 或 $L_h(\text{h})$ 表示。

按基本额定寿命的计算选用轴承时,可能有 10% 以内的轴承提前失效,也即可能有 90% 以上的轴承达到或超过预期寿命。而对单个轴承而言,能达到或超过此预期寿命的可靠度为 90%。

4)基本额定动载荷

轴承的寿命与所受载荷的大小有关,工作载荷越大,轴承的寿命越短。轴承的基本额定寿命为一百万转(10^6r)时,轴承所能承受的最大载荷称为基本额定动载荷,用符号 C 表示。对于向心轴承,基本额定动载荷是指径向基本额定动载荷 C_r;对于推力轴承,基本额定动载荷是指轴向基本额定动载荷 C_a。

各种型号轴承的 C_r 或 C_a 值可在轴承标准或《机械设计手册》中查得。

2. 当量动载荷

滚动轴承的基本额定动载荷 C 是在向心轴承只受径向载荷、推力轴承只受轴向载荷的特定条件下确定的。实际上,轴承往往承受着径向载荷和轴向载荷的复合作用,因此需将实际工作载荷换算为与试验条件相同的载荷后,才能和基本额定动载荷相互比较进行计算。换算后的载荷是一个假想的载荷,称为当量动载荷,用符号 P 表示。在该载荷作用下,轴承的寿命与在实际工作载荷作用下轴承的寿命相同。

当量动载荷 P 的计算公式为

$$P = XF_r + YF_a \tag{9-7}$$

式中,X、Y 分别为径向载荷系数和轴向载荷系数,如表 9-13 所示;F_r、F_a 分别为轴承承受的径向载荷(N)和轴向载荷(N)。

对于只承受纯径向载荷的向心轴承,其当量动载荷为

$$P = F_r \tag{9-8}$$

对于只承受纯轴向载荷的推力轴承,其当量动载荷为

$$P = F_a \tag{9-9}$$

表 9-13 径向载荷系数 X 和轴向载荷系数 Y

轴承类型	F_a/C_{0r}	e	$F_a/F_r > e$		$F_a/F_r \leqslant e$	
			X	Y	X	Y
深沟球轴承	0.014	0.19	0.56	2.30	1	0
	0.028	0.22		1.99		
	0.056	0.26		1.71		
	0.084	0.28		1.55		
	0.11	0.30		1.45		
	0.17	0.34		1.31		
	0.28	0.38		1.15		
	0.42	0.42		1.04		
	0.56	0.44		1.00		

轴承类型		F_a/C_{0r}	e	$F_a/F_r > e$		$F_a/F_r \leqslant e$	
				X	Y	X	Y
角接触球轴承	$\alpha = 15°$	0.015	0.38		1.47		
		0.029	0.40		1.40		
		0.058	0.43		1.30		
		0.087	0.46		1.23		
		0.12	0.47	0.44	1.19	1	0
		0.17	0.50		1.12		
		0.29	0.55		1.02		
		0.44	0.56		1.00		
		0.58	0.56		1.00		
	$\alpha = 25°$	—	0.68	0.41	0.87	1	0
	$\alpha = 40°$	—	1.14	0.35	0.57	1	0
圆锥滚子轴承		—	$1.5\tan\alpha$	0.40	$0.4\tan\alpha$	1	0

注:1. 表中均为单列轴承的系数值,双列轴承查《滚动轴承产品样本》。

2. C_{0r} 为轴承的基本额定静载荷;α 为接触角。

3. e 是判别轴向载荷 F_a 对当量动载荷 P 影响程度的参数。查表时,可按 F_a/C_{0r} 查得 e 值,再根据 $F_a/F_r > e$ 或 $F_a/F_r \leqslant e$ 来确定 X、Y 值。

3. 滚动轴承的寿命计算

根据大量试验和理论分析结果,推导出轴承基本额定寿命 L_h 的计算公式为

$$L_h = \frac{10^6}{60n}\left(\frac{f_t C}{f_P P}\right)^\varepsilon \qquad (9\text{-}10)$$

式中,C 为基本额定动载荷,对向心轴承为 $C_r(\text{N})$,对推力轴承为 $C_a(\text{N})$;P 为当量动载荷 (N);n 为轴承的工作转速 (r/min);f_t 为温度系数,是考虑轴承工作温度对 C 的影响而引入的修正系数,见表 9-14;f_P 为载荷系数,是考虑机器工作时振动、冲击对轴承寿命影响的系数,见表9-15;ε 为轴承寿命指数,对于球轴承,$\varepsilon = 3$,对于滚子轴承,$\varepsilon = 10/3$。

表 9-14　温度系数 f_t

轴承工作温度/℃	$\leqslant 120$	125	150	175	200	225	250	300
f_t	1.0	0.95	0.90	0.85	0.80	0.75	0.70	0.60

表 9-15　载荷系数 f_P

载荷性质	机器举例	f_P
无冲击或轻微冲击	电动机、汽轮机、通风机、水泵	1.0～1.2
中等冲击	车辆、机床、起重机、冶金设备、内燃机	1.2～1.8
强大冲击	破碎机、轧钢机、石油钻探机、振动筛	1.8～3.0

由式(9-10)求得的轴承寿命应满足:

$$L_h \geqslant [L_h]$$

式中,$[L_h]$ 为轴承的预期寿命(h),可根据机器的具体要求或参考表 9-16 确定。

表 9-16 滚动轴承预期寿命 $[L_h]$ 的参考值

机器类型		预期寿命/h
不经常使用的仪器及设备		300～3000
航空发动机		500～2000
间断使用的机器	中断使用不致引起严重后果的手动机械、农业机械等	3000～8000
	中断使用会引起严重后果的机器设备,如升降机、输送机、吊车等	8000～12000
每天工作 8 h 的机器	利用率不高的齿轮传动设备、电动机等	10000～25000
	利用率较高的通风设备、机床等	20000～30000
连续工作 24 h 的机器	一般可靠性的空气压缩机、电动机、水泵等	40000～50000
	高可靠性的电站设备、给排水装置等	>100000

在轴承寿命计算的设计过程中,通常已知转速 n、载荷 P 和轴承预期寿命 $[L_h]$,则轴承应当具有的基本额定动载荷 C' 为

$$C' = \frac{f_P P}{f_t} \sqrt[\varepsilon]{\frac{60n[L_h]}{10^6}} \tag{9-11}$$

所选轴承的基本额定动载荷 C 应满足条件

$$C \geqslant C'$$

式(9-10)和式(9-11)分别用于不同的情况。当轴承型号已定时,用式(9-10)校核轴承的寿命,要求 $L_h \geqslant [L_h]$;轴承型号未定时,用式(9-11)选择轴承型号,要求 $C \geqslant C'$。

【例 9-2】 某传动装置中采用一对深沟球轴承,已知轴的直径 $d = 40$ mm,转速 $n = 2900$ r/min,轴承所受径向载荷 $F_{r1} = 2300$ N,$F_{r2} = 1200$ N,轴向外载荷 $F_A = 800$ N,如图 9-44 所示。常温下工作,载荷有轻微冲击,要求轴承预期寿命 $[L_h] = 6000$ h。现拟选用轴承型号为 6308,试分析所选轴承型号是否恰当。

解 (1)计算轴承的当量动载荷。

因两轴承相同,而轴承 1 的径向载荷比轴承 2 大,且轴向外载荷 F_A 全部由轴承 1 承受,则轴承 1 的轴向载荷 $F_{a1} = 800$ N,故只对轴承 1 进行寿命计算(偏于安全)。

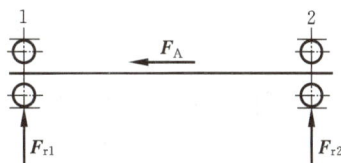

图 9-44 传动装置轴承的受力图

查手册可得 6308 轴承的基本额定静载荷 $C_{0r} = 24000$ N,基本额定动载荷 $C = C_r = 40800$ N,则

$$\frac{F_A}{C_{0r}} = \frac{800}{24000} = 0.033$$

查表 9-13,并利用线性插值法求得

$$e = 0.22 + \frac{0.26 - 0.22}{0.056 - 0.028} \times (0.033 - 0.028) = 0.227$$

由于

$$\frac{F_{a1}}{F_{r1}} = \frac{800}{2300} = 0.348 > e$$

查表可得

$$X = 0.56$$

$$Y = 1.99 + \frac{1.71 - 1.99}{0.056 - 0.028} \times (0.033 - 0.028) = 1.94$$

得当量动载荷

$$P = XF_{r1} + YF_{a1} = (0.56 \times 2300 + 1.94 \times 800) \text{ N} = 2840 \text{ N}$$

（2）计算轴承的寿命。

按式（9-10）计算轴承的寿命。因在常温下工作，查表9-14得$f_t = 1$；又因工作载荷有轻微冲击，查表9-15取$f_P = 1.2$；球轴承，$\varepsilon = 3$。则

$$L_h = \frac{10^6}{60n}\left(\frac{f_t C}{f_P P}\right)^{\varepsilon} = \frac{10^6}{60 \times 2900} \times \left(\frac{1 \times 40800}{1.2 \times 2840}\right)^3 \text{ h} = 9861 \text{ h}$$

$$L_h > [L_h]$$

满足要求，选用6308型深沟球轴承合适。

4. 角接触轴承轴向载荷的计算

1）角接触轴承的内部轴向力F_S

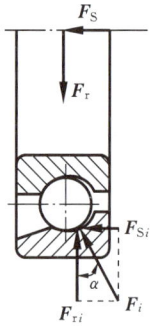

图9-45　角接触轴承的内部轴向力分析

角接触球轴承、圆锥滚子轴承由于结构特点，在滚动体与滚道接触处存在着公称接触角α，称为角接触轴承。如图9-45所示，当角接触轴承受到径向载荷F_r作用时，承载区内第i个滚动体与滚道间的法向力F_i可分解为径向分力F_{ri}和轴向分力F_{Si}。各滚动体上所受轴向分力的总和即为轴承的内部轴向力F_S，其大小可按表9-17求得，其方向沿轴线由轴承外圈的宽边指向窄边。

表9-17　角接触轴承的内部轴向力F_S

轴承类型	角接触球轴承			圆锥滚子轴承
	70000C（$\alpha = 15°$）	70000AC（$\alpha = 25°$）	70000B（$\alpha = 40°$）	
F_S	eF_r	$0.68F_r$	$1.14F_r$	$F_r / 2Y$

注：1. e值由表9-13查得。

2. Y为$F_a / F_r > e$时，圆锥滚子轴承的轴向载荷系数。

2）角接触轴承轴向载荷F_a的计算

为了使角接触轴承的内部轴向力F_S得到平衡，以免轴向窜动，通常采用两个轴承成对使用，并将两个轴承对称安装。其安装方式有两种：图9-46（a）所示为两外圈窄边相对安装，称为正装或面对面安装，轴的实际支点偏向两支点内侧；图9-46（b）所示为两外圈宽边相对安装，称为反装或背靠背安装，轴的实际支点偏向两支点外侧。

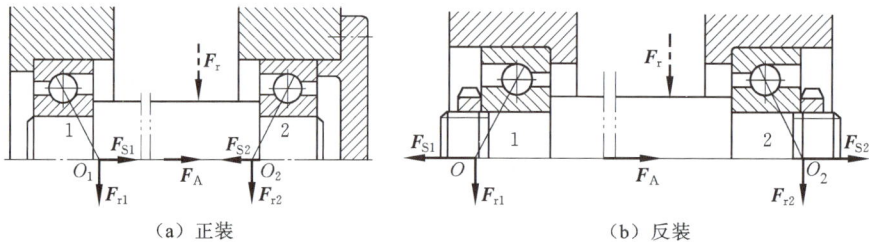

（a）正装　　　　　　　　（b）反装

图9-46　角接触轴承轴向载荷分析

由于角接触轴承产生内部轴向力 F_S,故在计算其当量动载荷时,式(9-7)中的轴向载荷 F_a 除考虑轴向外力 F_A 之外,还应将由径向载荷 F_r 产生的内部轴向力 F_S 考虑进去。即应根据整个轴上所有轴向受力(轴向外力 F_A,轴向内力 F_{S1}、F_{S2})之间的平衡关系确定两个轴承最终受到的轴向载荷 F_{a1}、F_{a2}。下面以正装情况为例进行分析。

如图 9-46(a)所示,设 F_A 与 F_{S1} 方向相同。

若 $F_A + F_{S1} > F_{S2}$,则轴将有向右移动的趋势,轴承 2 被端盖顶住而压紧,轴承 1 被放松。为使轴不向右移动,轴承 2 上受到向左的平衡力 $\boldsymbol{F}'_{S2}$ 作用,此时的平衡条件:

$$F_A + F_{S1} = F_{S2} + F'_{S2}$$

即

$$F'_{S2} = F_A + F_{S1} - F_{S2}$$

轴承 2 除受内部轴向力 F_{S2} 的作用外,还受到轴向平衡力 F'_{S2} 的作用,而轴承 1 仅受自身的内部轴向力 F_{S1} 的作用,则压紧端轴承 2 所受的轴向载荷为

$$F_{a2} = F_{S2} + F'_{S2} = F_{S1} + F_A$$

放松端轴承 1 所受的轴向载荷为

$$F_{a1} = F_{S1}$$

若 $F_A + F_{S1} < F_{S2}$,则轴有向左移动的趋势,左端轴承 1 被压紧,而右端轴承 2 被放松。由上述分析方法可得出:

压紧端轴承 1 所受的轴向载荷为

$$F_{a1} = F_{S1} + F'_{S1} = F_{S2} - F_A$$

放松端轴承 2 所受的轴向载荷为

$$F_{a2} = F_{S2}$$

根据上述分析,可将角接触轴承轴向载荷 F_a 的计算方法归纳如下:

(1) 根据轴承结构和安装方式,确定轴承内部轴向力 F_{S1}、F_{S2} 的方向,画出其轴向力示意图(包括外部轴向载荷 F_A)。内部轴向力 F_{S1}、F_{S2} 的方向由外圈宽边指向窄边,即正装时同向,反装时背向,并按表 9-17 所列公式计算内部轴向力的值。

(2) 分析轴上全部轴向力合力的指向,确定压紧端轴承和放松端轴承。正装时,轴向合力指向的一端为压紧端;反装时,轴向合力指向的一端为放松端。

(3) 压紧端轴承的轴向载荷 F_a 等于除本身的内部轴向力外其余各轴向力的代数和。

(4) 放松端轴承的轴向载荷 F_a 等于其本身的内部轴向力 F_S。

【例 9-3】 一工程机械的传动装置中,根据工作条件决定采用一对向心角接触球轴承,正装,如图 9-47 所示,并初选轴承型号为 7210AC。已知轴承所受载荷 $F_{r1} = 3000$ N,$F_{r2} = 1100$ N,轴向外载荷 $F_A = 850$ N,轴的转速 $n = 2000$ r/min,轴承在常温下工作,运转中受中等冲击,轴承预期寿命 $[L_h] = 5000$ h,试判断所选轴承型号是否恰当。

解 (1) 计算轴承的轴向力 F_{a1}、F_{a2}。

由表 9-17 查得 7210AC 型轴承内部轴向力为

$$F_S = 0.68F_r$$

则 $F_{S1} = 0.68F_{r1} = 0.68 \times 3000$ N $= 2040$ N,方向如图 9-47 所示

$F_{S2} = 0.68F_{r2} = 0.68 \times 1100$ N $= 748$ N,方向如图 9-47 所示

因 $F_{S2} + F_A = (748 + 850)$ N $= 1598$ N $< F_{S1}$

所以轴承 2 为压紧端,轴承 1 为放松端,故有

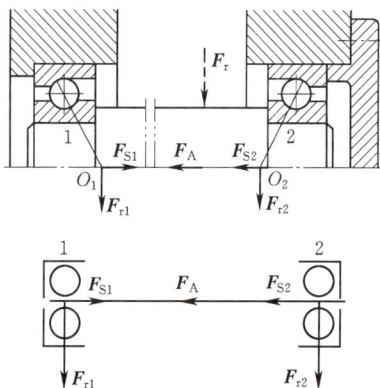

图 9-47　向心角接触轴承受力分析

$$F_{a1}=F_{S1}=2040 \text{ N}$$

$$F_{a2}=F_{S1}-F_A=(2040-850)\text{ N}=1190 \text{ N}$$

（2）计算轴承的当量动载荷 P_1、P_2。

由表 9-13 查得 70000AC 型轴承 $e=0.68$，而

$$\frac{F_{a1}}{F_{r1}}=\frac{2040}{3000}=0.68=e$$

$$\frac{F_{a2}}{F_{r2}}=\frac{1190}{1100}=1.08>e$$

查表 9-13 可得：$X_1=1,Y_1=0;X_2=0.41,Y_2=0.87$。故当量动载荷为

$$P_1=X_1F_{r1}+Y_1F_{a1}=(1\times3000+0\times2040)\text{ N}=3000 \text{ N}$$

$$P_2=X_2F_{r2}+Y_2F_{a2}=(0.41\times1100+0.87\times1190)\text{ N}=1486.3 \text{ N}$$

（3）计算轴承寿命。

因两个轴承的型号相同，所以其中当量动载荷大的轴承寿命短。因 $P_1>P_2$，所以只需计算轴承 1 的寿命。

常温下工作，查表 9-14，取 $f_t=1$；按中等冲击载荷，查表 9-15，取 $f_P=1.5$；查《机械设计手册》得 7210AC 型轴承的 $C=C_r=40800$ N；球轴承，$\varepsilon=3$。则由式（9-10）得

$$L_h=\frac{10^6}{60n}\left(\frac{f_tC}{f_PP}\right)^{\varepsilon}=\frac{10^6}{60\times2000}\times\left(\frac{1\times40800}{1.5\times3000}\right)^3 \text{ h}=6211 \text{ h}$$

$$L_h>[L_h]$$

轴承的寿命大于轴承的预期寿命，所选轴承型号合适。

三、滚动轴承的静强度计算

对于低转速（$n\leqslant10$ r/min）、不转动或缓慢摆动的滚动轴承，其主要失效形式是塑性变形，因此设计时必须进行静强度计算。对于在重载荷或冲击载荷作用下转速较高的轴承，除必须进行寿命计算外，还应进行静强度校核。

1. 基本额定静载荷 C_0

基本额定静载荷是指由轴承承受最大载荷的滚动体与滚道接触中心处产生的接触应力达到一定值（调心球轴承为 4600 MPa，其他球轴承为 4200 MPa，滚子轴承为 4000 MPa）时的载荷，用 C_0 表示。

基本额定静载荷对向心轴承为径向基本额定静载荷 C_{0r}，对推力轴承为轴向基本额定静载荷 C_{0a}。各类轴承的 C_0 值可由轴承标准查得。

2. 当量静载荷 P_0

当轴承承受径向和轴向的复合载荷时，需折算成当量静载荷进行计算。当量静载荷 P_0 为一假想载荷，在该载荷作用下，滚动轴承受载最大的滚动体和滚道接触处产生的永久变形量之和与实际载荷作用下的永久变形量相等。当量静载荷的计算公式为

$$P_0=X_0F_r+Y_0F_a \tag{9-12}$$

式中，X_0，Y_0 分别为滚动轴承的径向静载荷系数和轴向静载荷系数，如表 9-18 所示。若

由式(9-12)计算出的 $P_0 < F_r$，则应取 $P_0 = F_r$；对于只承受径向载荷的轴承，$P_0 = F_r$；对于只承受轴向载荷的轴承，$P_0 = F_a$。

表 9-18　滚动轴承的静载荷系数 X_0、Y_0

轴承类型		单列轴承		双列轴承	
		X_0	Y_0	X_0	Y_0
深沟球轴承		0.6	0.5	0.6	0.5
角接触球轴承	$\alpha = 15°$	0.5	0.46	1	0.92
	$\alpha = 25°$	0.5	0.38	1	0.76
	$\alpha = 40°$	0.5	0.26	1	0.52
调心球轴承		0.5	$0.22\cot\alpha$	1	$0.44\cot\alpha$
圆锥滚子轴承		0.5	$0.22\cot\alpha$	1	$0.44\cot\alpha$

3. 静强度计算

限制轴承产生过大塑性变形的静强度计算公式为

$$C_0 \geqslant S_0 P_0 \tag{9-13}$$

式中，C_0 为基本额定静载荷(N)；P_0 为当量静载荷(N)；S_0 为静强度安全系数，如表 9-19 所示。

表 9-19　滚动轴承的静强度安全系数 S_0

使用要求或载荷性质			S_0
不旋转轴承	不需经常旋转的轴承，一般载荷		$\geqslant 0.5$
	不需经常旋转的轴承，有冲击载荷或载荷分布不均	水坝闸门装置	$\geqslant 1$
		桥	$\geqslant 1.5$
旋转轴承	对旋转精度及平稳性要求较低，没有冲击和振动		$0.5 \sim 0.8$
	正常使用		$0.8 \sim 1.2$
	对旋转精度及平稳性要求较高或承受很大冲击载荷		$1.2 \sim 2.5$

【任务实施】

1. 校核输入轴轴承寿命

(1) 计算轴承的当量动载荷。

输入轴选用 6307 型深沟球轴承。深沟球轴承的公称接触角 $\alpha = 0°$，其承受径向载荷时不产生内部轴向力，且直齿圆柱齿轮无轴向力，则轴承也不承受轴向外载荷。因此，两轴承均不承受轴向载荷，即 $F_{a1} = F_{a2} = 0$，只承受径向载荷，故其当量动载荷为

$$P_1 = F_{r1} = 2410 \text{ N}$$
$$P_2 = F_{r2} = 3566 \text{ N}$$

(2) 计算轴承的寿命。

因两轴承相同，且 $P_2 > P_1$，故只对轴承 2 进行寿命计算(偏于安全)。

按式(9-10)计算轴承寿命。查《机械设计手册》可得 6307 型深沟球轴承的基本额定

动载荷 $C=C_r=33200$ N;因在常温下工作,查表 9-14 得 $f_t=1$;又因工作载荷较平稳,查表 9-15 取 $f_P=1.2$;球轴承,$\varepsilon=3$。则

$$L_h=\frac{10^6}{60n}\left(\frac{f_t C}{f_P P}\right)^\varepsilon=\frac{10^6}{60\times338}\times\left(\frac{1\times33200}{1.2\times3566}\right)^3 \text{h}=23028\text{ h}$$

带式输送机使用期限是 5 年,每年 260 个工作日,每天两班制工作,则轴承的预期使用寿命为

$$[L_h]=5\times260\times16\text{ h}=20800\text{ h}$$
$$L_h>[L_h]$$

满足要求,选用 6307 型深沟球轴承合适。

2. 校核输出轴轴承寿命

(1)计算轴承的当量动载荷。

输出轴选用 6310 型深沟球轴承。深沟球轴承的公称接触角 $\alpha=0°$,其承受径向载荷时不产生内部轴向力,且直齿圆柱齿轮无轴向力,则轴承也不承受轴向外载荷。因此,两轴承均不承受轴向载荷,即 $F_{a1}=F_{a2}=0$,只承受径向载荷,故其当量动载荷为

$$P_1=F_{r1}=1668\text{ N},\quad P_2=F_{r2}=1668\text{ N}$$

因两轴相同,$P_1=P_2$,故只对一个轴承进行寿命计算。

(2)计算轴承的寿命。

按式(9-10)计算轴承寿命。查《机械设计手册》可得 6310 轴承的基本额定动载荷 $C=C_r=61800$ N;因常温下工作,查表 9-14 得 $f_t=1$;又因工作载荷较平稳,查表 9-15 取 $f_P=1.2$;球轴承,$\varepsilon=3$。则

$$L_h=\frac{10^6}{60n}\times\left(\frac{f_t C}{f_P P}\right)^\varepsilon=\frac{10^6}{60\times76.1}\left(\frac{1\times61800}{1.2\times1668}\right)^3 \text{h}=6446109\text{ h}$$

轴承的预期使用寿命

$$[L_h]=20800\text{ h}$$
$$L_h>[L_h]$$

满足要求,且寿命有相当裕量,选用 6310 型深沟球轴承合适。

知识扩展

离合器在机器运转过程中可随时将主、从动轴接合或分离,以满足机器变速、换向、空载启动和过载保护等工作需要。

离合器的类型有很多,常用的有牙嵌离合器和摩擦离合器两类。

1. 牙嵌离合器

如图 9-48 所示,牙嵌离合器由两个端面上加工有嵌牙的半离合器 1、3 组成。一个半离合器用平键与主动轴连接,另一个半离合器用导向平键或花键与从动轴连接,通过滑环 4 的轴向移动操纵离合器的接合或分离。对中环 2 用来保证两轴线同心。

牙嵌离合器常用的牙形有矩形、梯形和锯齿形。矩形齿接合、分离困难,牙的强度低,磨损后无法补偿其间隙,故应用较少。梯形齿牙根强度高,接合容易,可以双向工作,且能自动补偿其由磨损造成的牙侧间隙,从而避免由牙侧间隙产生的冲击,因此应用较广。锯齿形齿牙根强度高,可传递较大转矩,但只能单向工作。

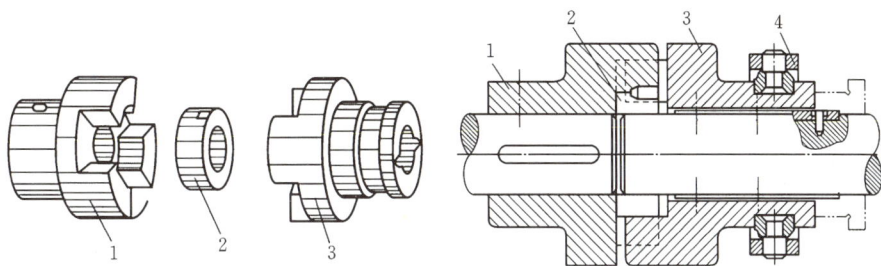

图 9-48 牙嵌离合器

牙嵌离合器

为减小齿间冲击,延长齿的寿命,牙嵌离合器应在两轴静止或转速差很小时接合。

2. 摩擦离合器

摩擦离合器依靠主、从动半离合器接触面间的摩擦力传递转矩。摩擦离合器的类型有很多,常用的是圆盘摩擦离合器,它又分为单片式和多片式。

1) 单片式摩擦离合器

如图 9-49 所示,摩擦盘 2 固定在主动轴 1 上,摩擦盘 3 可以沿导向平键在从动轴 5 上移动,移动滑环 4 可使两摩擦圆盘压紧或松开,从而使两接合面的摩擦力产生或消失,以实现两轴的接合或分离。

单片式摩擦离合器结构简单,但径向尺寸较大,常用在传递转矩较小的轻型机械中。

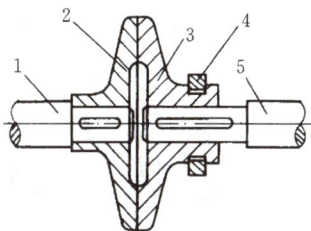

2) 多片式摩擦离合器

为提高传递转矩的能力,通常采用多片式摩擦离合器。如图 9-50 所示,它有两组交错排列的摩擦片,外摩擦片 5 通过外圆周上的花键与外套 2 相连(外套 2 与主动轴 1 固连),内摩擦片 4 利用内圆周上的花键与套筒 9 相连(套筒 9 与从动轴 10 固连),滑环 7 可通过压紧板 3 将两组摩擦片压紧(或放松),从而使离合器处于接合(或分离)状态。

图 9-49 单片式摩擦离合器

单片式摩擦离合器

多片式摩擦离合器由于摩擦面的增多,传递转矩的能力显著增大,径向尺寸相对减小,但结构较复杂。

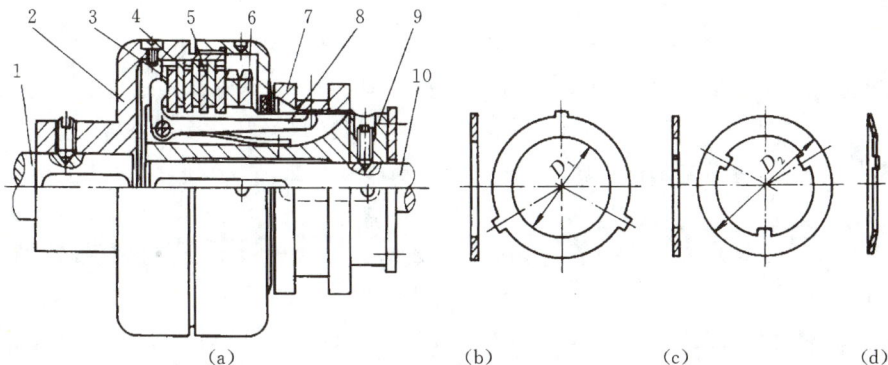

(a)   (b)   (c)   (d)

图 9-50 多片式摩擦离合器

"破壁者"通过评审！国产最大盾构机有了"中国芯"

2023年6月9日，由中交天和机械设备制造有限公司与中国科学院联合研制的国产最大盾构机用主轴承（见图9-51）通过专家组评审，这标志着我国已完全掌握大型重载盾构机主轴承的自主设计、精密加工、安装调试、寿命预测等集成技术，打通了国产超大直径盾构机全国产化的"最后一公里"。

图9-51 被命名为"破壁者"的主轴承

盾构机是基础设施建设的重大装备，被称为"世界工程机械之王"，超大直径盾构机更被誉为"王中之王"，承担着穿山越岭、过江跨海的重任。近年来，我国自主研制的一大批盾构机国产化率已达98%，但主轴承一直依赖从国外进口。

主轴承素有盾构机"心脏"之称，是盾构机刀盘驱动系统的关键核心部件。盾构机掘进过程中，主轴承"手持"刀盘旋转切削掌子面并为刀盘提供旋转支撑。运行中的直径为8 m的主轴承，仅承载的最大轴向力可达$1×10^8$ N（相当于2500头亚洲象的重量）、径向力可达$1×10^8$ N、倾覆力矩可达$1×10^8$ N·m。

进口盾构机用主轴承不仅价格高，而且订货周期长，短则10个月，长则超过12个月，尤其在地缘冲突、贸易摩擦等不利因素影响下，甚至存在随时停止供货的风险。

2020年，中国科学院启动"高端轴承自主可控制造"战略性先导科技专项，集聚国家战略科技力量，打通高端轴承自主可控制造的"最后一公里"。2021年，中交天和机械设备制造有限公司与中国科学院组建联合攻关团队，共同研制盾构机主轴承，历时近千个日夜，先后解决了主轴承材料制备、精密加工、成套设计中的十多项关键核心技术问题，一举攻克了大型盾构机主轴承国产化的难题。

该主轴承被命名为"破壁者"，直径8.01 m，重达50 t，是我国研制的首台套直径最大、单体最重的盾构机用主轴承，可应用于直径16 m级的超大型盾构机。设计使用寿命超过1万小时，可持续挖掘长度将超过10 km。其价格仅为进口主轴承的70%左右。

国产主轴承的各项指标达到了同类进口产品先进水平,部分指标处于国际领先水平。

主轴承研制的成功,标志着我国盾构工程和盾构装备制造达到了新的高度,是具有里程碑意义的成果。(来源:《科技日报》)

练习与实训

一、判断题

1. 公称接触角 α 愈大,轴承承受轴向载荷的能力也愈大。（　　）

2. 滚动轴承的内圈与轴的配合及外圈与轴承座孔的配合均采用基孔制。（　　）

3. 一批在同样载荷和同样工作条件下运转的同型号滚动轴承,其寿命相同。（　　）

4. 滚动轴承的基本额定动载荷是指轴承的基本额定寿命为一百万转时,轴承所能承受的最大载荷。（　　）

5. 用联轴器连接的两根轴,可以在机器运转过程中随时进行接合或分离。（　　）

6. 自行车的前、后轮轴都是心轴。（　　）

7. 为了防止零件轴向窜动,一般轴头长度应比轮毂的宽度长 2～3 mm。（　　）

8. 为便于切削加工,同一轴上各处的圆角半径应尽可能相同。（　　）

9. 为确保轴上零件定位可靠,轴上圆角半径 r 应大于轮毂孔的圆角半径 R。（　　）

二、单项选择题

1. 一角接触球轴承,内径 85 mm,宽度系列 0,直径系列 3,公称接触角 15°,公差等级为 6 级,其代号为（　　）。

    A. 7317B/P6　　　　B. 7317AC/P6　　　　C. 7385C/P6　　　　D. 7317C/P6

2. 型号为 7315 的滚动轴承,其内径是（　　）。

    A. 15 mm　　　　B. 150 mm　　　　C. 315 mm　　　　D. 75 mm

3. 滚动轴承基本额定动载荷所对应的基本额定寿命是（　　）转。

    A. 10^6　　　　B. 5×10^6　　　　C. 10^7　　　　D. 25×10^7

4. 型号为 6310 的滚动轴承,其类型名称为（　　）。

    A. 深沟球轴承　　　　B. 调心球轴承　　　　C. 滚针轴承　　　　D. 圆锥滚子轴承

5. 轴承在基本额定动载荷作用下,运转 10^6 转时,发生疲劳点蚀的概率为（　　）。

    A. 90%　　　　B. 50%　　　　C. 10%　　　　D. 70%

6. 滚动轴承在一般转速下的主要失效形式是（　　）。

    A. 塑性变形　　　　B. 疲劳点蚀　　　　C. 磨损　　　　D. 胶合

7. 滚动轴承的基本额定寿命是指同一批轴承中（　　）的轴承所能达到的寿命。

    A. 99%　　　　B. 90%　　　　C. 10%　　　　D. 50%

8. 内径 $d = 50$ mm 的滚动轴承,其可能的型号是（　　）。

    A. 7306　　　　B. 30315　　　　C. 6310　　　　D. 6250

9. 在下列四种型号的滚动轴承中,只能承受径向载荷的是（　　）。

    A. 6208　　　　B. N208　　　　C. 3208　　　　D. 7208

10. 滚动轴承 72211AC 中"AC"表示公称接触角 α 为（　　）。

    A. 15°　　　　B. 25°　　　　C. 40°　　　　D. 90°

11. 既能承受径向载荷，又能承受较大轴向载荷的滚动轴承结构代号为（　　）。

A. 51000　　　　B. N0000　　　　C. 30000　　　　D. 60000

12. 下列四种轴承中，（　　）必须成对使用。

A. 深沟球轴承　　B. 圆柱滚子轴承　　C. 推力球轴承　　D. 圆锥滚子轴承

13. 直齿圆柱齿轮减速器，当载荷平稳、转速较高时，应选用（　　）。

A. 深沟球轴承　　B. 推力球轴承　　C. 滚针轴承　　D. 圆柱滚子轴承

14. 为便于滚动轴承的拆卸，轴上定位轴肩的高度应（　　）滚动轴承内圈厚度。

A. 大于　　　　B. 小于　　　　C. 等于　　　　D. 大于或等于

15. 按承受载荷的性质分类，减速器中的齿轮轴属于（　　）。

A. 传动轴　　　　B. 心轴　　　　C. 转轴　　　　D. 阶梯轴

16. 联轴器的主要作用是（　　）。

A. 缓冲、减振　　　　　　　　B. 补偿两轴的不同心或热膨胀

C. 防止机器发生过载　　　　　D. 连接两轴，传递运动和转矩

17. 与轴承配合的轴段称为（　　）。

A. 轴头　　　　B. 轴肩　　　　C. 轴身　　　　D. 轴颈

18. 工作时只承受弯矩不传递转矩的轴，称为（　　）。

A. 心轴　　　　B. 转轴　　　　C. 传动轴　　　　D. 柔性轴

19. 温度变化大和跨距较大的轴适合采用的轴向固定是（　　）。

A. 两端固定式　　　　　　　　B. 一端固定、一端游动式

C. 两端游动式　　　　　　　　D. 都可以

三、简答题

1. 说明下列滚动轴承代号的含义：7310B、6312/P6、30316。

2. 轴上零件的轴向固定有哪些方法？各有何特点？

3. 在齿轮减速器中，为什么低速轴的直径要比高速轴的直径大得多？

四、分析计算题

1. 某传动装置中采用一对深沟球轴承，已知轴的直径 $d=50$ mm，转速 $n=1450$ r/min，轴承所受径向载荷 $F_{r1}=2500$ N，$F_{r2}=1500$ N，轴向外载荷 $F_A=900$ N，如图 9-52 所示。常温下工作，载荷有轻微冲击，要求轴承预期寿命 $[L_h]=5000$ h。试选择轴承型号。

2. 在斜齿圆柱齿轮减速器的输出轴中安装一对 7208AC 角接触球轴承，正装，如图 9-53 所示。已知 $F_{r1}=3500$ N，$F_{r2}=1800$ N，轴向外载荷 $F_A=1000$ N，轴的转速 $n=1900$ r/min，载荷有中等冲击，常温下工作，轴承使用寿命 $[L_h]=6000$ h。试判断所选轴承型号是否适用。

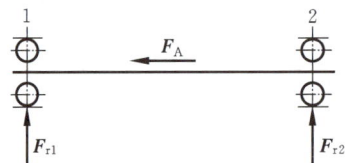

图 9-52　深沟球轴承选型　　　　图 9-53　校验角接触球轴承

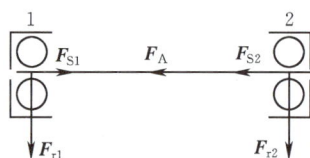

3. 离心式泵与电动机之间用凸缘联轴器连接。已知电动机功率 $P=22$ kW，转速 n

=1470 r/min，轴的外伸端直径 $d_1=48$ mm，泵轴的外伸端直径 $d_2=42$ mm。试选择联轴器的型号。

五、轴系结构改错

图 9-54 所示为某减速器输出轴的装配结构图。齿轮、轴承均为油润滑。试从轴上零件的固定、装拆、密封、工艺性等方面考虑，在图上标注指出结构不合理之处，并说明原因。

图 9-54　轴系结构改错

六、减速器装拆及轴系结构的分析与测绘

在实验室分组装拆各种齿轮减速器，熟悉轴和轴上零件的结构形状与功用、工艺要求和装配关系以及定位与固定方法，熟悉轴承的类型、布置、调整、润滑及密封方法，利用测量及绘图工具，测量各零部件尺寸，绘制轴系结构装配图。

七、带式输送机传动装置设计（续）

依据带式输送机传动装置的设计数据，参照本项目的任务实施，采用类比方法，完成以下设计任务：(1) 选择减速器中各轴系滚动轴承的型号，并校核其寿命；(2) 选择输出轴端所用联轴器的型号；(3) 拟订输入轴与输出轴系结构的初步方案；(4) 进行减速器输入轴与输出轴的结构形状和尺寸设计，绘制轴系结构草图；(5) 分别校核输入轴与输出轴的强度。

模块 5

常用机械连接

知识目标

（1）熟悉键连接的类型、特点及应用。

（2）掌握普通平键连接的尺寸选择及强度校核。

（3）熟悉螺纹的类型及主要参数。

（4）掌握螺纹连接的类型、特点及应用。

（5）掌握螺纹连接的预紧、防松原理及方法。

（6）熟悉螺栓组连接的结构设计方法。

（7）熟悉销连接的类型、特点及应用。

（8）了解花键连接的特点及应用。

能力目标

（1）能正确选择普通平键、螺栓、螺柱、螺钉、销等标准件的尺寸。

（2）会校核计算普通平键连接的强度。

素质目标

（1）了解我国古代的榫卯结构，感受中国传统构造的精髓及中华民族的勤劳智慧和创造精神。

（2）了解上海世博会中国馆，增强民族自豪感和对中国传统文化的自信心，培养团结奋进、积极进取的民族精神和气韵。

减速器常用连接的分析及设计

本项目通过对减速器常用连接的分析及设计,使学生掌握键、螺栓、双头螺柱、螺钉、销等标准件的选择方法,掌握键连接的强度校核计算方法,初步具备选择常用标准连接件的能力。

◀ 任务 1　选择减速器输入轴与输出轴键的类型和尺寸 ▶

【任务引入】

图 10-1 所示为带式输送机直齿圆柱齿轮减速器输入轴与输出轴的结构草图。输入轴传递的扭矩 $T_1=100.3$ N·m,与大带轮配合处轴的直径 $d=25$ mm,大带轮轮毂宽度 $L_1=50$ mm,带轮的材料为 HT150;输出轴传递的扭矩 $T_2=427.93$ N·m,与联轴器配合处轴的直径 $d=40$ mm,联轴器轮毂长度 $B_1=84$ mm;与齿轮配合处轴的直径 $d=53$ mm,齿轮轮毂宽度 $B_2=65$ mm。齿轮、轴的材料均为 45 钢。载荷较平稳。试选择大带轮与轴、联轴器与轴、齿轮与轴所用键连接的类型和尺寸,并验算其强度。

【任务分析】

为了便于机器的制造、安装、运输及维修,机器中各零部件间广泛采用各种连接。连接分可拆连接和不可拆连接两类。可拆连接是指不损坏连接中的任一零件即可将被连接件拆开的连接,如螺纹连接、键连接、销连接等。不可拆连接是指必须破坏连接件或被连接件才能拆开的连接,如焊接、铆钉连接等。

键是标准件,常用于轴和轴上旋转零件轮毂之间的周向固定,以传递运动和转矩,有些还可以实现轴上零件的轴向移动。键连接设计的主要任务是选择键的类型和尺寸,并校核其强度。

【相关知识】

一、键连接的类型、特点及应用

根据键的结构形式,键连接可分为平键连接、半圆键连接、楔键连接和切向键连接等几类。

1. 平键连接

如图 10-2 所示,平键的上、下两面和两个侧面都互相平行。工作时,靠键与键槽侧面的挤压传递转矩,故键的两侧面是工作面,键的上表面与轮毂键槽底之间留有间隙。平键连接结构简单、装拆方便、对中性好,应用广泛。

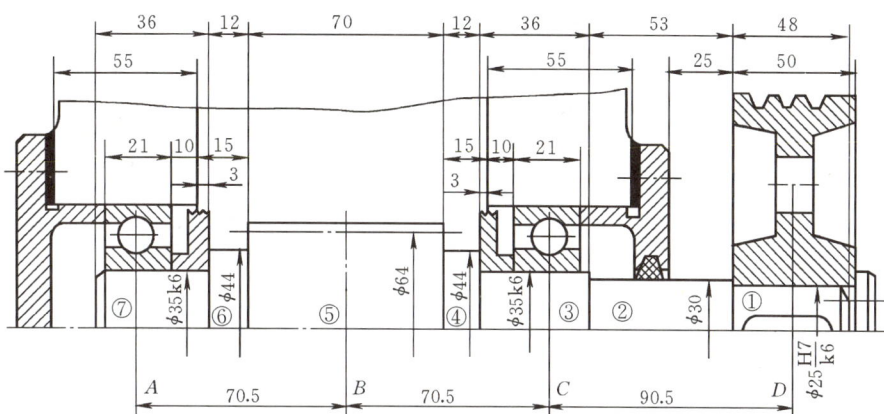

（a）输入轴

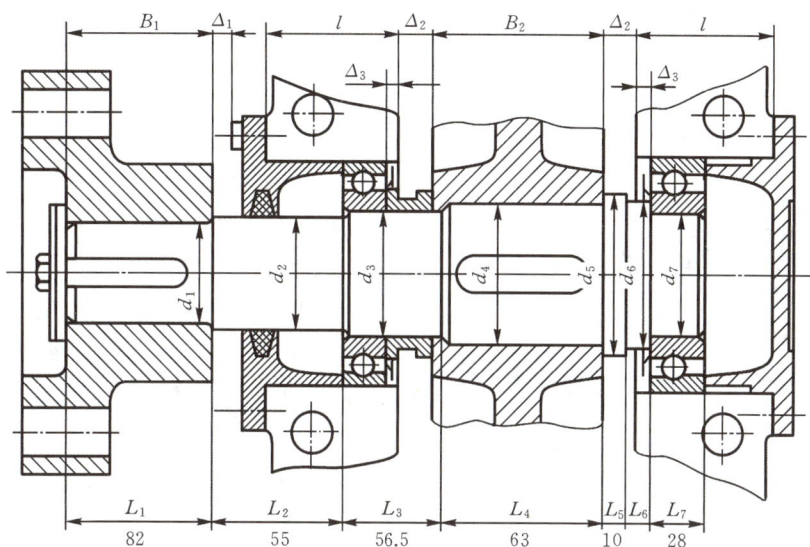

（b）输出轴

图 10-1 减速器输入轴与输出轴结构草图

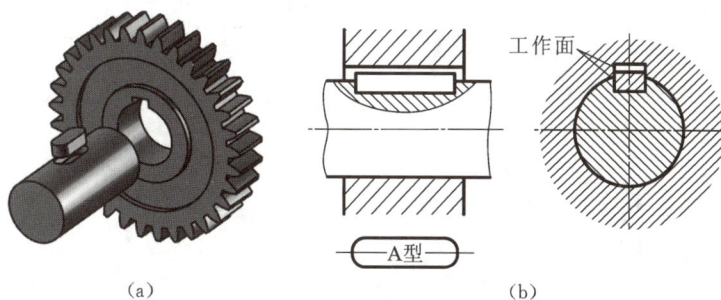

（a）　　　　　　　　　（b）

图 10-2 普通平键连接

根据用途的不同,平键分为普通平键、导向平键和滑键三种。

1）普通平键

普通平键用于静连接。其按端部形状可分为圆头（A 型）、平头（B 型）和单圆头（C

型)三种,如图 10-3 所示。A、C 型键的轴上键槽用指装铣刀加工,键在键槽中轴向固定良好,但轴上键槽两端的应力集中较大。B 型键的轴上键槽用盘铣刀加工,键槽两端的应力集中较小,但键在键槽中的轴向固定不好。A 型键应用广泛,C 型键一般用于轴端。

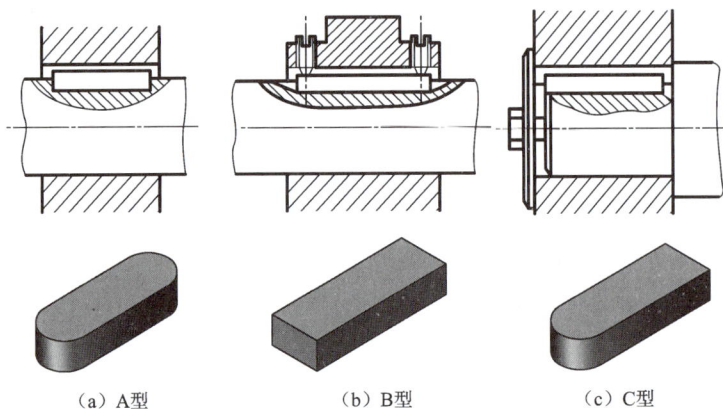

（a）A型　　　　　（b）B型　　　　　（c）C型

图 10-3　普通平键的类型

导向平键连接

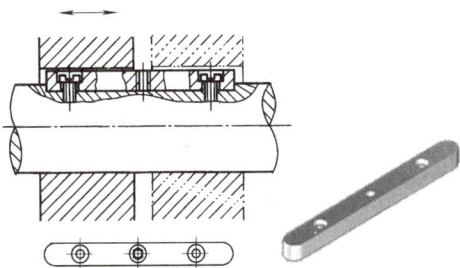

图 10-4　导向平键连接

2）导向平键

当轴上零件需要做轴向移动时,可采用导向平键连接。如图 10-4 所示,导向平键是一种较长的普通平键,用螺钉将其固定在轴上,适用于轴上零件移动距离不大的场合,如变速箱中滑移齿轮与轴的连接。

3）滑键

当轴上零件滑移的距离较大时,为避免导向平键过长,宜采用滑键连接。如图 10-5所示,滑键固定在轴上零件的轮毂槽中,并随同零件一起在轴上的键槽中做轴向滑移。

滑键连接

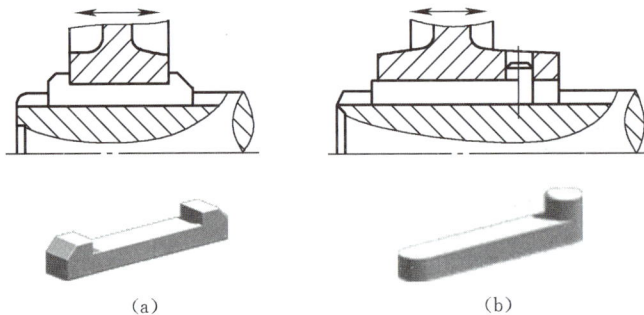

（a）　　　　　　　　　（b）

图 10-5　滑键连接

2. 半圆键连接

如图 10-6 所示,半圆键的两侧面为工作面,能在轴上键槽内绕其几何中心摆动,以适应轮毂槽底面的斜度,对中性好,装拆方便,但轴上键槽较深,对轴的强度削弱较大,主要用于轻载和锥形轴与轮毂的连接。

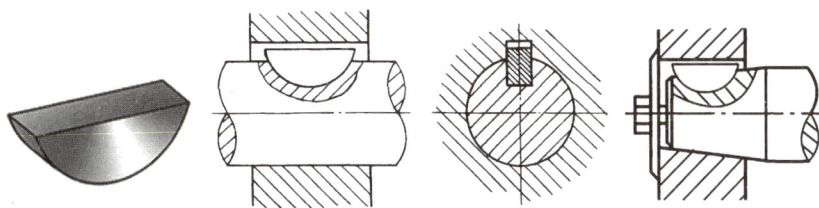

图 10-6 半圆键连接

半圆键
连接

3. 楔键连接

如图 10-7 所示，楔键的上、下两表面为工作面，键的上表面和轮毂键槽底面均有 1∶100 的斜度。装配时将键打入槽内，靠两斜面楔紧产生的摩擦力传递转矩，并可承受单向轴向力。楔键可分为普通楔键和钩头楔键两种。钩头楔键与轮毂端面之间应留余地，以便于拆卸。由于楔键打入时造成轴和轮毂的配合产生偏心和偏斜，故楔键连接用于对中精度要求不高、载荷平稳和低速的场合。

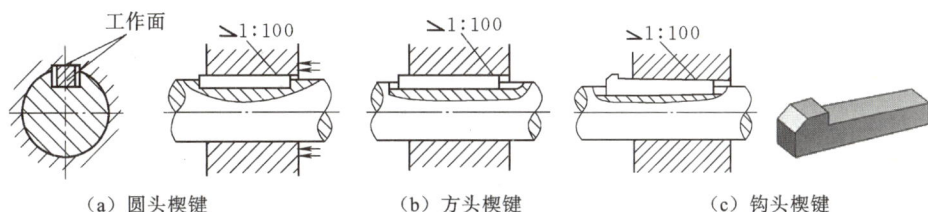

（a）圆头楔键　　　　（b）方头楔键　　　　（c）钩头楔键

图 10-7 楔键连接

楔键连接

4. 切向键连接

如图 10-8 所示，切向键由两个斜度为 1∶100 的普通楔键组成。装配时，两键分别从轮毂两端打入，其斜面相互贴合，共同楔紧在轴毂之间。一个切向键只能传递单向转矩，若要传递双向转矩，则须用两个切向键按 120°～135°分布。切向键对轴的强度削弱较大，适用于轴径大于 100 mm、对中性要求不高而载荷较大的重型机械。

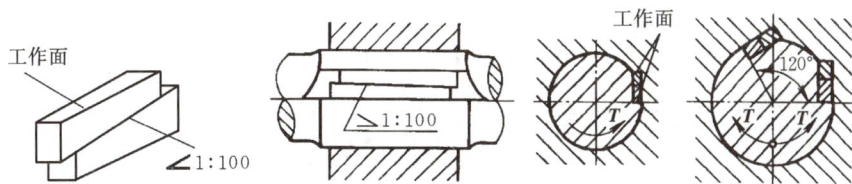

图 10-8 切向键连接

切向键
连接

二、键的选择和平键连接的强度计算

1. 键的选择

键的选择包括类型选择和尺寸选择两个方面。键的类型应根据键连接的结构特点、使用要求和工作条件来选择；键的截面尺寸（键宽 b×键高 h）根据轴的直径 d

从标准中(见表 10-1)选定;键的长度 L 根据轮毂长度确定,键长应比轮毂长短 5～10 mm,并符合标准长度系列。

表 10-1　普通平键和键槽的截面尺寸及公差　　　　　　　　　单位:mm

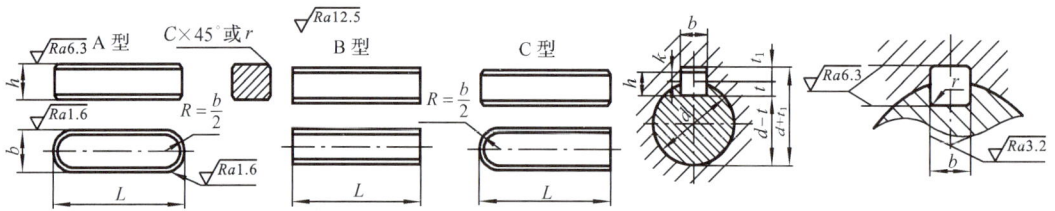

标记示例

　　$b=16$ mm、$h=10$ mm、$L=100$ mm 的圆头普通平键(A 型):键 16×100 GB/T 1096—2003

　　$b=16$ mm、$h=10$ mm、$L=100$ mm 的单圆头普通平键(C 型):键 C16×100 GB/T 1096—2003

轴	键	键槽										
		公称尺寸 b	宽度 b					深度				半径 r
				极限偏差				轴 t		毂 t_1		
公称直径 d	公称尺寸 $b\times h$		较松键连接		一般键连接		较紧键连接					
			轴 H9	毂 D10	轴 N9	毂 JS9	轴和毂 P9	公称尺寸	极限偏差	公称尺寸	极限偏差	最小 | 最大
6～8	2×2	2	+0.025 0	+0.060 +0.020	−0.004 −0.029	±0.0125	−0.006 −0.031	1.2	+0.1 0	1	+0.1 0	0.08 | 0.16
8～10	3×3	3						1.8		1.4		
10～12	4×4	4	+0.030 0	+0.078 +0.030	0 −0.030	±0.015	−0.012 −0.042	2.5		1.8		
12～17	5×5	5						3.0		2.3		
17～22	6×6	6						3.5		2.8		0.16 | 0.25
22～30	8×7	8	+0.036 0	+0.098 +0.040	0 −0.036	±0.018	−0.015 −0.051	4.0		3.3		
30～38	10×8	10						5.0		3.3		
38～44	12×8	12	+0.043 0	+0.120 +0.050	0 −0.043	±0.0215	−0.018 −0.061	5.0		3.3		
44～50	14×9	14						5.5		3.8		0.25 | 0.40
50～58	16×10	16						6.0		4.3		
58～65	18×11	18						7.0	+0.2 0	4.4	+0.2 0	
65～75	20×12	20	+0.052 0	+0.149 +0.065	0 −0.052	±0.026	−0.022 −0.074	7.5		4.9		
75～85	22×14	22						9.0		5.4		
85～95	25×14	25						9.0		5.4		0.40 | 0.60
95～110	28×16	28						10.0		6.4		
110～130	32×18	32	+0.062 0	+0.180 +0.080	0 −0.062	±0.031	−0.026 −0.088	11.0		7.4		
键的长度系列		6,8,10,12,14,16,18,20,22,25,28,32,36,40,45,50,56,63,70,80,90,100,110,125,140,160,180,200,220,250,280,320,360										

注:1. $d-t$ 和 $d+t_1$ 两组组合尺寸的极限偏差按相应的 t 和 t_1 的极限偏差选取,但 $d-t$ 极限偏差值应取负号(−)。

　　2. 在工作图中,轴槽深用 t 或 $d-t$ 标注,轮毂槽深用 $d+t_1$ 标注。轴槽及轮毂槽对称度公差按 7～9 级选取。

　　3. 平键的材料通常为 45 钢。

2. 平键连接的强度计算

平键连接工作时的受力情况如图 10-9 所示。普通平键连接属于静连接,其主要失效形式是连接中较弱零件的工作面被压溃,通常只按工作面的挤压强度进行计算。

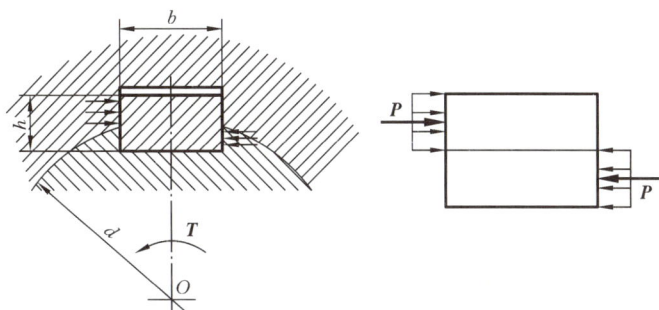

图 10-9　平键连接受力分析

平键连接的挤压强度条件为

$$\sigma_P = \frac{4T}{dhl} \leqslant [\sigma_P] \tag{10-1}$$

式中,T 为轴上传递的转矩(N·mm);d 为轴的直径(mm);h 为键的高度(mm);l 为键的工作长度(mm),A 型键,$l=L-b$,B 型键,$l=L$,C 型键,$l=L-b/2$;$[\sigma_P]$ 为键连接中较弱材料的许用挤压应力(MPa),如表 10-2 所示。

表 10-2　键连接材料的许用挤压应力 $[\sigma_P]$　　　　单位:MPa

许用值	连接方式	轮毂材料	载荷性质		
			静载荷	轻微冲击	冲击
$[\sigma_P]$	静连接	钢	125~150	100~120	60~90
		铸铁	70~80	50~60	30~45
	动连接	钢	50	40	30

如果计算键的强度不够,在不超过轮毂宽度的条件下,可适当增加键的长度;也可采用两个平键,相隔 180°布置,如图 10-10 所示,考虑载荷分配不均匀,在验算键的强度时只能按 1.5 个键计算。

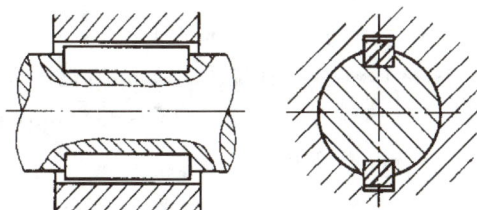

图 10-10　双键的布置方式

【任务实施】

1．大带轮与轴之间的键连接

（1）选择键的型号和尺寸。

此处的键连接属于静连接，为保证对中性，选择 A 型普通平键连接。

根据轴径 $d=25$ mm，由表 10-1 查得键宽 $b=8$ mm，键高 $h=7$ mm。因轮毂宽度 $L_1=50$ mm，键的长度 $l=[50-(5\sim10)]$ mm $=(40\sim45)$ mm，取标准键长 $l=40$ mm。键的标记为：键 8×40 GB/T 1096—2003。

（2）校核键的强度。

轴和键的材料为钢，带轮材料为铸铁，应取较弱材料的许用挤压应力。载荷较平稳，查表 10-2 得 $[\sigma_P]=50\sim60$ MPa。键的工作长度 $l=L-b=(40-8)$ mm $=32$ mm，代入式（10-1）得挤压应力

$$\sigma_P=\frac{4T}{dhl}=\frac{4\times100300}{25\times7\times32}\ \text{MPa}=71.6\ \text{MPa}>[\sigma_P]$$

不满足强度要求。采用相隔 $180°$ 布置的两个键连接，则

$$\sigma_P=\frac{4T}{1.5dhl}=\frac{4\times100300}{1.5\times25\times7\times32}\ \text{MPa}=47.8\ \text{MPa}<[\sigma_P]$$

满足强度要求。

2．联轴器与轴之间的键连接

（1）选择键的型号和尺寸。

此处的键连接属于静连接，为保证对中性，选择 A 型普通平键连接。

根据轴径 $d=40$ mm，由表 10-1 查得键宽 $b=12$ mm，键高 $h=8$ mm。因轮毂长度 $B_1=84$ mm，键的长度 $l=[84-(5\sim10)]$ mm $=(74\sim79)$ mm，取标准键长 $l=70$ mm。键的标记为：键 12×70 GB/T 1096—2003。

（2）校核键的强度。

轴、联轴器、键的材料均为钢，载荷较平稳，查表 10-2 得 $[\sigma_P]=100\sim120$ MPa。键的工作长度 $l=L-b=(70-12)$ mm $=58$ mm，代入式（10-1）得挤压应力

$$\sigma_P=\frac{4T}{dhl}=\frac{4\times427930}{40\times8\times58}\ \text{MPa}=92.2\ \text{MPa}<[\sigma_P]$$

满足挤压强度要求，所选键合适。

3．齿轮与轴之间的键连接

（1）选择键的型号和尺寸。

为了保证齿轮传动啮合良好，要求齿轮与轴的对中性好，故选择 A 型普通平键连接。

根据轴径 $d=53$ mm，由表 10-1 查得键宽 $b=16$ mm，键高 $h=10$ mm。因轮毂宽度 $B_2=65$ mm，键的长度 $l=[65-(5\sim10)]$ mm $=(55\sim60)$ mm，取标准键长 $l=56$ mm。键的标记为：键 16×56 GB/T 1096—2003。

（2）校核键的强度。

轴、齿轮、键的材料均为钢，载荷较平稳，查表 10-2 得 $[\sigma_P]=100\sim120$ MPa。键的工作长度 $l=L-b=(56-16)$ mm $=40$ mm，代入式（10-1）得挤压应力

$$\sigma_P = \frac{4T}{dhl} = \frac{4 \times 427930}{53 \times 10 \times 40} \text{ MPa} = 80.7 \text{ MPa} < [\sigma_P]$$

满足挤压强度要求，所选键合适。

◀ 任务 2　选择减速器螺纹连接类型和尺寸 ▶

【任务引入】

在图 10-11 所示带式输送机一级直齿圆柱齿轮减速器中，箱盖与箱座之间及轴承旁采用螺栓连接；轴承端盖与箱座和箱盖之间采用螺钉连接。已知齿轮传动的中心距 $a = 174$ mm，选择减速器中连接螺栓和连接螺钉的类型和尺寸。

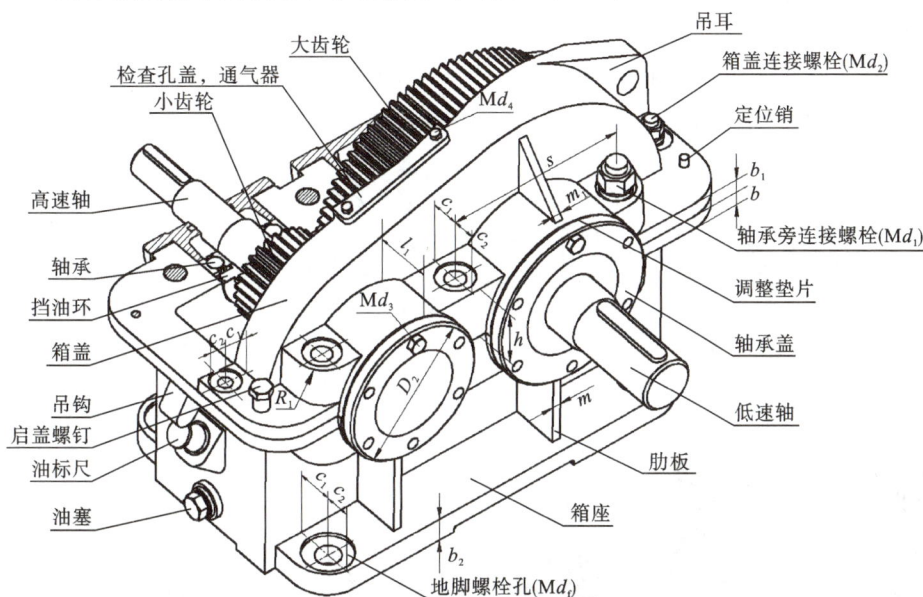

图 10-11　带式输送机一级直齿圆柱齿轮减速器

【任务分析】

螺纹连接是利用具有螺纹的零件构成的一种可拆连接。螺纹连接结构简单、装拆方便、工作可靠、互换性好、成本低廉，故应用广泛。螺纹连接件已经标准化。螺纹连接设计的主要内容是根据使用要求合理选择连接的类型、连接件的数目及布置形式、连接件的规格等。

【相关知识】

一、螺纹的类型和主要参数

1. 螺纹的类型

根据所在的表面不同，螺纹可分为外螺纹和内螺纹（见图 10-12），内、外螺纹旋合组

（a）外螺纹　　（b）内螺纹　　（c）螺纹副

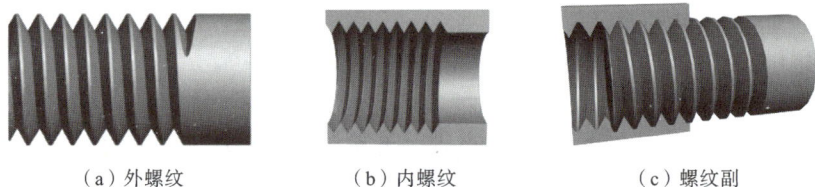

图 10-12　外螺纹和内螺纹

成螺纹副,用于连接和传动;根据牙型(螺纹轴向剖面的形状)的不同,可分为三角形螺纹(普通螺纹)、矩形螺纹、梯形螺纹和锯齿形螺纹(见图 10-13)等,三角形螺纹主要用于连接,矩形、梯形和锯齿形螺纹主要用于传动;根据螺纹的旋向,可分为右旋螺纹和左旋螺纹(见图 10-14),规定当螺纹轴线垂直放置时,螺纹自左到右升高时为右旋螺纹,反之为左旋螺纹,常用的是右旋螺纹;根据螺纹的线数,可分为单线螺纹(见图 10-15(a))和多线螺纹(见图 10-15(b)),单线螺纹一般用于连接,多线螺纹一般用于传动;按母体形状,螺纹可分为圆柱螺纹和圆锥螺纹。常用螺纹的类型、特点和应用如表 10-3 所示。

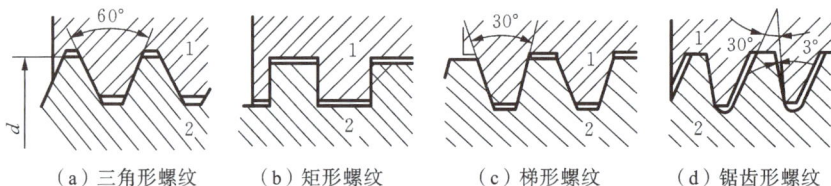

（a）三角形螺纹　　（b）矩形螺纹　　（c）梯形螺纹　　（d）锯齿形螺纹

图 10-13　螺纹的牙型

（a）右旋螺纹　　（b）左旋螺纹　　（a）单线螺纹　　（b）多线螺纹

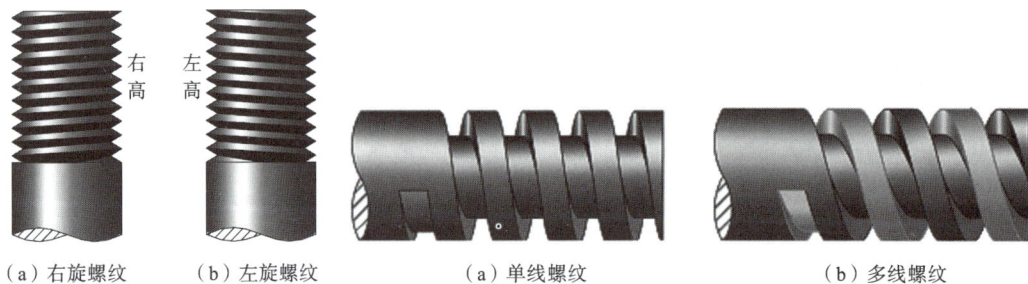

图 10-14　螺纹的旋向　　　　图 10-15　螺纹的线数

表 10-3　常用螺纹的类型、特点和应用

类型		图示	特点和应用
连接螺纹	普通螺纹（三角形螺纹）		牙型角 $\alpha=60°$。当量摩擦系数较大,自锁性能好,螺纹牙根强度高,广泛应用于各种紧固连接。同一公称直径按螺距 P 大小不同分为粗牙螺纹和细牙螺纹。粗牙螺纹一般用于连接,细牙螺纹用于薄壁零件或受冲击、振动和变载荷的连接,还可用于微调机构的调整

240

类型		图示	特点和应用
传动螺纹	矩形螺纹		牙型为正方形,牙型角 $\alpha=0°$。传动效率最高,但牙根强度低,精加工困难,磨损后间隙难以补偿,对中精度低,尚未标准化,一般用于力的传递
	梯形螺纹		牙型为等腰梯形,牙型角 $\alpha=30°$。传动效率略低于矩形螺纹,但工艺性好,牙根强度高,螺纹的对中性好。广泛用于机床丝杠、螺旋举重器等各种传动螺旋中
	锯齿形螺纹		工作面的牙型斜角 $\beta=3°$,非工作面的牙型斜角 $\beta=30°$。它兼有矩形螺纹传动效率高和梯形螺纹牙根强度高的优点,但只能用于承受单向轴向载荷的传动中

2. 螺纹的主要参数

现以图 10-16 所示的圆柱普通螺纹为例说明螺纹的主要几何参数。

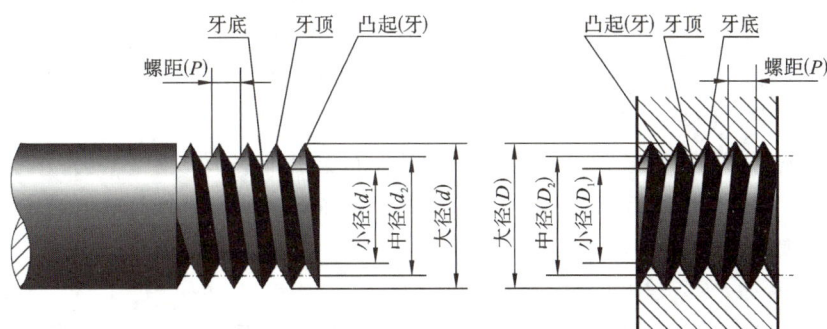

图 10-16 螺纹的主要几何参数

(1)大径 $d(D)$ 与外螺纹牙顶或内螺纹牙底相重合的假想圆柱面的直径,是螺纹的最大直径,为螺纹的公称直径。

(2)小径 $d_1(D_1)$ 与外螺纹牙底或内螺纹牙顶相重合的假想圆柱面的直径,是螺纹的最小直径,常作为强度计算直径。

(3)中径 $d_2(D_2)$ 在螺纹的轴向剖面内牙厚和牙槽宽相等处的假想圆柱面的直径。

(4)螺距 P 螺纹相邻两牙在中径线上对应两点间的轴向距离。

(5)导程 L 同一条螺旋线上相邻两牙在中径线上对应两点间的轴向距离。导程 L、螺距 P 和线数 n 的关系

$$L=nP \tag{10-2}$$

(6)螺纹升角 λ 如图 10-17 所示,在中径圆柱上螺旋线的切线与垂直于螺纹轴线的平面间的夹角,其计算式为

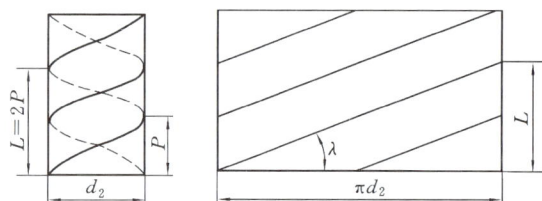

图 10-17　螺纹升角

$$\tan\lambda = \frac{L}{\pi d_2} = \frac{nP}{\pi d_2} \tag{10-3}$$

（7）牙型角 α　在螺纹的轴向剖面内，螺纹牙型两侧边的夹角。

（8）牙型斜角 β　在螺纹的轴向剖面内，牙型侧边与螺纹轴线的垂线间的夹角，对称牙型 $\beta = \dfrac{\alpha}{2}$。

二、螺纹连接的基本类型

根据被连接件的特点或连接的用途，螺纹连接可分为 4 种基本类型。

1. 螺栓连接

螺栓连接是将螺栓穿过被连接件的通孔，然后拧紧螺母即实现连接双头螺柱连接适用于被连接件不太厚又需经常拆装的场合。图 10-18（a）所示为普通螺栓连接，其结构特点是螺栓杆与被连接件的通孔间有间隙，螺栓杆受剪切。由于通孔的加工精度低、结构简单、装拆方便，因此螺栓连接应用广泛。图 10-18（b）所示为铰制孔用螺栓连接，被连接件上的孔与螺栓杆之间常采用过渡配合（H7/m6 或 H7/n6），螺栓杆受剪切和挤压。

2. 双头螺柱连接

如图 10-19 所示，将螺柱的一端旋紧在较厚被连接件的螺纹孔中，另一端则穿过另一被连接件的通孔，然后拧紧螺母即实现连接。这种连接适用于被连接件之一较厚而不便于加工成通孔并需经常拆装的场合。

3. 螺钉连接

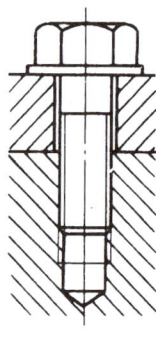

如图 10-20 所示，将螺钉穿过一个被连接件的通孔并旋入另一被连接件的螺纹孔中即实现连接。这种连接不需要螺母，适用于被连接件之一较厚且不经常拆装的场合。

螺栓连接

双头螺柱
连接

螺钉连接

(a)　　　　(b)

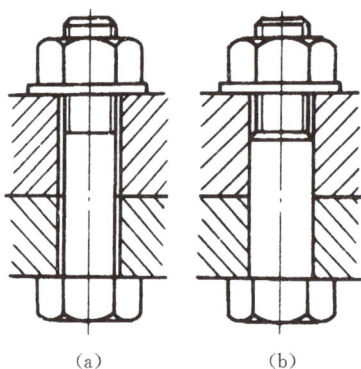

图 10-18　螺栓连接　　　图 10-19　双头螺柱连接　　　图 10-20　螺钉连接

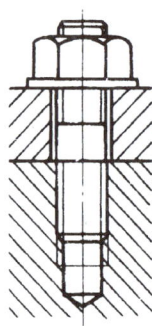

4. 紧定螺钉连接

如图 10-21 所示,将紧定螺钉旋入一个被连接件的螺纹孔中,末端顶住另一被连接件的表面或顶入相应的凹坑中,以固定两零件的相对位置,并可传递不大的力或转矩。

三、标准螺纹连接件

螺纹连接件的类型有很多,在机械制造中常见的标准螺纹连接件有螺栓(见图 10-22(a))、双头螺柱(见图 10-22(b))、螺钉(见图 10-22(c))、紧定螺钉(见图 10-22(d))、螺母(见图 10-22(e))和垫圈(见图 10-22(f))等。这些零件的结构和尺寸都已标准化,设计时可根据实际需要按标准选用。

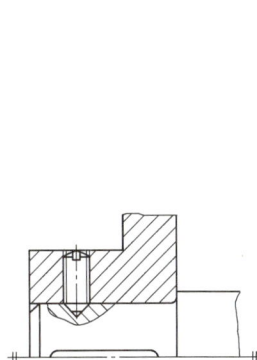

紧定螺钉连接

(a)　　　　(b)　　　　(c)　　　　(d)

(e)　　　　(f)

图 10-21　紧定螺钉连接　　　　图 10-22　标准螺纹连接件

四、螺纹连接的预紧和防松

1. 螺纹连接的预紧

通常螺纹连接在装配时都必须拧紧,以增强连接的可靠性、紧密性,防止受载后被连接件间出现缝隙或发生相对移动。连接件在承受工作载荷之前因预紧所受到的力称为预紧力。预紧力的大小应适当,过小则连接不可靠,过大则会导致连接过载甚至连接件被拉断,一般规定拧紧后螺纹连接件的预紧力不超过其材料屈服极限 σ_s 的 80%。

对于比较重要的连接,可采用测力矩扳手(见图 10-23(a))或定力矩扳手(见图 10-23(b))来旋紧螺母。若不能严格控制预紧力的大小,而只是依靠安装经验来拧紧螺纹连接件,为避免螺栓拉断,通常不宜采用小于 M12 的螺栓。一般常用 M12～M24 的螺栓。

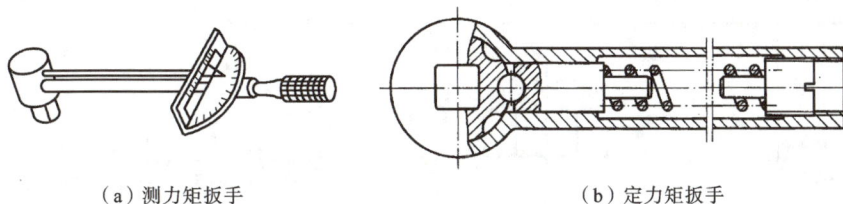

测力矩扳手

定力矩扳手

(a)测力矩扳手　　　　(b)定力矩扳手

图 10-23　测力矩扳手和定力矩扳手

2. 螺纹连接的防松

螺纹连接件一般采用单线普通螺纹,其螺纹升角小,能满足自锁条件,因此在静载荷作用下,螺纹连接不会自动松脱。但在冲击、振动或者变载荷的作用下,或当温度变化很大时,螺纹连接会产生自动松脱现象,这不仅影响机器正常工作,还可能会造成严重事故。因此,机器中的螺纹连接必须采取有效的防松措施。

螺纹连接防松的根本问题在于防止螺纹副的相对转动。防松的方法有很多,按工作原理可分为摩擦防松、机械防松和永久防松(不可拆连接)三类。常用的防松方法如表10-4所示。

表 10-4　螺纹连接常用的防松方法

防松方法		结构形式	特点及应用
摩擦防松	弹簧垫圈		装配后垫圈被压平,其弹性反力使螺纹间始终保持压紧力和摩擦力,从而防止螺母松脱。一般用于不重要的连接
	对顶螺母		两螺母对顶拧紧使螺纹压紧。结构简单,适用于低速、平稳和重载的场合
	自锁螺母		螺母一端制成非圆形收口,当螺母拧紧后,非圆形收口箍紧螺栓,使旋合螺纹间横向压紧
机械防松	开口销与槽形螺母		槽形螺母拧紧后,将开口销穿过螺母上的槽和螺栓端部的孔后,将开口销尾部扳开与螺母侧面贴紧。适用于冲击、振动较大的高速机械

防松方法		结构形式	特点及应用
机械防松	圆螺母与止动垫圈		将止动垫圈内翅嵌入螺栓(或轴)的槽内,拧紧螺母后,再将垫圈的一个外翅嵌入圆螺母的一个槽内,螺母即被锁住,防松效果好
	止动垫圈		螺母拧紧后,将垫圈的边缘折弯分别贴紧在螺母和被连接件的侧面以实现防松
	串联钢丝	正确 不正确	用钢丝穿入各螺钉头部的孔内,将各螺钉串联起来使其相互制约。使用时必须注意钢丝的穿入方向。适用于螺栓组、螺钉组连接,防松可靠,但装拆不方便
永久防松	冲点防松	1~1.5P	螺母拧紧后,利用冲头在螺栓末端与螺母的旋合缝处打 2~3 个冲点或点焊成永久防松。防松可靠,但拆卸后连接件被破坏
	焊接防松		螺母拧紧后,在螺栓末端与螺母的旋合缝处点焊成永久防松。防松可靠,但拆卸后连接件被破坏
	黏合防松	涂黏合剂	在旋合的螺纹表面涂以黏合剂,拧紧螺母后黏合剂自行固化,获得较好的防松效果

五、螺栓组连接的结构设计

机器中多数螺纹连接件一般都是成组使用的,其中螺栓组连接最具有典型性。下面讨论螺栓组连接的设计问题,其基本结论也适用于双头螺柱连接和螺钉连接等。

设计螺栓组连接时,首先要确定螺栓组连接的结构,即设计被连接件接合面的结构、形状,选定螺栓的数目和布置形式,确定螺栓连接的结构尺寸等。设计螺栓组的结构时,应注意以下几个方面:

（1）连接接合面的几何形状应和机器的结构形状相适应。通常设计成轴对称的简单几何形状,如图 10-24 所示,以便于对称布置螺栓,使接合面受力比较均匀。

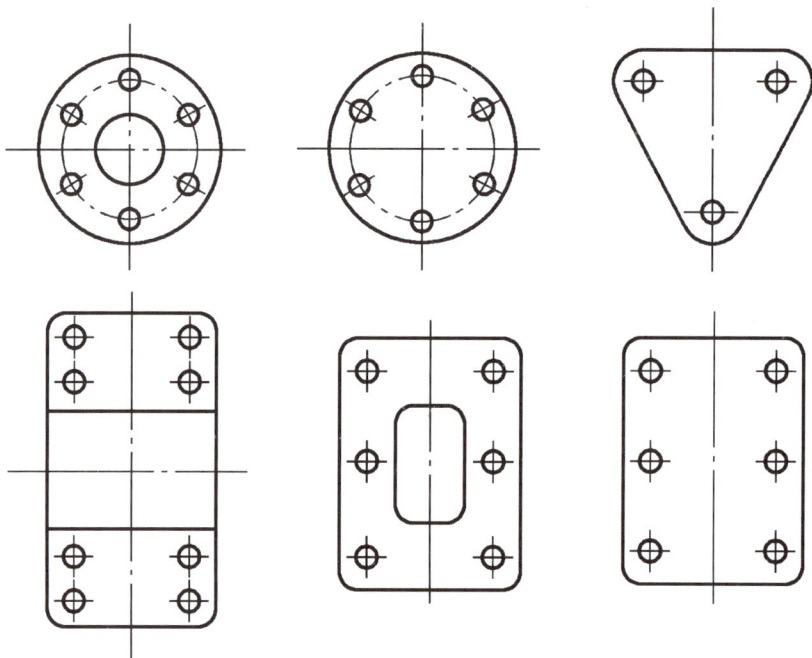

图 10-24　螺栓组连接常见的接合面形状

（2）螺栓的布置应使螺栓受力合理。当螺栓组连接承受弯矩或扭矩时,应使螺栓的位置适当靠近接合面的边缘,以减小螺栓的受力。若螺栓组受到轴向载荷的同时还受到较大的横向载荷,则可采用键、套筒、销等零件分担横向载荷,如图 10-25 所示,以减小螺栓的预紧力和结构尺寸。

（3）应保证螺栓与螺母的支承面平整,并与螺栓轴线相垂直,以避免螺栓承受偏心载荷。一般被连接件应设置凸台、沉头座或采用斜面垫圈,如图 10-26 所示。

（4）螺栓排列应有合理的间距。布置螺栓位置时,各螺栓中心的间距以及螺栓轴线和箱体壁间应留有扳手操作空间,如图 10-27 所示,扳手空间的尺寸可查阅《机械设计手册》。

（5）同一组螺栓组连接中各螺栓的材料、直径和尺寸均应相同。

（6）分布在同一圆周上的螺栓数目应取 4、6、8 等偶数,以便于在圆周上分度划线。

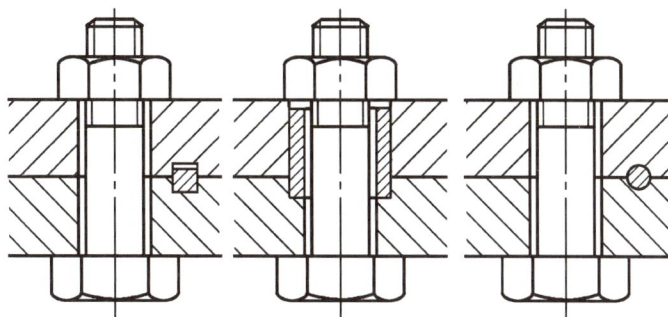

图 10-25 承受横向载荷的减载装置

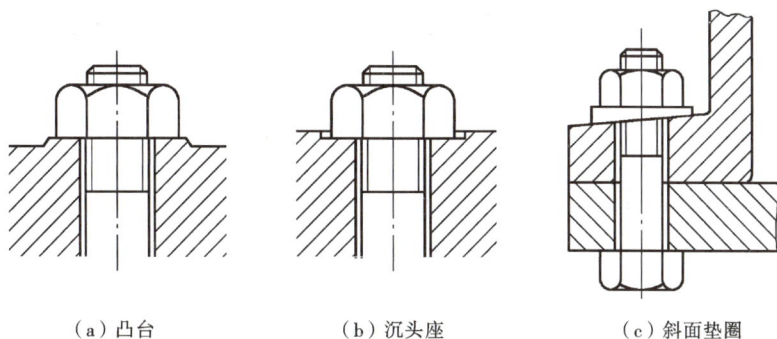

（a）凸台   （b）沉头座   （c）斜面垫圈

图 10-26 避免螺栓承受偏心载荷的措施

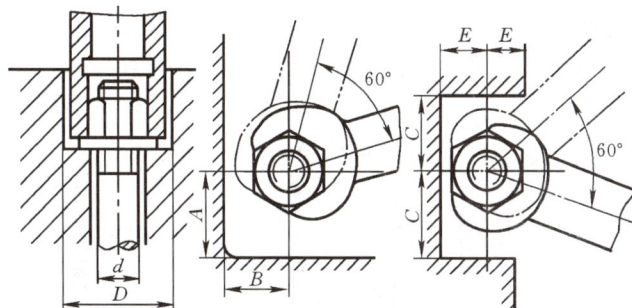

图 10-27 扳手空间

　　工程实际中,螺栓的直径可根据连接零件的相关尺寸选择,必要时或重要连接中要对螺栓进行强度校核计算,有关螺栓的强度计算可查阅《机械设计手册》。

【任务实施】

（1）地脚螺栓的直径和数目。

　　齿轮中心距 $a=174$ mm。查《机械设计手册》,圆柱齿轮减速器中,地脚螺栓直径 $d_f=0.036a+12=(0.036\times174+12)$ mm$=18.26$ mm,取 $d_f=20$ mm。

　　圆柱齿轮减速器中心距 $a\leqslant250$ mm 时,地脚螺栓数目 $n=4$。

（2）轴承旁连接螺栓的直径和数目。

$d_1 = 0.75d_f = 0.75 \times 20 \text{ mm} = 15 \text{ mm}$，取 $d_1 = 16 \text{ mm}$，数目 $n = 6$。

（3）箱盖与箱座连接螺栓的直径和数目。

$d_2 = (0.5 \sim 0.6)d_f = (0.5 \sim 0.6) \times 20 \text{ mm} = 10 \sim 12 \text{ mm}$，取 $d_2 = 12 \text{ mm}$，数目 $n = 2$。

（4）轴承端盖螺钉的直径和数目。

$d_3 = (0.4 \sim 0.5)d_f = (0.4 \sim 0.5) \times 20 \text{ mm} = 8 \sim 10 \text{ mm}$，取 $d_3 = 10 \text{ mm}$，数目 $n = 24$。

（5）检查孔盖螺钉的直径和数目。

$d_4 = (0.3 \sim 0.4)d_f = (0.3 \sim 0.4) \times 20 \text{ mm} = 6 \sim 8 \text{ mm}$，取 $d_4 = 8 \text{ mm}$，数目 $n = 4$。

螺栓和螺钉长度在箱盖与箱座的结构尺寸设计完成后才能确定，详见《机械设计手册》。

任务3　选择减速器箱盖与箱座定位销的类型和尺寸

【任务引入】

带式输送机一级直齿圆柱齿轮减速器如图 10-11 所示。已知箱盖与箱座连接螺栓直径 $d_2 = 12 \text{ mm}$，选择箱盖与箱座之间定位销的类型和尺寸。

【任务分析】

销是标准件，按其用途的不同可分为连接销（见图 10-28（a）、（b））、定位销（见图 10-28（c）、（d））和安全销（见图 10-28（e））。连接销用于轴和轮毂的连接或其他零件的连接，以传递不大的载荷。定位销主要用于固定零件之间的相对位置，定位销的数目一般不少于两个。安全销用于安全保护装置中，作为过载剪断元件，即当机器过载时安全销被剪断，以免过载时对机器造成破坏。为使安装方便、准确，减速器箱盖与箱座之间采用定位销确定其相对位置。该任务是选择定位销的类型和尺寸。

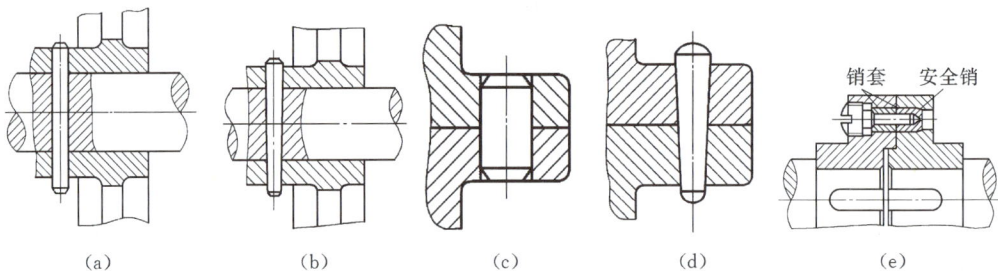

图 10-28　销连接

【相关知识】

一、销的分类及其特点

销按形状分为圆柱销、圆锥销和异形销三类。

1. 圆柱销

如图 10-28(a)、图 10-28(c)所示,圆柱销利用与孔的微量过盈固定在销孔中,不宜经常装拆,否则定位精度降低。

2. 圆锥销

如图 10-28(b)、图 10-28(d)所示,圆锥销连接的销和孔均制有 1∶50 的锥度,小端直径是标准值,靠锥面挤压作用固定在销孔中。圆锥销定位精度高,自锁性好,装拆方便,多次装拆对定位精度影响较小,用于需经常装拆的连接。

3. 异形销

如图 10-29 所示,异形销具有许多特殊形式,常与螺母配合使用,工作可靠,用于有冲击的连接。

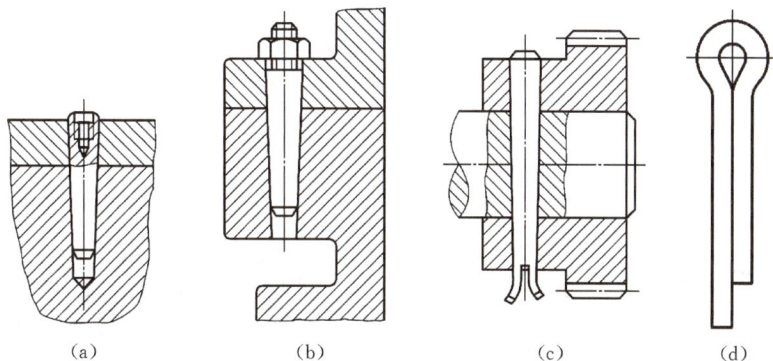

(a)　　　　　　　(b)　　　　　　　(c)　　　　　　　(d)

图 10-29　异形销

二、销的选择

销的材料常用 35 钢、45 钢。销的类型和尺寸可根据工作要求和用途确定。

定位销、连接销按定位零件和连接或传递载荷而定,查《机械设计手册》,凭经验或规范确定尺寸,不进行强度校核。

安全销按过载时被剪断的条件确定其直径。

【任务实施】

减速器不需要经常拆装,故选用圆柱销定位。

查《机械设计手册》,箱盖与箱座之间定位销的直径:

$d = (0.7 \sim 0.8)d_2 = (0.7 \sim 0.8) \times 12$ mm $= 8.4 \sim 9.6$ mm,取 $d_2 = 10$ mm,数目 $n = 2$。

定位销的长度由箱盖与箱座凸缘厚度确定,并符合标准长度系列,详见《机械设计手册》。

知识扩展

由轴上的外花键和轮毂孔的内花键构成的连接称为花键连接。外花键和内花键均由沿圆周方向均布的多个键齿构成,如图 10-30 所示。花键齿的两侧面为工作面,工作时依靠键齿的侧面互相挤压传递转矩。

由于是多个齿传递载荷,花键连接比平键连接的承载能力大,轴与零件的定心性好,导向性好。同时,轴上齿槽较浅,齿根处应力集中小,对轴的强度削弱较小,适用于载荷较大、定心精度要求较高的静连接和动连接,如汽车、机床、飞机等机器中。其缺点是花键制造比较复杂,需专用设备,成本较高。

花键已标准化。按齿形的不同,花键可分为矩形花键(见图10-31)和渐开线花键(见图10-32)两种。

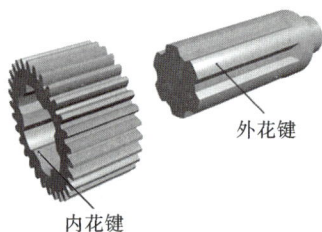

图 10-30　花键

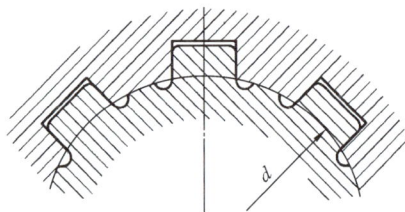

图 10-31　矩形花键连接

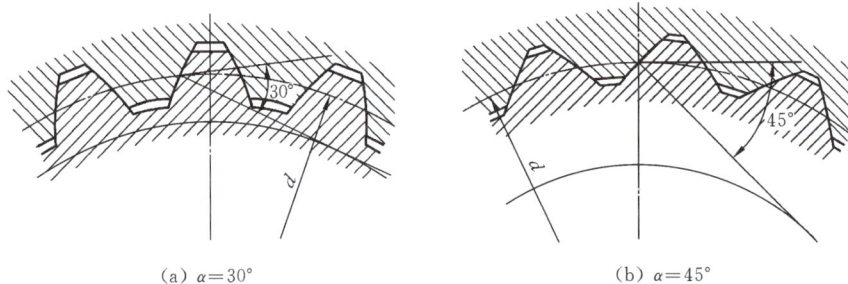

(a) $\alpha = 30°$

(b) $\alpha = 45°$

图 10-32　渐开线花键连接

矩形花键加工方便,应用广泛。矩形花键采用小径定心,即外花键和内花键的小径 d 为配合面,渐开线花键常用齿形定心。花键的选用和强度验算与平键连接类似,详见《机械设计手册》。

素质培养

榫卯:方寸之间的力与美

榫卯是在两个木构件上采用的一种凹凸结合的连接方式,凸出部分叫榫(或榫头),凹进部分叫卯(或榫眼、榫槽),榫和卯咬合,起到连接并固定的作用。这是中国古代建筑、家具及其他木制器械的主要结构。榫卯结构是榫和卯的结合,是木件之间多与少、高与低、长与短之间的巧妙组合,可有效地限制木件向各个方向扭动。

榫卯结构的优点非常明显。首先,与现代木工所采用的金属缔固物接合方式相比,榫卯接合的强度更大。榫卯的各种结构部件根据力学原理相互作用,形成一种极为平衡、和谐的状态。山西五台山的佛光寺,应用横竖方向的梁柱进行构造,在地上立柱,柱上架梁,梁上再搭柱,交错成为屋顶。屋顶由梁枋和立柱共同支撑,最后由立柱稳立于地面。其次,榫卯的连接部位有一定的自我恢复能力,可以应对由木材膨胀、收缩引起的松脱问题,抗震性也更佳。在佛光寺这种土木结构的建筑中,墙壁仅仅起到分隔空间的作用,没有承重,重量全部分散在弹性和韧性极强的木框架上。这正是佛光寺历经千年而不倒的重要原因。再次,榫卯接合具有可逆性,由榫卯连接的各个构件都可以拆分,便于运输组装和替换维修。最后,榫卯接合依靠木材本身进行连接,无论是天衣无缝的暗榫,还是错落有致的明榫,都给人带来一种美的享受。榫卯结构正因为是实用与美观相结合的典范,所以在千百年的发展演化中渐渐成为中国传统构造的精髓,至今仍被广泛应用于建筑业和制造业的各个领域。

榫卯是极为精巧的发明,这种构件连接方式使得中国传统的木结构成为超越了当代建筑排架、框架或者刚架的特殊柔性结构体,不但可以承受较大的载荷,而且允许产生一定的变形,在地震载荷下通过变形抵消一定的地震能量,减小结构的地震响应。

采用榫卯结构的中国代表性古建筑有紫禁城、天坛祈年殿、北京大观园、山西悬空寺等,现代中式建筑有北京西站、香山饭店、上海世博会中国馆等标志性建筑。

上海世博会中国馆(见图 10-33)由四根粗大的方柱托起斗状的主体建筑。这四根方柱边长都是 18.6 m,相邻方柱外边距约为 70 m,内边距为 33 m;屋顶边长为 138 m。这四根方柱将上部展厅托起,形成 21 m 净高的巨构空间,给人一种"振奋"的视觉效果,而挑出前倾的斗拱又能传达出一种"力量"的感觉。高高耸起的"东方之冠""四足巨鼎",象征着中华的鼎盛与繁荣。

层层叠加的斗拱,秩序井然,越抱越紧,托起了千钧之重。斗拱最短处伸出 45 m,最长处伸出达 49 m,最大优点是结构机理"堂皇端庄、宏伟壮观",斗拱由 56 根横梁(象征 56 个民族)叠加而成,象征着中国各族人民"紧密团结,众志成城"。

上海世博会中国馆大红外观,斗拱造型,雄伟庄严,气势非凡。层层出挑、挑战重力的斗拱造型不仅体现出现代工程技术的力量与美感,还传达出振奋向上的精神与气韵,向世界展示了中国建筑深厚的历史积淀和丰富的文化内涵。

图 10-33 上海世博会中国馆

练习与实训

一、判断题

1. 键连接主要用来连接轴和轴上的传动零件，实现轴向固定并传递转矩。（   ）

2. 螺纹连接中的预紧力越大越好。（   ）

3. 对顶螺母和弹簧垫圈均属于机械防松。（   ）

4. 平键连接中，导向平键连接适用于轮毂滑移距离不大的场合。（   ）

5. 细牙螺纹一般用于连接。（   ）

6. 平键连接中，滑键连接适用于轮毂滑移距离较大的场合。（   ）

7. 梯形螺纹主要用于连接。（   ）

8. 圆柱销和圆锥销都是靠过盈配合固定在销孔中。（   ）

9. 花键连接主要用于载荷较大和对定心精度要求较高的场合。（   ）

10. 圆柱普通螺纹的公称直径是指中径。（   ）

二、单项选择题

1. 普通平键传递扭矩是依靠键的（   ）。

A. 顶面　　　　　B. 底面　　　　　C. 侧面　　　　　D. 端面

2. 普通平键长度的主要选择依据是（   ）。

A. 传递转矩的大小　　　　　　　　B. 轮毂的宽度

C. 轴的直径　　　　　　　　　　　D. 传递功率的大小

3. 锥形轴与轮毂的键连接宜采用（   ）。

A. 普通平键连接　　B. 半圆键连接　　C. 滑键连接　　D. 楔键连接

4. 当两个被连接件之一较厚，不宜制成通孔，且连接不需要经常拆装时，宜采用（   ）。

A. 螺栓连接　　　B. 双头螺柱连接　　C. 螺钉连接　　　D. 紧定螺钉连接

5. 当两个被连接件之一较厚，不宜制成通孔，且需要经常拆装时，宜采用（   ）。

A. 螺栓连接　　　B. 双头螺柱连接　　C. 螺钉连接　　　D. 紧定螺钉连接

6. 当两个被连接件均不太厚，便于加工通孔时，常采用（   ）。

A. 螺栓连接　　　B. 螺钉连接　　　C. 双头螺栓连接　　D. 紧定螺钉连接

7. 在常用的螺旋传动中，传动效率最高的螺纹是（   ）。

A. 三角形螺纹　　B. 梯形螺纹　　　C. 锯齿形螺纹　　D. 矩形螺纹

8. 键的截面尺寸 $b \times h$ 通常是根据（   ）按标准选择。

A. 传递扭矩的大小　　　　　　　　B. 传递功率的大小

C. 轮毂的长度　　　　　　　　　　D. 轴的直径

9. 用于薄壁零件的连接螺纹，应采用（   ）。

A. 细牙普通螺纹　　　　　　　　　B. 梯形螺纹

C. 锯齿形螺纹　　　　　　　　　　D. 粗牙普通螺纹

10. 普通平键的长度应（   ）。

A. 是轮毂长度的 3 倍　　　　　　　B. 是轮毂长度的 2 倍

C. 略短于轮毂的长度　　　　　　　D. 稍长于轮毂的长度

11. 矩形花键连接常采用的定心方式是(　　)。

A. 大径定心　　　　B. 齿侧定心　　　　C. 小径定心　　　　D. 齿形定心

12. 螺纹连接防松的根本问题在于(　　)。

A. 增加螺纹连接的轴向力　　　　　　B. 增加螺纹连接的横向力

C. 防止螺纹副发生相对转动　　　　　D. 增加螺纹连接的刚度

三、带式输送机传动装置设计(续)

依据设计的带式输送机减速器中输入轴与输出轴的结构尺寸数据,参照本项目的任务实施及机械设计基础课程设计指导书,完成以下设计任务:(1)选择大带轮与轴、联轴器与轴、齿轮与轴所用键连接的类型和尺寸,并验算其强度;(2)选择减速器箱盖与箱座及轴承旁采用的连接螺栓的类型和尺寸;(3)选择轴承端盖与箱座和箱盖及孔盖与箱盖之间采用的连接螺钉的类型和尺寸;(4)选择定位销的类型和尺寸。

机械创新设计

知识目标

(1) 熟悉常用的机械创新方法。

(2) 熟悉机械的功能原理设计的步骤。

能力目标

能制定较复杂任务的创新设计方案。

素质目标

(1) 培养学生的创新思维、创新意识和创新能力,提高学生的工程实践动手能力。

(2) 了解我国自主研制的世界最大直径高铁盾构机"领航号"的先进性,培养学生的爱国情怀和注重生态保护的社会责任感。

机械创新设计

机械创新设计是指充分发挥设计者的创造力,利用人类已有的相关科学技术成果(包含理论、方法、技术原理等)进行创新构思,设计出具有新颖性、创造性及实用性的机械产品(装置)的一种实践活动。本项目通过一个机械部件的创新设计过程,介绍机械设计基本原理。

◀ 任务 机械部件的创新设计 ▶

【任务引入】

给定一风轮,根据能量转换原理,创新设计机械部件总体传动方案。通过风能驱动风轮转动,进而带动传动系统和执行系统,实现物料传送,如图 11-1 所示。物料尺寸是 $\phi 25$ mm×10 mm,物料材质为塑料;顶杆做直线往复运动,行程范围是 30～50 mm,所有零件为金属材料。总体的传动设计方案如图 11-2 所示。

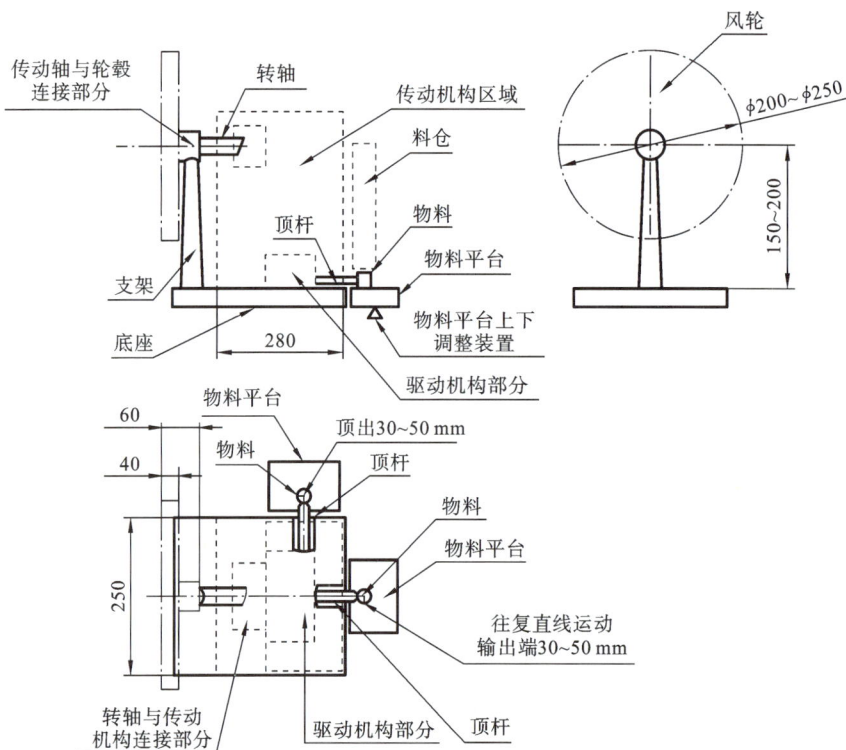

图 11-1 风力装置示意图

约束条件是体积控制在280 mm×250 mm×250 mm

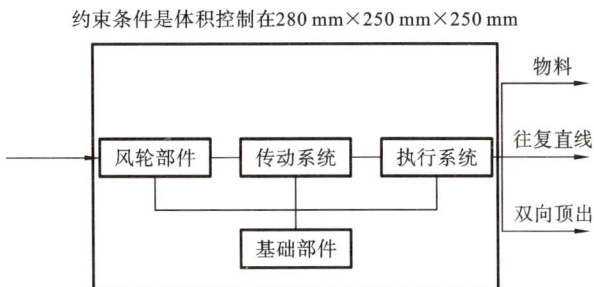

图 11-2　总体的传动设计方案

【任务分析】

任务要求输入一定量的风能,输出为物料(ϕ25 mm×10 mm 的塑料)的往复直线运动,行程是 30~50 mm,传动系统和执行系统为创新设计的部分,应该把体积控制在 280 mm×250 mm×250 mm 范围之内。作为设计人员,要设计多套传动方案进行对比,最终选择理想的设计方案。

【相关知识】

创造原理是人们在长期创造实践活动中对理论的归纳,同时也能指导人们开展创新实践。创造原理为创新设计实践提供创新思维的基本途径和理论指导。

1. 综合创造原理

综合是指将研究对象各个部分、方面和因素联系起来加以考虑,从整体上把握事物的本质和规律的一种思维法则。综合创造原理是运用综合法则的创新功能去进行创造。综合创造基本模式如图 11-3 所示。

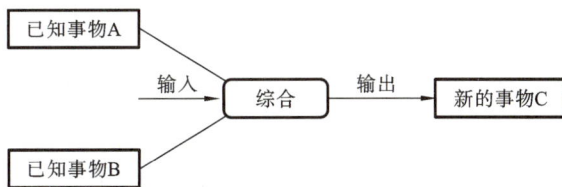

图 11-3　综合创造基本模式

综合不是简单地将构成要素相加,而是按照事物内在联系将其合理地组合起来,采用综合法则后有创造性的新发现。机构创新设计中综合创造的实例随处可见。如同步带传动就是将啮合传动与摩擦带传动技术综合而产生的,具有传动功率大、传动准确等优点,应用广泛。再如,CT 扫描仪的发明是人类在仪器诊断技术发展史上取得的重大的技术进步之一,其内在技术就是将普通的 X 光机和计算机进行综合。1972 年,英国的电子工程师豪斯菲尔德经过十余年的努力,终于研制出第一台 CT 扫描仪,解决了大量的诊断难题。

综合创造原理具有以下基本特征:

(1) 综合能发掘已有事物的潜力,并使已有事物在综合过程中产生新的价值。

（2）综合不是将研究对象的各个构成要素简单地叠加或者组合，而是通过创造性的综合使综合体的性质发生质的飞跃。

（3）比起创造一种全新的事物来说，综合创造在技术上更具有可行性和可靠性，是一种具有实用性的创造思路。

2. 分离创造原理

分离创造原理是把某一创造对象科学地分解或离散为有限个简单的局部，使主要问题从复杂现象中暴露出来，从而厘清创造者的思路，便于抓住主要矛盾或寻求某种设计特色。它与综合创造原理是相对应的、思路相反的一种创造原理。分离创造基本模式如图 11-4 所示。

图 11-4　分离创造基本模式

在机械行业，组合夹具、组合机车、模块化机床也是分离创造原理的应用。在服装行业，分离后产生了背心、袖套、有分离式的领套或拆卸式的袖子的衣服等产品。在眼镜行业，分离后产生了携带方便、不易破损的隐形眼镜。

分离创造原理具有以下基本特征：

（1）分离能冲破事物原有形态的限制，在创造性分离中能产生新的价值。

（2）分离虽然与综合思路相反，但并不是相互排斥的两种思路，而是相辅相成的，要考虑局部与局部、局部与整体的关系，分中有合，合中有分。

3. 移植创造原理

移植创造原理是吸取、借用某一领域的科学技术成果，引用或渗透到其他领域，用以变革或者改进已有事物或开发新产品。本质是"以他山之石，攻己之玉"。其基本模式如图 11-5 所示。

图 11-5　移植创造基本模式

自然界中不同物种的枝、芽的嫁接移植，医疗领域中人体器官的移植等都运用了移植创造原理。移植创造原理能促进思维发散，只要某种科技原理转移至新的领域具有可行性，通过新的结构或者工艺都可以创新。如磁性轴承设计就是将电磁学原理运用到轴承的结构中。轴承是机械中最常用的零件之一，提高其精度、机械效率和使用寿命的最有效的方法是减少摩擦，人们利用磁的同性相斥的特点，设计出使轴颈 1 和轴瓦 2 具有相同的磁性，工作时轴颈和轴瓦不接触，呈悬浮状态的磁性轴承，摩擦阻力很小，其结构如图 11-6 所示。

移植创造原理具有以下基本特征：

（1）移植是借用已有技术成果进行新目的下的再创造，它是已有技术在新领域的延伸和拓展。

（2）移植实质上是各种事物的技术和功能之间的转移和扩散。

（3）移植领域之间差别越大，移植创造的难度就越大，成果的创造性就越明显。

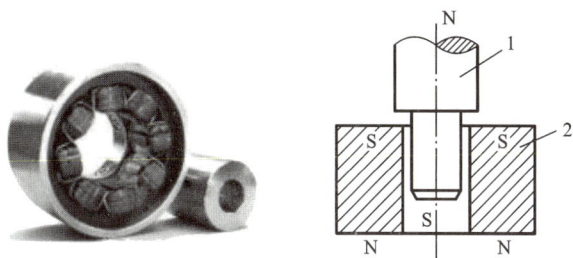

图 11-6 磁性轴承的结构
1—轴颈；2—轴瓦

4. 还原创造原理

还原创造是指创造者回到"创造原点"进行创新思考,追根溯源,分析问题本质的创造模式。所谓创造原点,就是驱使人们创造的最基本的出发点或归宿。还原创造的基本模式是还原和换元,先还原,再换元。所谓换元,是通过置换或者代替有关技术元素进行创造。

打火机的发明应用了还原创造原理。它突破火柴的限制,把最本质的功能——"发火"功能——提取出来,用气体或液体做燃料制成打火机代替摩擦发火。又如,无扇叶电风扇的设计是基于电风扇能够使空气快速流动的原理,利用压电陶瓷夹持一金属板,通电后金属板振荡,加速空气的流动。无扇叶电风扇具有体积小、质量轻、噪声低等优点。

5. 逆向创造原理

逆向创造原理是从反面、从与构成要素对立的另一面思考,将通常思考问题的思路反转过来,寻求解决问题的新途径、新方法,也称为反向探索法。一般有三个主要途径:功能性反向探索、结构性反向探索和因果关系反向探索。

司马光砸缸的故事中就利用了逆向思维,用的不是将小孩从水缸中拉出来而是砸缸将水放出来的方法将孩子救出。18 世纪初,人们发现了通电导体可以使磁针转动的磁效应。法拉第运用逆向思维,经历多年的探索终于发现了电磁感应现象,制造出世界上第一台发电机。

6. 价值优化原理

第二次世界大战后,美国开始研究价值分析和价值工程。在设计、研制产品(或采用某种技术方案)时,设计研制所需成本为 C,取得的功能(即使用价值)为 F,则产品的价值 V 为

$$V = F/C$$

可见,产品的价值与其功能成正比,与其成本成反比。

价值工程揭示了产品(或者技术方案)的价值、成本、功能之间的内在联系。它以提高产品的价值为目的,提高技术经济效果。价值优化设计的途径有以下几种:

(1) 保持产品功能不变,降低成本 C,从而提高价值 V。

(2) 保持成本 C 不变,提高产品的功能,实现价值 V 的提高。

(3) 成本 C 增加一点,但功能却大幅度增加,使价值 V 提高。

(4) 功能降低一些,成本 C 大幅度降低,使价值 V 提高。

(5) 功能增加,成本 C 降低,从而使价值 V 大幅度提高。这是最理想的途径,也是价值优化的最高目标。

英国库特公司曾设计开发出一种新型百叶窗，既能防止雨水打入，又能使室内空气流通。通过价值分析，改变了用料多、造价高的传统设计，允许雨水透过百叶窗，在窗叶后设计凹槽收集雨水，通过细管将雨水排出室外。

【任务实施】

1. 确定总体功能和基本功能

总体功能是风轮受风后产生旋转运动，使执行机构的顶杆做直线往复运动，实现物料传送，行程可调。按照图 11-1 所示，风轮轴需水平布置，高度是 $150\sim200$ mm，执行机构两顶杆沿底座水平布置，顶杆间角度为 $90°$。故机械部件应满足以下基本功能要求：

（1）运动形态方面：将转动变为直线移动。

（2）运动速度方面：降低速度，实现增力，推动物料。

（3）轴线变换方面：将水平轴换为铅垂轴或者使两轴线平行。

2. 运动规律设计

要实现顶杆和料仓之间往复直线运动，工艺动作可以分为两种：一种是顶杆做往复直线运动，料仓不动；另一种是顶杆不动，料仓做往复直线运动。分析可知，前者的工艺动作容易实现，故选择前一种工艺动作方案。之后要设计运动的变化规律，即运转过程中的速度和加速度变化规律。按照综合创造原理，将可以实现往复直线运动的机构一一罗列，如曲柄滑块机构、移动导杆机构、正弦机构、移动从动件凸轮机构、齿轮齿条机构等。对比上述机构的特点，正弦机构从动件的位移与曲柄转角呈正弦关系，偏置曲柄滑块机构具有急回特性，移动从动件凸轮机构和齿轮齿条机构都有一定的局限性，所以优先选择对心曲柄滑块机构完成顶杆的往复直线运动。

3. 执行方案设计

设计时，应考虑将运动轴线进行变换，可以采用锥齿轮传动、蜗杆传动、曲柄滑块机构、摩擦型带传动等，按照将水平轴换成铅垂轴或两轴线平行的要求构建设计方案，选择最优方案。

1）方案一：锥齿轮-曲柄滑块机构

减速功能和水平轴变铅垂轴功能由锥齿轮传动机构实现，转动变直线往复运动功能由曲柄滑块机构实现，机构运动简图如图 11-7 所示。

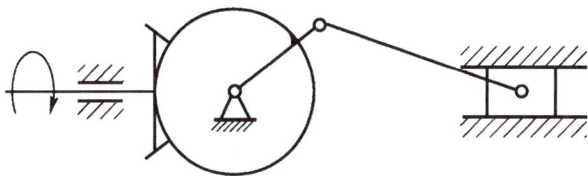

图 11-7 方案一机构运动简图

2）方案二：带传动-曲柄滑块机构

减速功能和水平轴变铅垂轴功能由带传动和张紧轮机构实现，转动变直线往复运动功能由曲柄滑块机构实现，机构运动简图如图 11-8 所示。

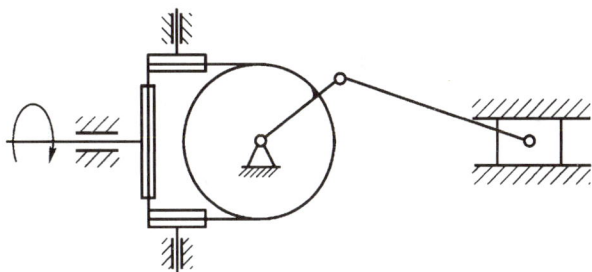

图 11-8 方案二机构运动简图

带传动-
曲柄滑块
机构

3）方案三：蜗杆传动-曲柄滑块机构

减速功能和水平轴变铅垂轴功能由蜗杆传动机构实现，转动变直线往复运动功能由曲柄滑块机构实现，机构运动简图如图 11-9 所示。

4）方案四：带传动-曲柄摇杆机构-摇杆滑块机构

减速功能和水平轴变两轴平行功能由带传动机构实现，转动变直线往复运动功能由曲柄摇杆机构和摇杆滑块机构的组合实现，机构运动简图如图 11-10 所示。

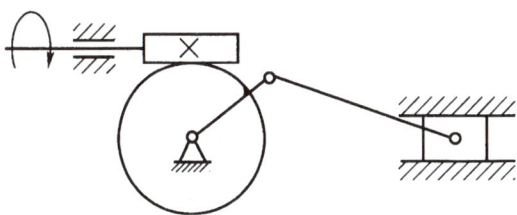

图 11-9 方案三机构运动简图

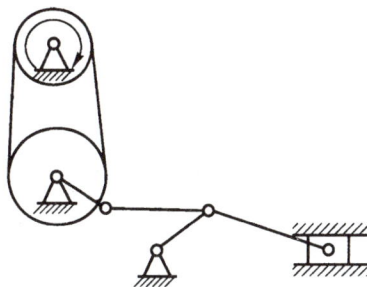

图 11-10 方案四机构运动简图

蜗杆传动-
曲柄滑块
机构

带传动-
曲柄摇杆
机构-摇杆
滑块机构

上述四个方案中，方案一、二、三均具有功能清晰、设计计算简单的特点；但方案二主动带轮与从动带轮直径不一致，导致张紧轮安装困难，并且只能用圆形带；方案三蜗杆传动机构安装精度要求高，制造成本也高；方案四改变了前三种方案的思维方式，采用平行轴方案，推料动力特性优于前三个方案。四个方案各有特点。

素质培养

世界最大直径高铁盾构机"领航号"始发

随着刀盘缓缓转动，世界最大直径高铁盾构机"领航号"于 2024 年 4 月 29 日从上海崇明顺利始发（见图 11-11），标志着沪渝蓉高铁崇太长江隧道全面进入盾构施工阶段，开启超大直径盾构独头掘进穿越长江之旅。

崇太长江隧道连接上海市崇明区和江苏省太仓市，以隧道形式穿越长江，隧道全长 14.25 km，其中盾构段长 13.201 km，过江速度高达 350 km/h，是目前建设标准最高、掘进距离最长、规模最大的世界级高铁越江隧道工程。

"领航号"超大直径盾构机由我国自主研制，是为穿越长江量身定制的"金刚钻"，刀盘

图 11-11　"领航号"盾构机始发

直径 15.4 m，2024 年 1 月在浙江杭州下线，3 月在上海崇明合体。"领航号"盾构机配置了隧道智能建造系统，搭载智能掘进、智能拼装、超前地质预报等创新技术，以"有人值守、无人操作"的方式自主掘进。

"领航号"盾构机始发后，按照每天 10～20 m 的速度掘进，开始万米"长跑"。盾构机将从地下穿越长江主航道、刀鲚保护区等，因此非常注重生态环保，采用了先进的分离设备让渣土不落地。

崇太长江隧道建成后，有望实现高铁穿越长江不减速，同时结束崇明岛不通高铁的历史，对推动长江经济带和长三角一体化发展具有重要意义。（来源：新华社）

练习与实训

一、简答题
机械创造有哪些基本原理？

二、分析设计题
按照任务要求，再设计一个不同的执行系统方案，并画出机构运动简图。

参考文献 CANKAOWENXIAN

[1] 张景学.机械原理与机械零件[M].北京:机械工业出版社,2011.

[2] 柴鹏飞,万丽雯.机械设计基础[M].4 版.北京:机械工业出版社,2021.

[3] 张建中.机械设计基础[M].北京:高等教育出版社,2007.

[4] 时忠明,吴冉.机械设计基础[M].北京:北京大学出版社,2009.

[5] 陈立德,罗卫平.机械设计基础[M].4 版.北京:高等教育出版社,2013.

[6] 徐钢涛.机械设计基础[M].北京:高等教育出版社,2011.

[7] 李威,穆玺清.机械设计基础[M].北京:机械工业出版社,2008.

[8] 李力,向敬忠.机械设计基础[M].北京:清华大学出版社,2007.

[9] 李国斌,梁建和.机械设计基础[M].北京:清华大学出版社,2007.

[10] 罗红专,易传佩.机械设计基础[M].北京:机械工业出版社,2010.

[11] 王志平.机械创新设计[M].北京:高等教育出版社,2013.

[12] 陈长生,周纯江.机械创新设计实训教程[M].北京:机械工业出版社,2013.

[13] 成大先.机械设计手册[M].6 版.北京:化学工业出版社,2017.

[14] 陈长生,周纯江.机械创新设计实训教程[M].北京:机械工业出版社,2019.